普通高等教育"十二五"规划教材

污水处理技术与设备

江 晶 编著

北 京
冶 金 工 业 出 版 社
2014

内 容 简 介

污水处理是目前及今后水污染控制和水资源可持续利用的重要工程技术之一。本书简要介绍了污水处理机械设备的分类及特点、国内外水污染治理设备发展现状、水体污染的危害、污水处理方法的分类及水体污染的水质指标；较系统地介绍了物理法污水处理技术与设备、化学法污水处理技术与设备、物化法污水处理技术与设备和生化法污水处理技术与设备等；每章后附有若干思考题。

本书可作为高等学校环境工程类专业的本科生教材或研究生参考书，也可供从事污水处理工作的工程技术人员参考。

图书在版编目(CIP)数据

污水处理技术与设备/江晶编著. —北京：冶金工业出版社，2014.2

普通高等教育“十二五”规划教材

ISBN 978-7-5024-6482-0

Ⅰ.①污… Ⅱ.①江… Ⅲ.①污水处理—技术—高等学校—教材 ②污水处理设备—高等学校—教材 Ⅳ.①X703

中国版本图书馆 CIP 数据核字（2014）第 016243 号

出版人 谭学余

地 址 北京北河沿大街嵩祝院北巷 39 号，邮编 100009

电 话 （010）64027926 电子信箱 yjcbs@cnmip.com.cn

责任编辑 宋 良 王雪涛 美术编辑 吕欣童 版式设计 孙跃红

责任校对 卿文春 责任印制 李玉山

ISBN 978-7-5024-6482-0

冶金工业出版社出版发行；各地新华书店经销；三河市双峰印刷装订有限公司印刷

2014 年 2 月第 1 版，2014 年 2 月第 1 次印刷

787mm×1092mm 1/16；13.25 印张；318 千字；202 页

35.00 元

冶金工业出版社投稿电话：(010)64027932 投稿信箱：tougao@cnmip.com.cn

冶金工业出版社发行部 电话：(010)64044283 传真：(010)64027893

冶金书店 地址：北京东四西大街 46 号(100010) 电话：(010)65289081(兼传真)

（本书如有印装质量问题，本社发行部负责退换）

前　言

水是地球上所有生命赖以生存的基本物质之一，也是人类生活和生产不可缺少的物质。生命就是从水中发展起来的，而且依赖于水才能维持，因此水是人类生存必需的宝贵资源，在一定程度上也是不可再生资源。水污染直接威胁着人类的生存与发展。地球上便于人类取用的淡水只有河水、淡湖水和浅层地下水，其量估计约20亿立方米，只占地球总水量的0.2%左右，所以淡水是一种极为有限的资源。随着世界各国工农业的高速发展和城市人口的剧增，缺水已成为当今世界许多国家面临的重大问题，引起了各国的高度重视和关注。

随着我国国民经济的高速发展，水污染与发展的矛盾日益突出。水污染不仅对人类生活和健康产生巨大的危害，而且也阻碍了社会经济的发展。因此，保护全球水资源，进行污水处理，已成为人类社会的共识和社会发展的一项重要内容。中国作为一个负责任的发展中大国，把水环境保护定为一项基本国策，并作为各项建设和社会发展必须长期坚持的一项重要指导原则，国家和地方在政策、法规、工程、科技和教育等方面采取了一系列措施，对遏制水环境恶化的趋势发挥了重要作用。

水是人类赖以生存的宝贵资源，即便是进入了信息社会的今天，水资源仍是国民经济的决定因素之一，没有水资源，一切都无从谈起。水污染加剧了水资源的短缺，直接威胁着饮用水的安全和人民群众的健康，影响到工农业生产和农作物安全，并造成巨大的经济损失。水污染已成为不亚于洪灾、旱灾甚至更为严重的灾害。随着城市化和工业化进程的加快，城市污水产生量不断增大，使得水环境污染日益严重，所以加快建设城市污水集中处理设施刻不容缓。

本书共分5章。第1章介绍了污水处理机械设备的分类及特点、国内外水污染治理设备发展现状、水体污染的危害、污水处理方法的分类及水体污染的水质指标；第2章详细介绍了污水预处理设备沉砂池、调节池和隔油池的设计与选用，沉淀池的结构、工作原理和设计计算，气浮分离原理及电解气浮设备、布气气浮设备及设计，过滤分离机理、普通快滤池与其他类型滤池的结构与设计计算，离心分离设备的结构与设计计算；第3章阐述了混凝法污水处理工艺中混合、搅拌、反应、澄清等设备的设计，电解法污水处理机理及电解槽的设计计算，氧化还原和消毒设备的结构与臭氧氧化设备的设计计算；第4章系统介绍了吸附的基本理论、吸附设备及其设计，萃取原理、萃取工艺、萃取设备及其选择、塔式萃取设备的设计，离子交换基本理论与工艺、离子交换设备的结构与参数设计，电渗析技术、反渗透技术与超滤技术及其设备，吹脱法的原理与设备，汽提法分离设备，蒸发法基本原理与设备，结晶法基本原理与设备；第5章详细阐述了活性污泥法的工艺、曝气池的设计计算、污泥回流系统及机械设备的设计，生物滤池、生物转盘、生物接触氧化处理装置的构造及其设计计算，厌氧生物滤池、升流式厌氧污泥床反应器等的结构及设计计算，污泥处理工艺流程、污泥浓缩设备、污泥脱水机械设备和新型振动脱水机的结构与设计及选用。每章后附有若干思考题，供学生深入理解书本知识。

本书由江晶编著，刘树英教授主审。编写出版工作得到中央高校基本科研业务费（项目编号N120403001）和沈阳市科技计划项目社会发展科技攻关专项（项目编号F13-170-9-00）资金的资助、东北大学机械工程与自动化学院及过程装备与环境工程研究所的大力支持，在此一并向他们致以衷心的感谢。

书中的不妥之处，诚请读者指正。

编　者

2013年10月

目　录

1 绪 论

［学习指南］

本章主要介绍了污水处理的重要性，污水处理机械设备的分类及特点，国内外水污染治理设备发展现状，水体、水体污染和污染物，污水处理方法的分类，水体污染的水质指标。

水是地球上所有生命赖以生存的基本物质之一，也是人类生活和生产不可缺少的物质。生命就是从水中进化的，而且依赖于水才能维持，因此水是人类生存必需的宝贵资源，在一定程度上也是不可再生资源。水污染直接威胁人类的生存与发展。地球上水的总储量约14000亿立方米，其中97%以上是海水。在占地球总水量约3%的淡水中，77.2%分布在南北两极地带及高山高原地带，以冰帽或冰川形式存在，22.4%以地下水和土壤水的形式存在，湖泊、沼泽水占0.35%，河水占0.01%，大气中水占0.04%。其中便于人类取用的淡水只有河水、淡湖水和浅层地下水，其量估计约20亿立方米，只占地球总水量的0.2%左右，所以淡水是一种极为有限的资源。20世纪以来，随着世界各国工农业的高速发展和城市人口的剧增，缺水已成为当今世界许多国家面临的重大问题，尤其是城市缺水状况变得越来越严重，引起了各国的高度重视和关注。

随着我国国民经济的高速发展，水污染与发展的矛盾日益突出。水污染不仅对人类生活和健康产生巨大的危害，而且水污染也阻碍了社会经济的发展。因此，保护全球水资源，进行污水处理，已成为人类社会的共识和社会发展的一项重要内容，中国作为一个负责任的发展中大国，把水环境保护定为一项基本国策，并作为各项建设和社会发展事业必须长期坚持的一项重要指导原则。“十五”期间，国家和地方在政策、法规、工程、科技和教育等方面采取了一系列措施，对遏制水环境恶化的趋势发挥了重要作用。国家重大科技专项“水污染控制技术与治理工程”的实施也有力地提升了我国水污染控制与治理的综合科技支撑能力，但水污染控制与治理是一项长期、复杂和艰巨的系统工程，水污染控制与治理的重大关键技术远未得到解决，水污染治理设备产品制造水平偏低，产品质量有待全面提高。

造成我国水体环境污染严重且难以短期解决的原因是多方面的，也是极复杂的，涉及资金投入严重不足、产业结构不合理、管理体制不完善、决策与运行管理不当、监管与绩效管理不到位、关键技术与成套设备缺乏自主发展等方面。要解决现有的水污染问题，在各级政府和企业不断加大水污染控制与治理基本建设投入的同时，必须依靠科技的支撑，建立科学的工作平台，提升自身的能力，通过重大科技攻关与科技创新，研究水体污染控制与治理中的关键技术，开发污水治理的成熟技术进行集成应用，研发出污水处理及再生利用、污泥处理处置等方面高质量的系列机械设备，建立水污染控制与治理技术及设备产品体系，带动水污染控制与治理行业的技术升级和产业发展，为国家和地方水污染控制与治理规划和重大工程建设提供强有力的技术支撑，对构建和谐社会、实现可持续发展具有重大的战略意义。

1.1 污水处理机械设备的分类及特点

1.1.1 污水处理机械设备的分类

污水处理设备主要包括构筑物、机械设备和电气、自控设备，其中机械设备投资占污水处理设备投资的65% ~70%。污水处理机械设备主要分为通用机械设备和专用机械设备两大类，其中专用机械设备投资占机械设备投资的60% ~65%。专用机械设备通常又分为单元处理机械设备与组合处理机械设备两大类。

（1）单元处理机械设备。单元处理机械设备分为不溶态污染物分离设备、污染物化学法处理设备、溶解态污染物物化法处理设备和生化法处理设备。不溶态污染物的分离设备有拦污格栅和滤筛、沉砂池、沉淀池、澄清池、过滤池、离心分离机等；污染物的化学法处理设备有化学沉淀槽、中和设备、搅拌设备、加药设备、消毒设备、软化脱盐设备、电解槽等；溶解态污染物的物化法处理设备有吸收塔、离子交换器、萃取塔、蒸发器及各种膜分离装置等；污染物的生化法处理设备有曝气设备、浓缩设备、生物滤池、生物转盘及生物接触氧化池等。

（2）组合处理机械设备。组合处理机械设备是由两种或两种以上单元处理机械设备组合在一起而构成的，用于处理某种特定污水，具有设备紧凑、功能齐全的特点。例如小型生活污水处理机、医院废水处理装置、游泳池污水处理装置、电镀污水处理机、乳化液污水处理机、一体化中水处理装置等。

污水处理设备的分类，见图 1-1。

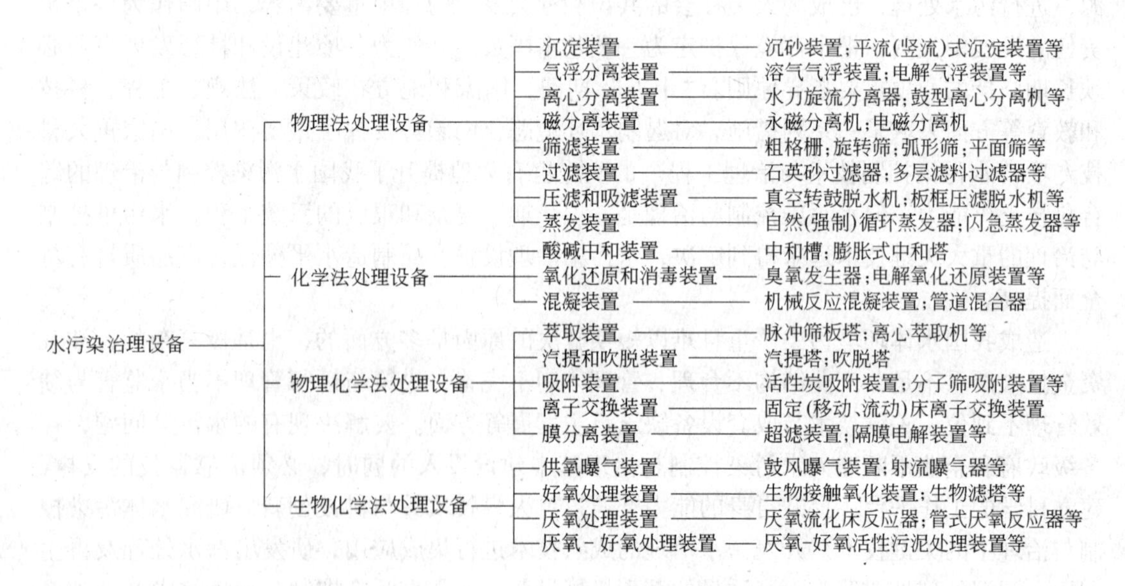

图 1-1 污水处理设备的分类

1.1.2 污水处理机械设备的特点

（1）污水处理设备体系庞大。由于环境污染物形态和种类的多样性，为了适应治理各种污水，污水处理机械设备已形成了庞大的产品体系，拥有几千个品种和几万种型号规格，大多数产品之间结构差异很大，专用性强，标准化难度大，很难形成批量生产的规模。

（2）污水处理设备与治理工艺之间的配套性强。由于污染源不同，污染物的成分、状态及排放量等都存在较大差异，因此必须结合现场实际数据进行专门的工艺设计，采用最经济合理的工艺方法和选用相应的机械设备，否则难以达到预期的目的，所以设备与治理工艺之间配套性强。

（3）污水处理设备工作条件差异较大。由于不同污染源的具体情况不同，设备在污染源中的工作条件有较大的差异。多数的机械设备运行条件比较恶劣，这就要求设备应具有良好的工作稳定性和可靠的控制系统。有些机械设备长期在高温、强腐蚀、重磨损、大载荷条件下运行，这就要求设备应具有耐高温、耐腐蚀、抗老化、抗磨损和高强度等技术性能。

（4）某些环保设备具有兼用性。有些污泥污水处理设备与其他行业的机械设备机构类似，具有相互兼用性，即污泥污水处理设备可用于其他行业，其他行业的有关机械设备也可用于污泥污水的治理。这类设备称为通用设备，如矿山、石油、轻工、化工等行业中用的浓缩机、水力旋流器、转鼓离心机、磁选机、压滤机、真空过滤机、蒸发塔、各种形式的塔罐、筛分机和分选机等，都可以与污泥污水处理设备中的同类设备兼用。

1.2 国内外水污染治理设备发展现状

1.2.1 国内水污染治理设备发展现状

目前我国水的供需矛盾尖锐，水资源利用效率低下且城市污水处理率不足30%。今后5年，我国将投资10000亿元，用于城市供水、节水与水污染防治等基础设施建设。所有的城市必须建设污水处理设施，城市污水处理率将达到45%，重点发展日处理能力20万吨以上城市污水处理技术和成套设备。其中，中央和地方政府大约投入2000～3000亿元，其余资金需要通过外资、贷款、市场融资等方式筹集解决，这为我国从事污水处理设施建设和运营的企业提供了更好的发展前景和广阔的市场空间。

根据我国“十一五”环境建设的重点内容，水污染防治设备发展重点是城市污水处理设备和工业废水处理设备的开发制造。以日处理20万吨城市污水处理设备为市场的主导产品，在格栅、曝气、刮泥吸泥、污泥提升及脱水、污泥沼气发电等设备制造上达到国外2000年初水平，重点解决成套性、防腐性能、仪表自控系统、节能指标、钢耗等方面存在的不足，同时要发展居民小区的污水处理设备、氧化沟和氧化塘处理清污机械、强化曝气设备、污泥处理设备。发展多功能组合水处理设备、高浓度有机废水处理设备、冶金废水处理设备、废水深度处理净化消毒设备、中水处理利用成套设备、含油废水处理设备、微滤净化处理设备等的研发制造。

当前国内外研制的氧化沟曝气设备，除转刷曝气机、盘式曝气机外，还有垂直轴表面曝气叶轮、反吸螺旋曝气机、导管式曝气机等。近年来我国污水处理厂引进了大量的曝气设备，进行消化吸收，由此兴起的我国污水处理设备产业，将会超越一个发展时代，迅速接近或达到国际先进水平。如中国宜兴市华都绿色工程集团和德国琥珀公司合资组建宜兴华都琥珀环保机械有限公司，专业从事生产组装和销售 RO 系列固液分离机（细格栅）、阶梯格栅、砂水分离器以及 ROS 浓缩、脱水机等新型设备，产品具有结构新颖、技术先进、节能高效、运行费用低等特点，在我国城市污水处理工程中广泛采用，得到用户的好评。我国目前使用的氧化沟曝气设备性能如表 1-1 所示。

表 1-1 氧化沟曝气设备性能

型号或类型	研制单位或生产厂家	直径/mm	转速/r·min^{-1}	浸深/m	充氧能力/kg·(m·h)$^{-1}$	动力效率/kg·(kW·h)$^{-1}$	转刷长度/m	氧化沟设计水层/m
Akva Rotormidi	丹麦克虏伯公司	860	78	0.12~0.28	3.0~7.0	1.6~1.9	2.0, 3.0, 4.0	1.0~3.5
Mammutrororen	德国帕萨温特	700	85	0.24	3.75	2.20	1.0, 1.5, 2.5, 3.0	—
		1000	72	0.30	8.3	1.98	3.0, 4.5, 6.0, 7.5, 9.0	2.0~4.0
叶片式转刷	日本	1000	60	0.17	3.75	2.7	—	2.9
TNO 转刷	英国	500~700	—	0.75~0.20	1.2~3.7	—	—	—
Mammoth 转刷	英国	970~1070	—	0.10~0.32	2.0~9.0	—	—	3.0~3.6
转刷	德国陶瓷化学公司	500	70	0.04~0.16	0.4~1.9	2.5~2.7	—	—
Drbal Disc	美国艾威历斯	1378	43~55	0.533	0.567~1.13	1.85~2.14	—	—
转刷	中国中南市政院	750	77	0.104~0.164	1.15~1.67	0.52~0.76	3.0	2.0
YHG-1000 型转刷	中国清华大学环工系	1000	70	0.25~0.30	6.0~5.0	2.5~3.0	4.5, 6.0, 7.5, 9.0	3.0~3.5
YHG-700 型转刷	中国清华大学环工系	700	70	0.20	4.10	2.95	1.5, 2.5	2.0~2.5
HAR-700 型转刷	中国清华大学环工系	700	70	0.20	4.10	2.5	—	—
转盘	中国重庆建工学院	1200	55	0.40	0.34	105	—	—

1.2.2 国外水污染治理设备发展现状

在水污染治理设备方面，近 20 年发展起来的设备简单、操作方便、快速节能、可回收有用物质、经济效益突出的膜分离技术，已由实验研究走向实际运用，其中，反渗透和超滤用于 BOD、COD 成分高的废水处理设备，已由美、日、英、法、德等国的各大公司向市场提供。美国目前大约有 10 个反渗透和超滤系统在核工厂运行，超滤比反渗透更节省能源。日本大王造纸公司已建成世界上最大的超滤废水处理装置，反渗透和超滤用于放射性废水的处理效果很好。高梯度磁分离技术也已从实验室走向了实际应用。生物工程技术用于废水处理领域，主要有固定有机物分解菌、硝化菌、脱气菌等高浓度生物反应器的研究。电技术在废水处理中有很大发展，包括等离子电弧和红外加热在内的热技术也相当快地发展起来；以电解、电渗析为主的电化学方法广泛得到应用；冷冻凝缩和超临界流体氧化法的初步探索，把废水处理技术推到了多种技术全面发展的阶段，使不同水种的处理可寻求到更为理想的处理设备。

水污染处理设备较其他环保设备发展历史长，发达国家也较早地实现了普及化，城市污水和工业废水处理设备已实现标准化、定型化、系列化和成套化，已构成门类齐全商品化程度高的水处理设备工业。水处理的单元设备，如沉淀、过滤、脱水、萃取、吸附、微滤、电渗析等已形成专业化规模生产，品种规格质量相对稳定，性能参数可靠，十分方便于用户的选择采用。城市污水成套设备向大型化发展，工业废水处理设备随着治理工艺的成熟定型而趋于专门化、成套化。与水处理相配套的风机、水泵、阀门等通用设备已逐步实现专门化设计，并组织生产，以满足特殊需要，如根据水中溶解氧浓度调节风机叶片角度，实现调整风量范围45%～100%的离心风机；具有反馈可调、实施污物粉碎自洁功能的水泵等。污水的回用、水体富营养化的严重和饮用水的安全必将导致废水深度处理装备和消毒设备的发展。厌氧处理技术重新引起重视，促进了厌氧处理设备在高浓度有机废水处理上的应用，上流式厌氧污泥床、厌氧流化床等设备在水处理工程方面发挥了作用。生物工程推动了一批新型水处理设备的开发应用。生物催化剂、生物添加剂及优势菌种的引入，使生物固定床处理难以降解的非天然污染物成为可能。

进入20世纪90年代以来，发达国家将水污染防治重点放在清洁生产技术的推广、工业用水的生物回收、降低水净化的能耗比、实现水的资源化和无害化上，全面推动了水污染防治设备、水污染监测仪器和自控网络系统的发展，如英国SAM公司生产的SAH系列曝气设备（见表1-2）是氧化沟污水处理系统中最主要的机械设备，是影响氧化沟处理效率、能耗及运行稳定性的关键设备之一。丹麦克虏伯公司的曝气产品在全球范围内具有极大的权威性。日本Kuri TA公司生产的PA型带式压榨过滤机污泥处理设备（见表1-3），柴山工业株式会社生产的PF型筒式脱水设备（见表1-4），日本栗田工业株式会社生产的RO型系列反渗透设备，主要用于海水淡化和废液脱盐的处理，日本金田理化工业所生产的SEPACLOSE分离装置，是典型的反渗透浓缩装置，用于电镀排水处理、海水的淡化和有关医疗与食品等方面。英国埃德集团生产的重金属回收设备、海水淡化设备、消毒设备等，都在污水处理过程中发挥着重要作用。瑞典是北欧四国中环保设备发展最好的国家，其主要产品有自洁式滤网、脱水输送带式压滤机以及用于工程的污水处理小型设备，已经在欧洲和美国销售了500套。污水处理设备在德国的环保设备市场已经度过了高峰时期，但每年仍有大约5亿德国马克的销售量。

表1-2 英国SAH系列曝气设备参数

电动机功率/kW	氧转移量/kg·(kW·h)$^{-1}$	安装水深/mm	设备外形尺寸/mm				质量/kg
			A	*B*	*C*	*D*	
6	8～9	1200～2300	1220	395	280	1905	322
5.5	9～10	1400～2600	1220	1395	280	1905	367
7.5	12～13	1700～2900	1370	1780	330	2160	526

续表 1-2

电动机功率/kW	氧转移量/kg·(kW·h)$^{-1}$	安装水深/mm	设备外形尺寸/mm				质量/kg
			A	*B*	*C*	*D*	
11	17~20	1800~3000	1370	1780	330	2160	549
15	24~27	1900~3300	1370	1880	330	2160	572
18.5	29~33	2100~3600	1395	1930	405	2310	685
22	35~40	2300~3800	1475	1980	405	2310	844
30	47~54	2400~4000	1625	2085	405	2440	980
37	58~67	2600~4300	1830	2310	405	2440	1116
45	71~82	2700~4600	1880	2600	510	2555	1773
55	87~100	2900~4800	1955	2770	510	2555	1832
75	118~136	3200~5200	2000	2870	510	3810	2272

表 1-3 日本 PA 型带式压榨过滤机的技术指标

型 号		PA-750	PA-1250	PA-1750	PA-2000	PA-2250	PA-2750	PA-3250
滤布宽度/mm		750	1250	1750	2000	2250	2750	3250
外形尺寸	宽/mm	1110	1610	2110	2360	2610	3110	3610
	长/mm	4000						
	高/mm	1520						
质量/t		3.0	4.5	5.5	6.0	6.5	9.5	11.0
滤布驱动电动机功率/kW		0.75	0.75	1.5	1.5	1.5	2.2	2.2

表 1-4 日本 PF 型筒式脱水设备技术参数

型号	脱水筒数	过滤室容积/L	滤饼厚×过滤面积/mm×m^2	处理能力/L·(2~4h)$^{-1}$	本体尺寸（宽×全长×高）/mm	设备质量/kg
PF-1	1	40	46×1.56	40	700×1540×1775	600
PF-2	2	80	46×3.12	80	700×2060×1775	800
PF-3	3	120	46×4.68	120	700×2580×1775	100
PF-4	4	160	46×6.24	160	700×3100×1775	1200
PF-5	5	200	46×7.80	200	700×3620×1775	1400
PF-6	6	240	46×9.36	240	700×4140×1775	1600
PF-M1	1	18	36×0.86	18	480×1230×1865	240
PF-M2	2	36	36×1.72	36	480×1230×1865	340
PF-M3	3	54	36×2.58	54	480×1525×1865	440
PF-M4	4	72	36×3.44	72	480×1950×1865	540
PF-D1	1	40	46×1.56	40	700×1660×1775	470
PF-D2	2	80	46×3.12	80	700×2180×1775	670
PF-D3	3	120	46×4.68	120	700×2700×1775	870
PF-W3	3	120	46×4.68	120	700×2700×1775	970

续表 1-4

型号	脱水筒数	过滤室容积/L	滤饼厚×过滤面积/mm×m²	处理能力/L·(2~4h)$^{-1}$	本体尺寸（宽×全长×高）/mm	设备质量/kg
PF-W4	4	160	46×6.24	160	700×3220×1775	1160
PF-L1	1	40	46×1.56	40	700×1835×1775	560
PF-L2	2	80	46×3.12	80	700×2355×1775	760
PF-L3	3	120	46×4.68	120	700×2875×1775	960
PF-L4	4	160	46×6.24	160	700×3395×1775	1160
PF-L5	5	200	46×7.80	200	700×3915×1775	1360
PF-L6	6	240	46×9.36	240	700×4435×1775	1560

1.3 水体、水体污染和污染物

1.3.1 水体的概念

水是自然界环境中最重要的物质之一，是动植物体内的重要成分。没有水，自然界的一切生物都不存在，也就不会有人类，地球将会变得荒芜、寂寞。水不仅是人们日常生活中不可缺少的生活资料，也是工农业生产所必需的物质条件，而且水在不断地摩擦和塑造着地球表面的形态，流动的水开创和推动土地形成景观和地貌等。水是形成土壤的关键因素，在岩石的物理风化中也起着重要的作用。

在环境学中，水体包括水体本身和其中的悬浮物、肢解物、肢体物、水生生物和地泥等完整的生态系统。广义的水体有“类型”和“区域”之分。按类型可将水体分为海洋水体和陆地水体两种，后者又分地表水体和地下水体。地表水体包括江河水、湖泊水、海水、水库水和水塘水等。地下水包括浅层水、深层水、泉水和降水。浅层水深度一般在几十米内，受降雨影响大，是农村主要水源，经表面渗滤水质较好；深层水一般不受污染，水质好，污染少，但盐类和矿物质较多，硬度大；泉水由地层断裂处自行涌出，水质好可饮用；降水指得是雨、雪、雾和冰雹等。水体区域则是指某条水系所覆盖的地段。

由于水体具有广泛的生态系统的含义，区分“水”和“水体”的概念是非常重要的。

1.3.2 水体污染和污染物

自然界的水受到各种复杂因素的影响而被污染，如天然植物在腐烂过程中产生的某种毒物；降雨淋洗大气和地面后挟带各种物质流入水体；海水倒灌使河水的矿化度增大，尤其使氯离子大量增加；深层地下水沿地表裂缝上升，使地下水中某种矿物质含量增高等。除自然污染外，更主要的污染是人为污染。人为污染是人类生活和生产中所产生的污水对水的污染，它包括生活污水、工业污水、交通运输、农田排水和矿山排水等。

向水体排放污染物的场所、设备、装置和污染物进入水体的途径称为污染源。水体污染源的分类方法有多种。按造成水体污染的原因可分为自然污染源和人为污染源两类；按释放的有害物种类分为物理性污染源、化学性污染源、生物性污染源；按分布的特征分为点污染源、面污染源和扩散污染源；按受污染的水体分为地面水污染源、地下水污染源和海洋污染源。表 1-5 列出水体中主要污染物的种类和来源。

表 1-5　水体中主要污染物的种类和来源

种类	名　称		主　要　来　源
物理性污染源	热		热电站、核电站、冶金和石油化工等工厂的排水
	放射性物质（如铀及其裂变、衰变产物）		核生产废物、核试验沉降物、核医疗和核研究单位的排水
化学性污染源	无机物	铬	铬矿冶炼、镀铬、颜料等工厂的排水
		汞	汞的开采和冶炼、仪表、水银法电解以及化工等工厂的排水
		铅	冶金、铅蓄电池、颜料等工厂的排水
		镉	冶金、电镀和化工等工厂的排水
		砷	含砷矿石处理、制药、农药和化肥等工厂的排水
		氰化物	电镀、冶金、煤气洗涤、塑料、化学纤维等工厂的排水
		氮和磷	农田排水；生活污水；化肥、制革、食品、毛纺等工厂的排水
		酸、碱和盐	矿山排水；石油化工、化肥造纸、酸洗和给水厂等工厂的排水；酸雨
	有机物	酚类化合物	炼油、焦化、煤气、树脂等工厂的排水
		苯类化合物	石油化工、焦化、农药、塑料、燃料等化工厂的排水
		油类	采油、炼油、船舶以及机械、化工等工厂的排水、突发性漏油等
生物性污染源	病原体		生活污水；医院污水、屠宰、畜牧、制革、生物制品等工厂的排水；灌溉和雨水造成的径流
	霉素		制药、酿造、制革等工厂的排水

1.3.3　水体污染的危害

水资源关系着国计民生，水污染不仅影响人体健康，而且也会给工农业生产造成巨大的经济损失，因此水体污染严重地影响着国计民生。

（1）危害人体健康。被污染的水体通过两条途径危害人体健康。一是污染物直接从饮用水中进入人体，形成对人体的危害；二是间接通过食物链在食物中富集，转入人体中，形成对人体的危害。如人们长期食用受污染的食物，日复一日，年复一年，在人体内累积形成危害。

（2）影响工农业生产。水是动植物体内的重要成分，没有水自然界的一切生物都不会存在。农民种庄稼也离不开水，若引用污水浇灌农作物、蔬菜，有害物质会在粮食、蔬菜中富集；渔民用被污染的水养鱼养虾等水产品，有害物也会在水产品中富集，这就造成食物链的中毒，严重影响农业和水产业的生产。工业生产更是需要大量的水，如果使用了被污染的水，会造成产品质量下降。如造纸厂用水不当，白纸上会出现各种颜色的斑点，使产品的质量大大降低，造纸废水需要设备处理后才能排出，因此增加了处理经费，直接影响产品成本，甚至有可能损坏机械设备，造成停工停产。

(3) 危害水生生态系统。污染物进入水体后，改变了原有水生生态系统的结构和组成，不适应新环境的水生生物会大量死亡，如海洋石油钻井泄漏和油轮突发事故漏油，污染了海水，造成大批的水生生物死亡，渔场外迁。海洋污染造成的海水浑浊严重影响海洋植物的光合作用，从而影响水体的生产力，进而危害鱼类；重金属和有毒有机化合物等，在海域中积累并通过海洋生物的富集作用，对以此为食的其他动物乃至人类造成毒害；石油污染在海洋表面形成广大的油膜，阻止空气中的氧气向海水中溶解，而且石油分解时还会消耗水中的溶解氧，造成海水缺氧，危害海洋生物；有机物污染会使海水富营养化，使海藻异常繁殖，赤潮泛滥，破坏生态平衡。如中海油蓬莱 19-3 油田溢油事故发生后，已经造成周边 3400 平方千米海域由第一类水质下降为第三、四类水质。

1.4　污水处理方法的分类

污水处理的主要任务就是用各种方法将生活污水和生产废水中所含的污染物分离出来，或将其转化为无害的物质，从而使污水得以净化。按其作用原理可将污水处理方法分为不溶态污染物的分离技术（简称物理法）、污染物的化学转换技术（简称化学法）、溶解态污染物的物理化学转换技术（简称物化法）、污染物的生物化学转换技术（简称生化法）4 大类。而按照处理程度的不同，现代污水处理技术可分为一级处理、二级处理和三级处理。

（1）一级处理，一级处理又称物理处理或机械处理。一级处理就是去除污水中的漂浮物或部分悬浮状态的污染物，调节 pH 值、减轻污水的腐化程度和后续处理工艺的负荷。常用的方法有筛滤法、重力沉降法、浮力上浮法、预曝气法等。污水经一级处理后，能去除悬浮固体（suspended solid，简称 SS）约 50% ~ 60%、BOD_5（biochemical oxygen demand，简称 BOD，5 表示 5d）约 20% ~30%。污水经过一级处理还不能达到排放标准。

（2）二级处理，二级处理又称生化处理。一级处理是二级处理的预处理。二级处理能大幅度地去除污水中呈胶体和溶解状态的有机污染物，BOD 处理可达 90% 以上，BOD 降低至 20 ~30mg/L，污水得到净化，达到国家规定的排放标准。

（3）三级处理，三级处理又称深度处理。三级处理是为进一步去除二级处理未能去除的污染物，其中包括微生物以及未能降解的有机物或磷、氮等可溶性无机物。完善的三级处理由除磷、脱氮、去除有机物、病毒和病原菌、细小悬浮物等单元过程组成。根据三级处理出水的具体去向，其处理流程和组成单元可以不同。

1.5　水体污染的水质指标

通常用水质指标来表征水体受污染的程度。水质是指水与其所含杂质共同表现出来的物理学、化学和生物学的综合特性。污水种类多种多样，其中所含的污染物质也千差万别，从防治污染和进行污水处理的角度上来看，反映水质的主要参数有 pH 值、悬浮物、有机物、化学需氧量、生化需氧量、细菌数和有害物质等。下面对这些主要水质指标进行简要介绍。

（1）pH 值。pH 值是污染指标之一，它表示污水的酸碱状态。生活用水一般呈弱碱性，其 pH 值约在 7.2 ~7.6 之间。工业废水的 pH 值变化极大，其 pH 值对排水管道腐蚀性很大，特别是强酸性工业废水对混凝土材料也有腐蚀作用，应充分掌握其变化规律。pH 值对水生生物及细菌的生长与活动均有直接影响，从而会影响到污水的生物处理和水体自净的过程。

（2）悬浮物。水体中的悬浮物质含量是水质污染的基本指标之一，它表明的是水体中不溶解的悬浮和漂浮物质，包括有机物和无机物。悬浮物对水质影响很大，它会对土壤孔隙造成堵塞，形成河底淤泥，还有可能阻碍机器运转，甚至使机器遭到损坏。悬浮物能在1～2h内沉淀下来的部分称为可沉固体，这部分可用来表示水体中悬浮物的质量。生活污水中沉淀下来的物质通常称为污泥，而工业废水中沉淀的颗粒物则称为沉渣。

（3）有机物。许多工业废水和生活污水均含有机物。生活污水中的有机物主要是动、植物的残体和排泄物；从化学组成看，主要是碳水化合物、脂肪和蛋白质。这些复杂的有机物主要是由碳、氧、氢、氮、硫等元素构成。它们在污水中通常是不稳定的，在微生物的作用下，不断地进行分解，并转化为植物的养料，通过植物的光合作用和同化作用，又合成为植物的机体。在有机物的分解过程中，自由氧的存在与否对分解的性质有决定性的影响。在有氧的情况下，有机物在好氧微生物的作用下进行分解，称作好氧分解。好氧分解的主要产物是：CO_2、H_2O、NO_3^-、SO_4^{2-}、PO_4^{3-}，分解过程的时间较短。好氧分解的基本化学公式为：复杂有机物$+O_2 = CO_2+H_2O+$稳定产物。如缺少氧气，有机物则在嫌氧微生物的作用下进行分解，称为厌氧分解。厌氧分解的稳定产物是CH_4、CO_2、H_2O、NH_3、H_2S、H_2，分解过程缓慢，且放出恶臭。

（4）化学需氧量（chemical oxygen demand，简写为COD）。用氧化剂氧化污水或工业废水中有机污染物时所耗用的氧量，称为化学需氧量，用COD表示。COD指标是衡量水中有机物质含量多少的指标，是反映水体被有机物污染的一项重要指标，能够反映出水体的污染程度。COD的单位为mg/L，其值越高，表示污水或废水中的有机物越多，水体污染越严重。化学需氧量（COD）的测定，随着测定水样中还原性物质以及测定方法的不同，其测定值也有所不同。目前应用最普遍的是酸性高锰酸钾氧化法与重铬酸钾氧化法。高锰酸钾（$KMnO_4$）法，氧化率较低，但比较简便，在测定水样中有机物含量的相对比较值时，可以采用。重铬酸钾（$K_2Cr_2O_7$）法，氧化率高，再现性好，适用于测定水样中有机物的总量。

（5）生化需氧量（biochemical oxygen demand，简写为BOD）。生化需氧量是指水体中微生物在一定时间内和一定温度条件下分解有机污染物的过程中所消耗的溶解氧量。溶解氧（DO）是指溶解于水中的氧量。生化需氧量或生化耗氧量（五日化学需氧量）是用来表示受有机物污染程度的综合性指标。当水中所含的有机物与空气接触时，由于需氧微生物的作用而分解，使之无机化或气体化时所需消耗的氧量，即为生化需氧量。它说明水中有机物由于微生物的生化作用进行氧化分解，使之无机化或气体化时所消耗水中溶解氧的总数量。其单位用mg/L表示。其值越高说明水中有机污染物质越多，污染也就越严重。为了使检测资料具有可比性，一般规定一个时间周期，在这段时间内，在一定温度（20℃）下用水样培养微生物，并测定水中溶解氧消耗情况，一般采用五天时间，称为五日生化需氧量，记作BOD_5，其数值越大证明水中含有的有机物越多，因此污染也越严重。生化需氧量（BOD）是一种环境监测指标，主要用于监测水体中有机物的污染状况。一般有机物都可以被微生物分解，但微生物分解水中的有机化合物时需要消耗氧，如果水中的溶解氧不足以供给微生物的需要，水体就处于污染状态。

（6）细菌数。污水和有些工业废水中含有大量细菌，每毫升污水中的细菌数常以百万计，这些细菌大部分是无害的，但其中可能含有对人体健康有危害的病原菌和寄生虫卵，如大肠菌将会引起肠道传染病，水体中大肠菌群数量多，比较容易检查，所以把大肠菌群数作为生物污染指标。又如制革厂废水中常含有炭疽菌，这类细菌极难杀灭。进行污水废水处理必须消灭病原菌，使人类健康不受到危害。

（7）有害物质。生活污水通常不含有毒物，但含有相当数量的氮、磷、钾等肥料成分，因而尽可能地利用生活污水灌溉农田。工业废水中含有的某些污染物对人类和生物往往是有害有毒的，如有些工业废水中含有铅、铬、砷、铜、氯化物、氰化物和酚等物质都是有毒害的。它们又是有用之物，应进行回收作为工业原料。这些物质的含量是废水处理与利用的重要指标。又如随着核工业的发展放射性污染也很严重，2011 年日本大地震，引发大海啸，并导致福岛核电站发生爆炸，多座核反应堆泄漏辐射物质。福岛第一核电站排出的污水中所含的放射性物质碘-131、铯-134 和铯-137 已经大范围扩散，浓度最高的地点位于福岛第一核电站以东约 30km、水深 126m 的海底，那里每千克土壤中铯-134 和铯-137 的含量分别为 260Bq 和 320Bq。含有放射性物质的污水对人和动物有一定的危害，危害的程度取决于含有放射性物质浓度的大小，超过允许标准的废水，必须进行妥善处理。工业废水中的有害物质及主要来源见表 1-6。

表 1-6　工业废水中的有害物质及主要来源

序号	有害物质名称	主 要 来 源
1	氨	煤气和炼焦，化工厂
2	氟化物	烟气的净化，玻璃制品
3	氰化物	有机玻璃，丙烯腈合成，制造煤气，电镀
4	游离氯	造纸厂，纺织物漂白
5	汞	氯碱制造，炸药制造，农药制造，医用仪表
6	硫化物	纺织物硫化染色，皮革，煤气，黏胶纤维
7	亚硫酸盐	纸浆厂，黏胶纤维
8	酸	化工厂，矿山，钢铁，铜等金属酸洗
9	碱	制碱厂，化工纤维厂
10	油	炼油厂，纺织厂，食品加工厂，采油、船舶以及机械漏油、突发性漏油
11	酚	炼油、焦化厂，煤气厂，化工厂，合成树脂厂，染料厂，制药厂
12	醛	合成树脂厂，合成橡胶厂，合成纤维厂
13	镉	有色金属冶炼
14	放射性物质	核电厂，原子能工业，放射性同位素实验室，核试验，医院，疗养院

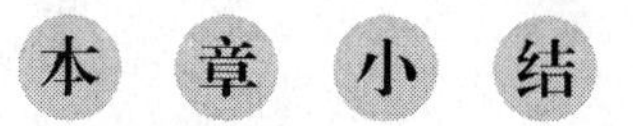

本章小结

本章介绍了污水处理设备的分类及特点，国内外水污染治理设备的发展现状；叙述了水体、水体污染和污染物的概念，水体污染源的分类，水体中主要污染物的分类和来源，水体污染对人体健康、工农业生产和水生生态系统的危害；介绍了污水一级、二级和三级处理方法及水体污染的水质指标的主要参数 pH 值、悬浮物、有机物、化学需氧量、生化需氧量、细菌数和有害物质等内容。要求掌握和理解基本概念，熟悉我国为保护环境和污水处理提出的各种措施，还需到环保部门了解情况，增强环保意识。

思考题

1-1 简述污水处理机械设备的分类。
1-2 污水处理机械设备的特点是什么？
1-3 简述目前国内外水污染治理设备的发展现状。
1-4 简述水体、水体污染和污染物的概念。详细说明水体中主要污染物的分类和来源。水体污染的危害是什么？
1-5 按作用原理可将污水处理方法分为哪几种，按照处理程度的不同可将污水处理方法分为哪几种？
1-6 详细说明水体污染的水质指标有哪些？
1-7 详细说明工业废水中的有害物质及主要来源。

2　物理法污水处理技术与设备

[学习指南]

本章主要学习物理法污水处理技术，污水预处理设备格栅、机械格栅除污机、沉砂池、调节池、隔油池的设计与选用；掌握沉淀池的类型、结构、工作原理和设计计算，气浮分离原理及电解气浮设备、布气气浮设备、溶气气浮设备的结构与设计计算，过滤分离机理、过滤效率的影响因素、普通快滤池和虹吸、重力式无阀等滤池的结构与设计计算，以及水力旋流器和离心机等离心分离设备的结构及其设备设计。

2.1　概　　论

污水的物理处理法是指通过物理作用去除污水中不溶于水的固体悬浮物的方法。物理处理法用的设备大多比较简单，操作方便，处理效果良好，使用非常广泛。根据物理作用的不同，污水处理主要有筛滤截流法、重力分离法和离心分离法。

（1）筛滤截流法。筛滤截流法是指利用带孔眼的装置，或利用某种介质构成的滤层截留污水中悬浮物的方法。筛滤介质主要有筛网、钢条、砂、布、塑料、微孔管等，这种方法所使用的设备有格栅、筛网、布滤设备和砂滤设备等。格栅是最简单的过滤设备，它被安置在污水处理厂中所有处理构筑物之前，或安置在泵站前，用来截留污水中比较大的悬浮物或漂浮物，以防后处理构筑物的管道阀门或水泵被堵塞。筛网被广泛用于工业废水和城市污水的处理。

污水通过滤料层时，其中的悬浮物和胶体被截留在滤料的表面和内部的空隙中，这种通过粒状介质层分离不溶性污染物的方法称为粒状介质过滤。影响过滤效率的主要因素有滤速、反洗和水流的均匀性等。

1）滤速是指滤池的过滤速度。过滤速度应适当，过慢会引起滤池出水量降低，处理水量减少，为保证一定的出水量就必须增大过滤面积，增加设备台数，增加投资，这就要增加污水处理成本。滤速过快，不仅增加了水头损失，也会使过滤周期缩短，而且会使出水的质和量下降。滤速通常选择为10～12m/h。

2）反洗的目的是除去积蓄在滤层中的泥渣，恢复滤层的过滤能力。为把滤层中的泥渣冲洗干净，需要有一定的反洗强度和时间。对于石英砂滤料，反洗强度为15L/(s·m^2)，对于无烟煤滤料，反洗强度为10～15L/(s·m^2)。反洗时间要充分，一般为5～10min，反洗时的滤层膨胀率为25%～50%。只有反洗效果好，滤池的运行才能良好。

3）设备运行和反洗都要求各截面的水流分布均匀，不发生偏流现象。要使水流均匀，主要是配水系统的出水装置和入水装置设计要正确合理、安装得当，并应经常检查运行状况。

（2）重力分离法。根据污水中悬浮物密度与污水密度不同的特点，重力分离法分为沉淀法和上浮法。沉淀法是利用污水中悬浮物密度比污水密度大而借助于重力作用下沉的原理，从而达到液、固分离的一种处理方法。可将沉淀分为三类。一类是自然沉淀，就是污水中固体颗粒在沉淀的过程中不改变大小、形状和密度，因重力作用而分离。沉淀处理设备有沉砂池、沉淀池和浓缩池等。另一类是混凝沉淀，由于混凝剂作用是使固体颗粒互相接触吸附，改变其大小、形状和密度而分离。第三类是化学沉淀，向污水中投加某种药剂，使溶解于水中的杂质产生结晶或沉淀而分离，整个过程均在各种类型的沉淀池中进行。上浮法是指悬浮物的密度小于污水的密度时，悬浮物上浮到水面，通过收集沉淀物和上浮物，使污水得到净化。污水中含有各种不同性质的悬浮物，上浮法所用的设备有隔油池、气浮池等。

（3）离心分离法。离心分离法是指利用装有污水的容器高速旋转形成的离心力去除污水中的悬浮颗粒的方法。离心分离常用的设备有离心分离器和离心机。离心分离设备有两种形式：旋流分离器，液流本身的旋转作用使固液分离；离心机本身的旋转使固液分离或液液分离。

2.2　污水预处理设备的设计与选用

不溶态污染物的拦截机械设备包括格栅、旋转滤网、水力筛网等，本节仅对格栅和格栅除污机进行介绍。

2.2.1　格栅

格栅是一种最简单的过滤设备，属于预处理设备，用于去除污水中较大的悬浮物，以保证后续处理设备正常工作的一种装置。格栅通常由一组或多组平行金属栅条制成的框架组成，倾斜或直立地设置在进水渠道中，以拦截粗大的悬浮物，防止后处理工序中的管道、阀门或水泵被堵塞。

2.2.1.1　格栅的构造与分类

格栅按形状可分为平面格栅、曲面格栅和阶梯格栅三种；按格栅栅条的净间隙可分为粗格栅（50～100mm）、中格栅（10～50mm）和细格栅（3～10mm）三种；按清渣方式可分为人工清除格栅、机械清除格栅和水力清除格栅三种。城市污水处理实际运行中多采用中格栅（20mm 居多）和细格栅（6mm 居多）两道，中、粗格栅设在污水泵房之前，细格栅设在污水泵房沉砂池之前。在中小型城市生活污水处理厂或所需要截流污物量较少时，一般设置图 2-1 所示的人工除污格栅。

2.2.1.2　格栅的选择与设计计算

A　格栅的选择

（1）格栅栅条的断面形状。格栅栅条的断面形状与尺寸（mm）如图 2-2 所示。栅条的断面形状有圆形、正方形、矩形、带半圆的矩形和两头半圆的矩形。圆形断面栅条水力条件好，水流阻力小，但刚度差，一般多采用矩形断面栅条。

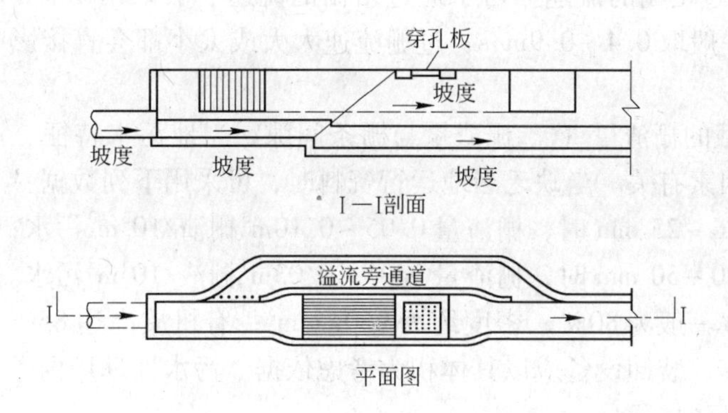

图 2-1　人工除污格栅结构示意图

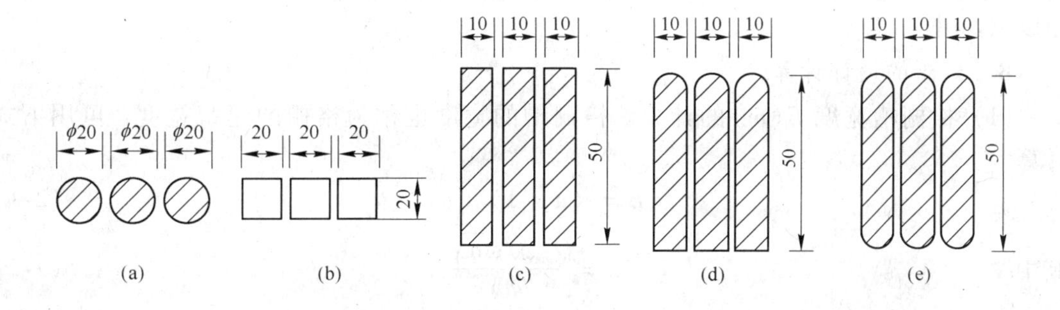

图 2-2　格栅栅条的断面形状与尺寸

（a）圆形；（b）正方形；（c）矩形；（d）带半圆的矩形；（e）两头半圆的矩形

（2）格栅的安装倾角 α。格栅的安装倾角为 $\alpha=45°\sim75°$，采用人工清除格栅时取 $\alpha=45°\sim60°$；若采用机械清除格栅时，一般采用 $\alpha=60°\sim75°$，特殊类型格栅的安装倾角 α 可达90°。格栅高度一般应使其顶部高出格栅前最高水位 0.3m 以上；当格栅井较深时，格栅井的上部可采用混凝土胸墙或钢挡板满封，以减小格栅的高度。

（3）格栅栅顶工作台。格栅栅顶工作台的台面应高出格栅前最高设计水位 0.5m，工作台上应安装安全和冲洗设施，工作台两侧过道宽度不小于 0.7m，正面过道宽度按清渣方式确定：人工清渣时不应小于 1.2m，机械清渣时不应小于 1.5m。

（4）格栅栅条的间距。格栅设于污水处理系统之前时，采用人工除污时的栅条间隙为 25～40mm，采用机械除污时的栅条间隙为 16～25mm。当格栅设于水泵之前时，栅条间隙与污水泵的型号有关，具体数据见表 2-1。

表 2-1　污水泵型号与栅条间隙的关系

污水泵型号	栅条间隙/mm	栅渣量/L·(人·d)$^{-1}$
$2\frac{1}{2}$PW，$2\frac{1}{2}$PWL	≤20	4～6
4PW	≤40	2.7
6PWL	≤70	0.8
8PWL	≤90	0.5
10PWL	≤110	<0.5

（5）污水通过格栅的流速。污水通过格栅的流速一般采用 0.6 ~ 1.0m/s，格栅前渠道内的水流速度一般取 0.4 ~0.9m/s，过栅流速太大或太小都会直接影响截污效果和栅前泥沙的沉积。

（6）格栅拦截的栅渣量 W_1。栅渣量与栅条间隙、当地污水特征、污水流量以及下水道系统的类型等因素有关。当缺乏当地运行资料时，可采用下列数据：

格栅间隙为 16 ~25 mm 时，栅渣量 0.05 ~0.10m^3栅渣/10^3m^3污水；

格栅间隙为 30 ~50 mm 时，栅渣量 0.01 ~0.03m^3栅渣/10^3m^3污水。

栅渣的含水率一般为80%，密度约为960kg/m^3；有机质高达85%，极易腐烂，污染环境。栅渣的收集、装卸设备应以其体积为考虑依据。污水处理厂内贮存栅渣的容器不应小于一天截留的栅渣体积量。

（7）清渣方式的选择。清渣方法应按清渣量而定，当栅渣量大于 0.2m^3/d 时应采用机械格栅除污机，机械格栅除污机的台数不宜少于 2 台，如用一台时，则应设人工除污格栅以供备用。

B 格栅的设计计算

（1）格栅槽宽度 B(m) 的计算。格栅槽的宽度也称为格栅的建筑宽度，可用下式计算

$$B = s(n-1) + bn \tag{2-1}$$

其中

$$n = \frac{Q_{max}\sqrt{\sin\alpha}}{bhv} \tag{2-2}$$

式中 s——栅条宽度，m；

n——栅条间隙的数目，个；

b——栅条间隙，m；

Q_{max}——最大设计流量，m^3/s；

α——格栅的倾角，(°)；

h——栅前水深，m；

$\sin\alpha$——考虑格栅倾角的经验系数；

v——过栅流速，m/s。

格栅计算见图 2-3。

（2）格栅前后渠底高差 h_1(m) 的计算。格栅前后渠底高差也就是通过格栅的水头损失，可用下式计算

$$h_1 = Kh_0 \tag{2-3}$$

其中

$$h_0 = \zeta \frac{v^2}{2g}\sin\alpha \tag{2-4}$$

式中 h_0——计算水头损失，m；

g——重力加速度，m/s^2；

K——考虑截留污物引起格栅过流阻力增大的系数，一般取 $K = 2 \sim 3$，或按 $K = 3.36v - 1.32$ 求得；

ζ——阻力系数，其值与栅条的断面形状有关，可按表 2-2 选取。

表 2-2 阻力系数 ζ 计算公式

栅条断面形状	公式	说明	
矩形	$\zeta = \beta\left(\frac{s}{b}\right)^{4/3}$	形状系数	$\beta = 2.42$
圆形			$\beta = 1.79$
带半圆的矩形			$\beta = 1.83$
两头半圆的矩形			$\beta = 1.67$
正方形	$\zeta = \beta\left(\frac{b+s}{\varepsilon b} - 1\right)^2$	ε 为收缩系数，一般取 0.64	

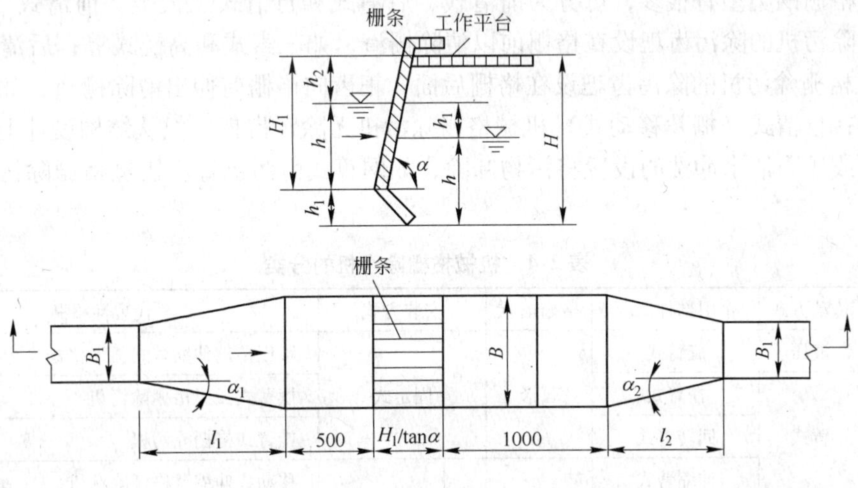

图 2-3 格栅计算图

（3）栅后槽总高度 H(m)的计算。栅后槽总高度 H 可按下式计算

$$H = h + h_1 + h_2 \tag{2-5}$$

式中 h ——栅前水深，m；

h_2 ——栅前渠道超高，一般取 0.3m。

（4）格栅总建筑长度 L(m) 的计算。格栅总建筑长度可按下式计算

$$L = l_1 + l_2 + H_1/\tan\alpha + 1.5 \tag{2-6}$$

式中 l_1——格栅前部渐宽段的长度，$l_1 = \dfrac{B - B_1}{2\tan\alpha_1}$，m；

B_1 ——进水渠宽度，m；

α_1 ——进水渠道渐宽段的展开角度，一般取 20°；

l_2 ——格栅后部渐缩段的长度，m；

H_1 ——栅前的渠道深度，m。

（5）每日栅渣量 W(m^3/d)的计算。每日的栅渣量 W 可按下式计算

$$W = \frac{3600 \times 24 Q_{max} W_1}{1000 K_2} \tag{2-7}$$

式中 W_1 ——栅渣量，m^3 栅渣/$10^3 m^3$ 污水；

Q_{max} ——最大设计流量，m^3/s；

K_2 ——生活污水流量总变化系数，见表 2-3。

表 2-3　生活污水流量总变化系数

平均日流量/L·s^{-1}	4	6	10	15	25	40	70	120	200	400	750	1600
K_2	2.3	2.2	2.1	2.0	1.89	1.80	1.69	1.59	1.51	1.40	1.30	1.20

注：表中的平均日流量是指一天当中的平均流量。

2.2.2　机械格栅除污机

2.2.2.1　机械格栅除污机的分类

机械格栅的类型有很多，可分为前清式、后清式和自清式三大类。前清式（前置式）机械格栅除污机的除污齿耙设在格栅前以清除栅渣，如三索式和高链式等；后清式（后置式）机械格栅除污机的除污齿耙设在格栅后面，耙齿向格栅前伸出清除栅渣，如背耙式和阶梯式等；自清式（栅片移动式）机械格栅除污机无除污齿耙，但从结构设计上考虑，辅以橡胶刷或压力清水冲洗的设置将污物卸除，如网箅式清污机等。机械格栅除污机的分类见表 2-4。

表 2-4　机械格栅除污机的分类

<table>
<tr><th>分类</th><th>传动方式</th><th>牵引部件工况</th><th>格栅形状</th><th colspan="2">安装方式</th><th>代表性格栅</th></tr>
<tr><td rowspan="11">前清式</td><td>液压</td><td>旋臂式</td><td rowspan="3">弧形</td><td rowspan="3" colspan="2">固定式</td><td>液压传动伸缩臂式弧形格栅除污机</td></tr>
<tr><td rowspan="3">臂式</td><td>摆臂式</td><td>摆臂式弧形格栅除污机</td></tr>
<tr><td>回转臂式</td><td>旋臂式格栅除污机</td></tr>
<tr><td>伸缩臂式</td><td rowspan="10">平面格栅</td><td rowspan="3">移动式</td><td rowspan="2">台车式</td><td>移动式伸缩臂格栅除污机</td></tr>
<tr><td rowspan="4">钢丝绳</td><td rowspan="2">三索式</td><td>钢丝绳牵引移动式格栅除污机</td></tr>
<tr><td>悬挂式</td><td>葫芦抓斗式格栅除污机</td></tr>
<tr><td rowspan="2">二索式</td><td rowspan="9" colspan="2">固定式</td><td>三索式格栅除污机</td></tr>
<tr><td>滑块式格栅除污机</td></tr>
<tr><td rowspan="5">链式</td><td>干式</td><td>高链式格栅除污机</td></tr>
<tr><td rowspan="6">湿式</td><td>耙式格栅除污机</td></tr>
<tr><td>回转式多耙格栅除污机</td></tr>
<tr><td>后清式</td><td>背耙式格栅除污机</td></tr>
<tr><td rowspan="3">自清式</td><td>回转式固液分离机</td></tr>
<tr><td>曲柄式</td><td>阶梯形</td><td>阶梯式格栅除污机</td></tr>
<tr><td>螺旋式</td><td>筒形</td><td>筒形螺旋格栅除污机</td></tr>
</table>

2.2.2.2　机械格栅除污机的结构与选用

（1）链条回转式多耙格栅除污机的结构与工作原理。链条回转式多耙格栅除污机的结构如图 2-4 所示，它主要由驱动机构、主轴、链轮、环形牵引链、清污板耙、过载保护装置和框架结构等组成。在环形牵引链上均布 6～8 块清污板耙，清污板耙上的耙齿与格栅栅条间距配合并插入栅片间隙一定深度，环形牵引链常用节距为 35～50mm 的套筒滚子链。工作时驱动机构驱动主传动轴旋转，主轴两侧的主动链轮使两条环形牵引链做回转运动，耙齿随之在栅条间隙中上行。由于耙齿为双齿状，双齿间呈一夹角，因此当一齿插入栅条缝隙中清捞时，另一齿则与其配合将固体杂物包围住以免脱漏。当清板耙运动到机体上部时，由于转向导轨及导轮的作用，一部分污物依靠重力自由落下，剩余黏附在板耙上的污物通过缓冲自净卸污装置去除。

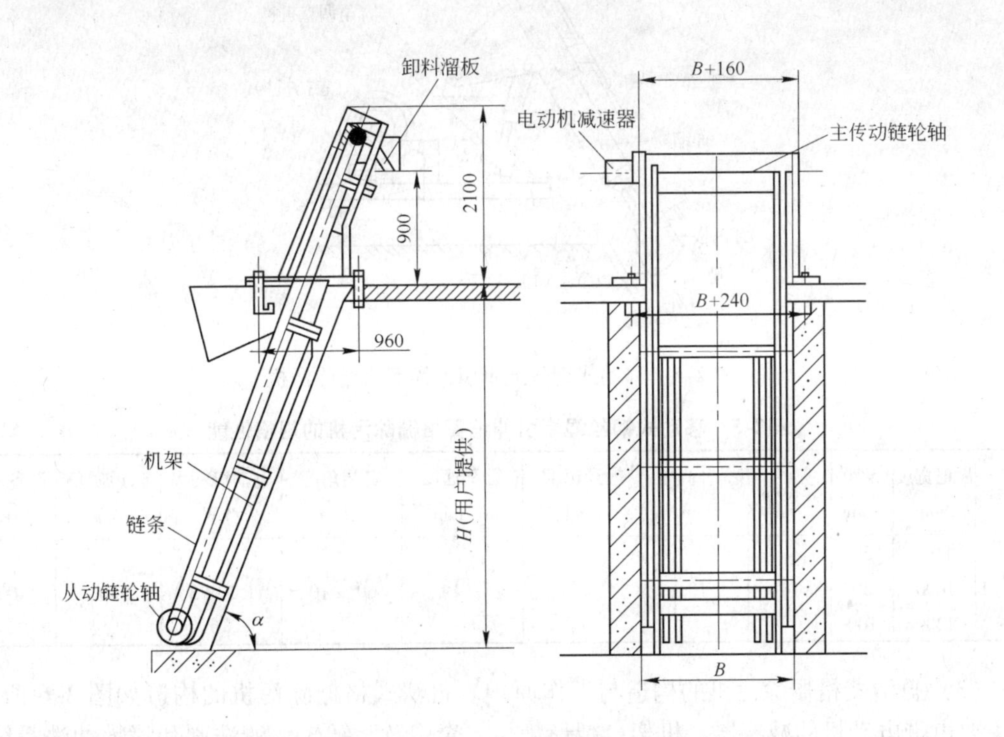

图2-4 链条回转式多耙格栅除污机

链条回转式多耙格栅除污机具有结构紧凑、工作可靠、运行平稳等特点。在使用中应注意因温差变化、荷载不均、磨损等所导致链条的伸长或缩短，需随时对链条与链轮进行维护保养，及时清理缠在链条和耙齿上的杂物，以免影响正常运行。

（2）移动式格栅除污机的结构与工作原理。移动式钢丝绳牵引伸缩臂格栅除污机的构造如图2-5所示，它主要有卷扬提升机构、臂角调整机构、行走机构、格栅、卸污机构等组成。卷扬提升机构由电动机、蜗轮-蜗杆减速器与开式齿轮减速来驱动卷筒，钢丝绳牵引由四节矩形伸缩臂套管组成的耙臂，耙斗固定在末级耙臂的端部，钢板制成的耙齿焊接在耙斗上，耙斗内有起杠杆作用的刮污板，耙臂和耙斗靠自重下降，上升则是靠钢丝绳牵引，在卷筒的另一端设有一对开式齿轮来带动螺杆螺母，由螺母控制钢丝绳在卷筒上的排列，保证动作准确无误。臂角调整机构由电动机经皮带、蜗轮-蜗杆减速器带动螺杆螺母，螺母和耙臂铰接在一起。在耙臂下伸前应使耙斗脱开格栅，在耙斗刮污前应使耙斗接触格栅。行走机构由电动机、蜗轮-蜗杆减速器与开式齿轮减速带动槽轮行走，在耙臂另一侧车架下部装有两个锥形滚轮，可沿工字钢轨道上翼缘的下表面滚动，可防止机体倾覆。该机采用悬挂式移动电缆供电方式，各动作的定位由行程开关控制。被耙上来的污物由皮带运输机运到储料仓，而后装车运走。移动式钢丝绳牵引伸缩臂格栅除污机的规格性能见表2-5。

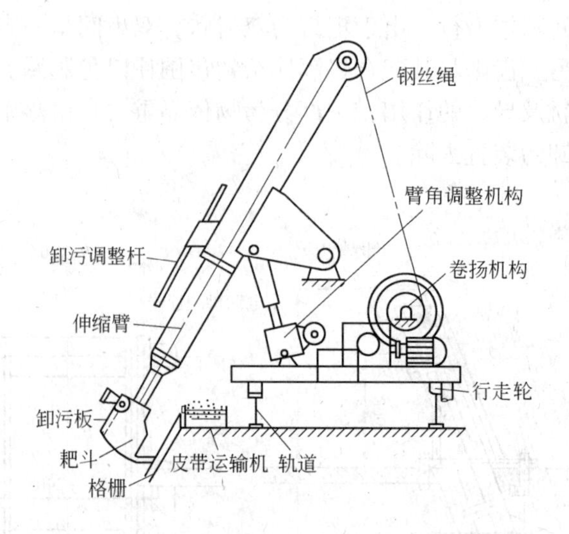

图 2-5 移动式钢丝绳牵引伸缩臂格栅除污机

表 2-5 移动式钢丝绳牵引伸缩臂格栅除污机的规格性能

型号	齿耙宽度/mm	齿距/mm	臂长/m	提升高度/m	提升速度/$m \cdot min^{-1}$	行车速度/$m \cdot min^{-1}$	安装角度/(°)	电动机功率/kW	除污质量/kg	设备质量/kg
GC-01	800 1000 1200	50 80 100	14	10	7	14	60 ±10	1.5 × 3	40	4000

(3) 自清式格栅除污机的构造与工作原理。自清式格栅除污机的构造如图 2-6 所示，它主要由带电动机的减速器、机架、犁形耙齿、牵引链、链轮、清洗刷和喷嘴冲洗系统等组成。在传动系统的带动下，链轮牵引整个耙齿链以 2m/min 的速度自下而上回转，环形耙齿链的下部浸没在进污水渠中，栅面携带污水中的固体杂物从液体中上行分离出来，液体则从耙齿的栅隙中流过。携带固体杂物的耙齿链回转到达顶部时，因弯轨和链轮的导向作用，使得前后相邻的两排耙齿间产生相互错位推移，把附着在栅面上的大部分杂物外推，在重力作用下脱落卸入污物收集器中，而部分挂在耙齿上的污物，当回转至链轮下部时，在自内向外压力冲洗水的喷淋冲刷作用下，耙齿上的污物基本被清除干净，整个工作过程可以连续进行，也可以间歇进行。该机具有运行平稳、无噪声、分离效率高、动力消耗小、耐腐蚀性好、自动化程度高、维修量小等优点。

(4) 转筒式格栅除污机的构造与工作原理。转筒式格栅除污机的构造如图 2-7 所示，它是集细格栅除污机、栅渣螺旋提升机和栅渣螺旋压榨机于一体的除污设备，可将它直接安装在水渠和容器箱内。它由驱动机构、栅渣提升机构、栅渣螺旋压榨机构、筒形栅筐、耙齿、喷水清污机构和污物收集槽等组成。污水从栅筐前流入，通过格栅过滤，栅渣被截留在栅筐内，当栅筐前后的水位差达到设定值时，减速电动机自动启动，安装在中心轴上的螺旋齿耙回转清污。清渣齿伸入栅条之间将所有滤渣取出。当清渣齿耙把污物扒集至栅筐顶部时，开始卸渣。然后清渣齿耙又自动后转 15°，用栅筐顶端的清渣齿板把黏附在耙齿上的栅渣自动刮除，卸入栅渣槽内。再由槽底螺旋输送器提升到上部压榨段脱水后外运。

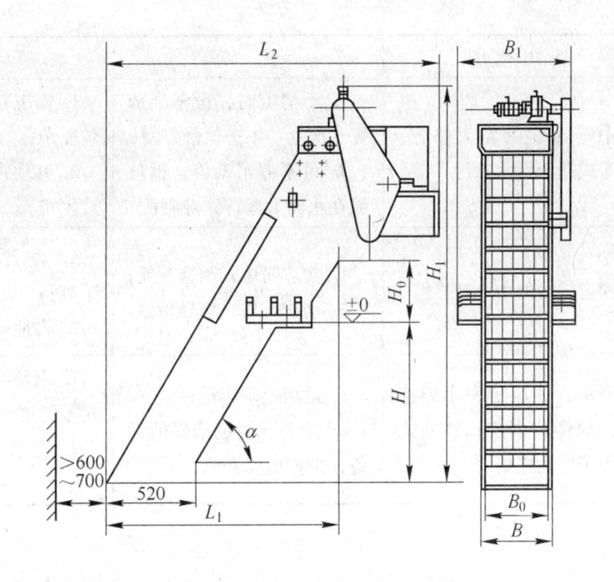

图 2-6 自清式格栅除污机

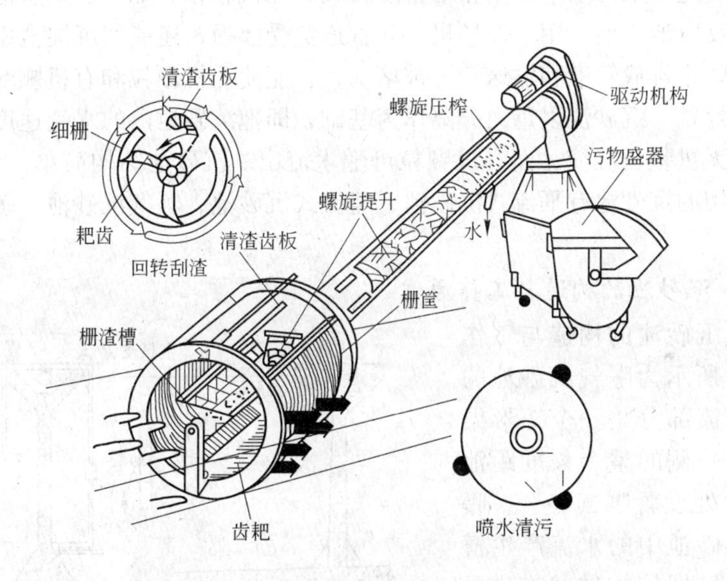

图 2-7 ZG 型转筒式格栅除污机结构示意图

该机具有处理水量大、能耗低、自动化程度高、全封闭运行、卫生、无臭味等优点。目前常见的几种机械格栅除污机的适用范围及优缺点列于表 2-6。

表 2-6 不同类型格栅除污机的适用范围及优缺点

类 型	适 用 范 围	优 点	缺 点
链条式格栅除污机	深度不大的中小型格栅，主要清除长纤维、带状物等生活污水中杂物	1. 构造简单，制造方便； 2. 占地面积小	杂物进入链条和链轮之间时容易卡住，套筒滚子链造价高，耐腐蚀性差

续表 2-6

类　型	适用范围	优　点	缺　点
移动式伸缩臂除污机	中等深度的宽大格栅，耙斗式适于污水除污	1. 不清渣时，设备全部在水面上，维护检修方便； 2. 可不停水检修，钢丝绳在水面上运行，寿命长	1. 需三套电动机、减速器，构造较复杂； 2. 移动式耙齿与栅条间隙的对位较困难
圆周回转式格栅除污机	深度较浅的中小型格栅	1. 构造简单，制造方便； 2. 动作可靠，容易检修	1. 配置圆弧形格栅，制造较困难； 2. 占地面积大
钢丝绳牵引式格栅除污机	固定式适用于中小型格栅，深度范围广；移动式适用于宽大格栅	1. 适用范围广泛； 2. 无水下固定部件的设备，维护检修方便	1. 钢丝绳干湿交替易腐蚀，需采用不锈钢丝绳，但价格较贵； 2. 有水下固定部件的设备，维护、检修需停水

2.2.3 沉砂池

沉砂池的功能是从污水中分离相对密度较大的无机颗粒，如砂、炉灰渣等。沉砂池一般设在泵站、反应池之前，用于保护机件和管道免受磨损，还能使沉淀池中的污泥具有良好的流动性，防止排放管道和输送管道被堵塞，且能使无机颗粒和有机颗粒分别分离，便于分离处理与处置。沉砂池以重力分离作为基础，即把沉砂池内的水流速度控制到只能使相对密度大的无机颗粒沉淀，而有机颗粒可随水流出。沉砂池结构简单，分离效果良好，应用广泛。常用的沉砂池有平流式沉砂池、竖流式沉砂池、曝气沉砂池、多尔沉砂池和钟式沉砂池等。

2.2.3.1 沉砂池的构造与工作原理

（1）曝气沉砂池的构造与工作原理。图 2-8 所示为曝气沉砂池的断面图，其水流部分是一个矩形渠道，在沿池壁一侧的整个长度距池底 0.6 ~ 0.9m 处设置曝气装置，曝气装置使得沉砂池中的水流产生横向流动，最终呈螺旋旋转状态，黏附在无机颗粒表面的有机物相互摩擦、碰撞而被洗刷下来，最终沉淀的无机颗粒中的有机物含量低于 5%，有利于后续处理。由于曝气的气浮作用，污水中的油脂类物质会上升到水面，随浮渣去除。曝气沉砂池的池底沿渠长设有一集砂槽，池底以坡度 $i=0.1 \sim 0.5$ 向集砂槽倾斜，以保证砂粒滑入；吸砂机或刮砂机安置在集砂槽内。

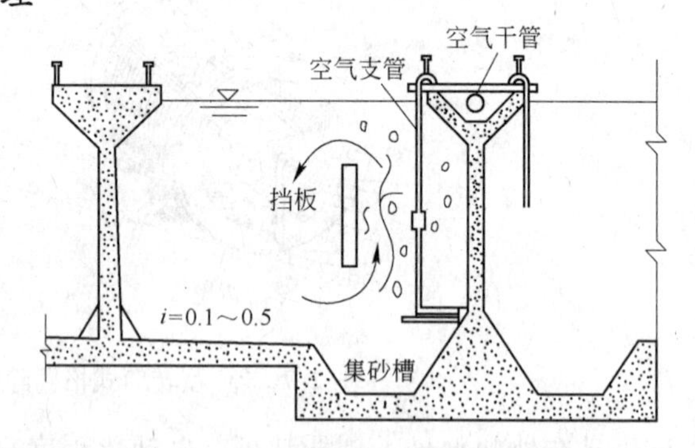

图 2-8 曝气沉砂池的断面图

（2）平流式沉砂池的构造及特点。平流式沉砂池的构造如图 2-9 所示，它是由入流渠、出流渠、闸板、水流部分和沉砂斗等组成。平流式沉砂池常用的排砂方式与装置主要有重力排砂和机械排砂两种，图 2-9 为重力排砂，机械排砂主要是依靠真空泵、砂泵等配套设备将砂斗中的泥砂吸出排除，大、中型污水处理厂应采用机械排砂。平流式沉砂池具有截留无机颗粒效果好、工作稳定、构造简单、排砂方便等优点。

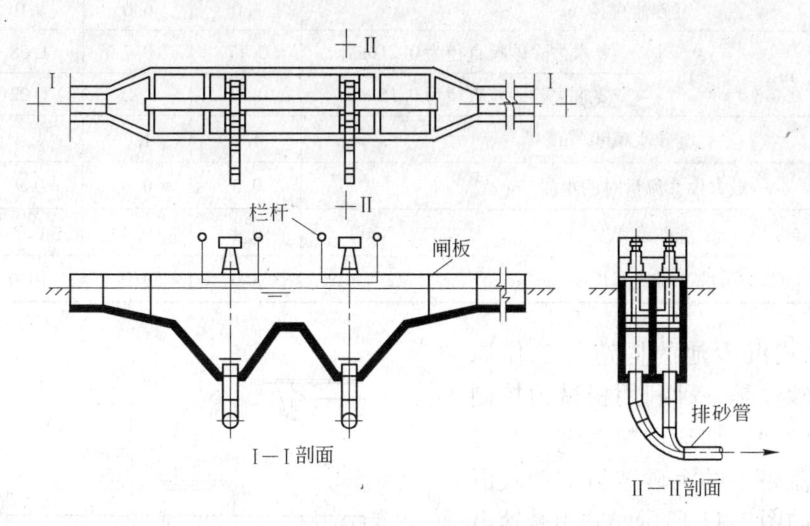

图 2-9　平流式沉砂池

（3）多尔沉砂池的构造与工作原理。多尔沉砂池的构造如图 2-10 所示，它是一个浅的方形水池，主要由污水入口、整流器、沉砂池、刮砂机、排砂坑、洗砂机、有机物回流装置、回流管和排砂机等组成。在池的一边设有与池壁平行的进水槽，并在整个池壁上设有整流器，用以调节和保持水流的均匀分布，污水经沉砂池使砂粒沉淀，在另一侧的出水堰溢流排出。沉砂池底的砂粒用一台安装在转轴上的刮砂机，把砂粒从中心刮到边缘，进入集砂斗。砂粒用往复式刮砂机或螺旋式输送机进行淘洗，以除去有机物。刮砂机上装有桨板，用以产生一股反相的水流，将从砂上洗下来的有机物带走，回流到沉砂池中，淘净的砂粒及其他无机杂粒由排砂机排出。多尔沉砂池的面积根据要求去除的砂粒直径和污水温度来确定，最大设计流速为 0. 3m/s。多尔沉砂池的设计参数见表 2-7。

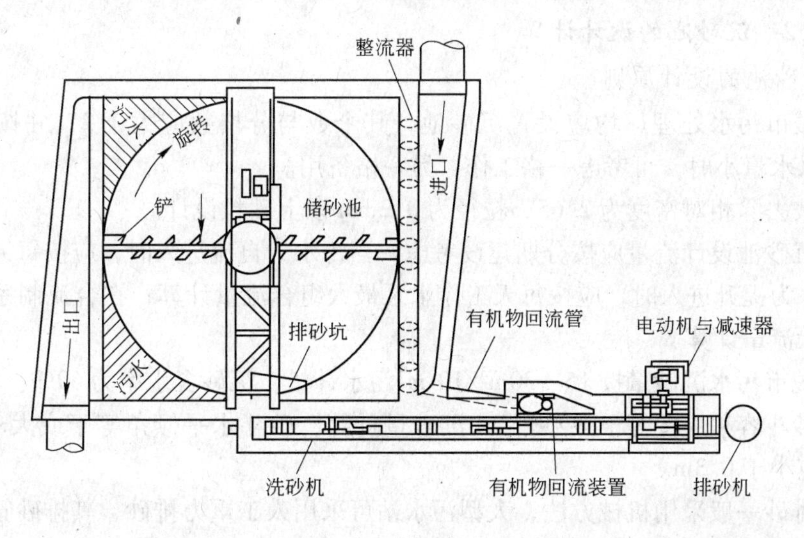

图 2-10　多尔沉砂池

表 2-7 多尔沉砂池的设计参数

项 目		设计值			
沉砂池直径/m		3.0	6.0	9.0	12.0
最大流量/$m^3 \cdot s^{-1}$	要求去除砂粒直径为0.21mm	0.17	0.7	1.58	2.80
	要求去除砂粒直径为0.15mm	0.11	0.45	1.02	1.81
沉砂池深度/m		1.1	1.2	1.4	1.5
最大设计流量时的水深/m		0.5	0.6	0.9	1.1
洗砂器宽度/m		0.4	0.4	0.7	0.7
洗砂器斜面长度/m		8.0	9.0	10.0	12.0

(4) 钟式沉砂池的构造与工作原理。钟式沉砂池是一种利用机械力控制水流流态与流速，加速砂粒沉淀，并使有机物随水流带走的沉砂装置。钟式沉砂池的构造如图 2-11 所示，它由减速电动机、减速箱、叶片驱动杆、转盘叶片、空气提升系统、空气冲洗系统、吸砂管和平台钢梁等组成。污水由流入口切线方向流入沉砂区，利用电动机及传动装置带动转盘和斜坡式叶片，由于所受离心力的不同，把砂粒甩向池壁，掉入砂斗，有机物则被送回废水中，通过调整转速，可达到最佳沉砂效果。沉砂由压缩空气输送管经砂提升管、排砂管清洗后排出，清洗水回流至沉砂区。

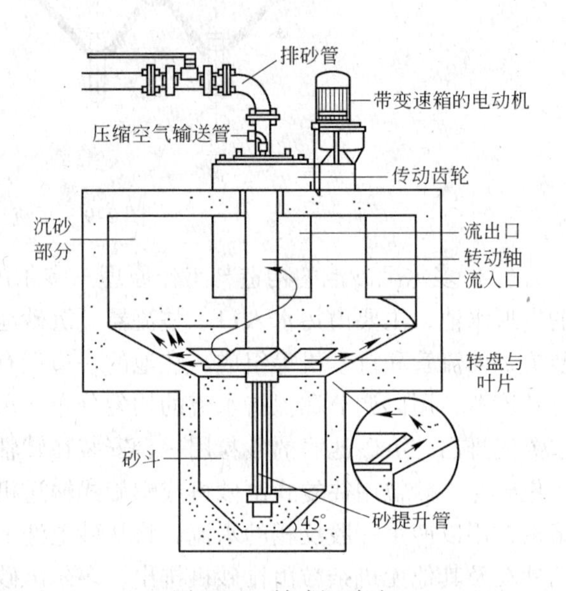

图 2-11 钟式沉砂池

2.2.3.2 沉砂池的设计计算

A 沉砂池的设计原则

(1) 城市污水处理厂均应设置沉砂池，其个数与分格数应大于 2，并按并联系列设计，当污水水量小时，可考虑一格工作，另一格备用。

(2) 按去除相对密度为 2.65、粒径为 0.2mm 以上砂粒设计。

(3) 沉砂池设计流量应按分期建设考虑。当污水为自流进入时，应按每天最大流量计算；当污水为提升进入时，应按每天工作水泵最大组合流量计算；在合流制系统中，应按降雨时设计流量计算。

(4) 城市污水沉砂量按 15~30m^3/10^6m^3污水计量，沉砂含水率为 60%。

(5) 砂斗容积应按等于或小于 2d 沉砂量计算，砂斗水平倾角等于或大于 55°，沉砂池超高不应小于 0.3m。

(6) 排砂一般采用机械方法，大型污水站可采用人工重力排砂，其排砂管径不应小于 200mm，并应尽量缩短排砂管长度。

B 曝气沉砂池主要参数的选择与设计计算

（1）池内水流速度的选择。污水在池内的水平速度为0.08～0.12m/s，过水断面周边的最大旋流速度为0.25～0.30m/s；如考虑预曝气作用，过水断面增大为原来的3～4倍。

（2）池内污水停留时间的选择。污水在池内的停留时间为4～6min，最大设计流量时为1～3min。如作为预曝气，则可延长池身，使停留时间为10～30min。

（3）池内有效水深、宽、长的确定。有效水深取2～3m，宽深比取（1.0～1.5）：1，长宽比取5：1。若池长比池宽大很多时，则应考虑设置横向挡板。池的形状应尽可能不产生偏流或死角，在集砂槽附近安装纵向挡板。

（4）曝气沉砂池的设计计算。曝气沉砂池的设计计算包括曝气沉砂池总有效容积V的计算、水流断面面积A的计算、池子总宽度B和池子长度L的计算。

1）曝气沉砂池总有效容积$V(m^3)$的计算。曝气沉砂池总有效容积V可按下式计算

$$V = 60Q_{max}t \tag{2-8}$$

式中 t——最大设计流量时的停留时间，min；

Q_{max}——最大设计流量，m^3/s。

2）水流断面面积$A(m^2)$的计算。水流断面面积A可按下式计算

$$A = Q_{max}/v_1 \tag{2-9}$$

式中 v_1——最大设计流量时的水平流速，m/s。

3）池子总宽度$B(m)$的计算。池子总宽度B可按下式计算

$$B = A/h_2 \tag{2-10}$$

式中 h_2——设计有效水深，m。

4）池子长度$L(m)$的计算。池子长度L可按下式计算

$$L = V/A = 60v_1t \tag{2-11}$$

5）每小时所需空气量$q(m^3/h)$的计算。每小时所需的空气量q可按下式计算

$$q = 3600dQ_{max} \tag{2-12}$$

式中 d——每立方米污水每小时所需空气量，$m^3/(m^3 \cdot h)$，可按表2-8确定。

表2-8 单位池长所需空气量

曝气管水下浸没深度/m	最小空气用量 $/m^3 \cdot (m^3 \cdot h)^{-1}$	达到良好除砂效果时的最大空气量 $/m^3 \cdot (m^3 \cdot h)^{-1}$
1.5	12.5	30
2.0	11.0～14.5	29
2.5	10.5～14.0	28
3.0	10.5～14.0	28
4.0	10.0～13.5	25

曝气装置多采用穿孔管曝气器，穿孔管孔径为ϕ2.5～6.0mm，安装在池的一侧，距池底约0.6～0.9m，空气管上设置调节空气的阀门。

2.2.4 调节池

多数污水的水质和水量都不太稳定，具有很强的随机性，尤其是当操作不正常或设备

产生泄漏时，污水的水质就会急剧恶化，水量也会大大增加，水质和水量的变化将严重影响污水处理设施的正常工作。为解决这一矛盾，在污水处理系统前通常都要设置调节池，用以调节水量和水质。调节池还有另外的作用，就是酸性污水和碱性污水可以在调节池内中和；还可利用调节池平衡短期排出的高温污水的水温。

2.2.4.1 调节池的类型

调节池在结构上分为砖石结构、混凝土结构和钢结构。调节池除了对水质和水量进行调节外，还要对池内污水进行混合，混合的方法主要有水泵强制混合、空气搅拌、机械搅拌和水力混合。目前常用的是利用调节池的特殊结构形式进行差时混合，即水力混合。水力混合主要用对角线出水调节池和折流调节池。

对角线出水调节池如图 2-12 所示。它的特点是出水槽沿对角线方向设置，同一时间流入池内的污水，从池的左、右两侧经过不同的时间流到出水槽，从而达到自动调节、均匀的目的。在池内设置若干纵向隔板可防止污水在池内发生短路现象，纵向隔板的间距为 1 ~1.5m。为了使污水中的悬浮物在池内沉淀，通过排渣管定期排出池外，池内还设置沉渣斗。当调节池容积很大，需要设置的沉渣斗过多时，可考虑将调节池设计成平底，利用压缩空气搅拌污水以防沉砂沉淀。空气用量为 1.5 ~3.0$m^3/(m^2 \cdot h)$，调节池有效水深为 1.5 ~2.0m。

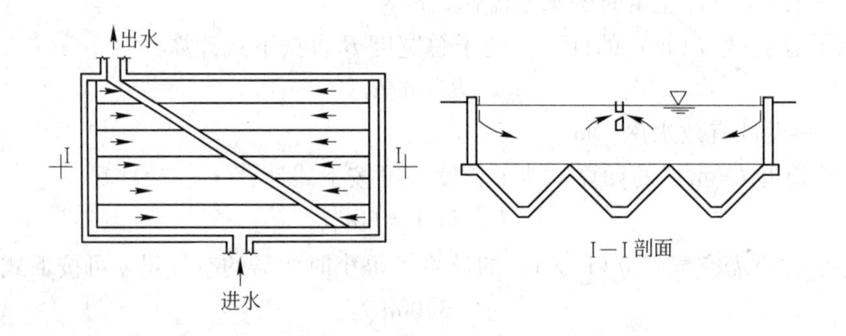

图 2-12 对角线出水调节池

若调节池利用堰顶溢流出水，则只能调节水质的变化，而不能调节水量的波动。若后续处理构筑物要求处理污水量比较均匀，那么需要调节池内的工作水位能够上、下自由波动，以贮存盈余，补充短缺。若处理系统为重力自流，调节池出水口应超过后续处理构筑物的最高水位，可考虑采用浮子等定量设备，以确保出水量恒定；若采用这种方法有困难，可考虑设吸水井，通过水泵抽送。

折流调节池如图 2-13 所示。池内设置若干折流隔墙，使污水在池内来回折流。配水槽设于调节池上，污水通过许多孔口溢流投配到调节池的各个折流槽内，使污水在池内混合、均衡。调节槽的入口入流量可控制在总流量的 1/4 ~1/3，剩余流量可通过其他各投配口等量地投入池内。

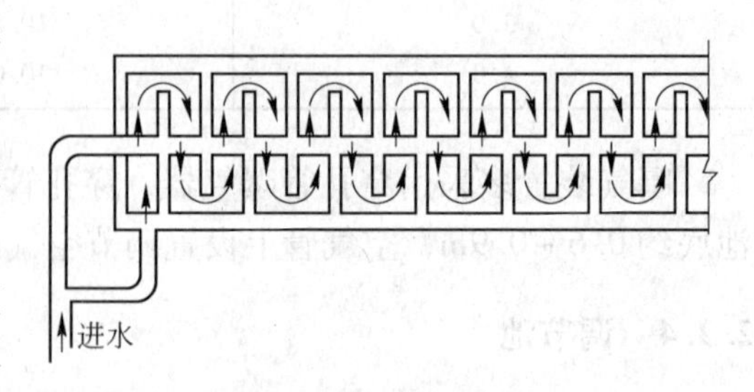

图 2-13 折流调节池

2.2.4.2 调节池的设计计算

调节池的容积主要是根据污水浓度和流量的变化范围及所要求的均和程度来进行设计计算。在计算调节池的容积时，首先要确定调节时间。当污水的浓度无周期性地变化时，应按最不利的情况即浓度和流量在高峰时的区间计算。采用的调节时间越长，污水越均匀。假设调节时间，计算不同时段拟定调节时间内的污水平均浓度，如高峰时段的平均浓度大于所求得的平均浓度，则应增大调节时间，直到满足要求为止。如果计算出初拟调节时间的平均浓度过小，则可重新假设一个较小的调节时间来计算。当污水浓度呈现周期性变化时，污水在调节池内的停留时间即为一个变化周期的时间。

污水经过一定时间的调节后，其平均浓度可按下式计算

$$C = \sum_{i=1}^{n} \frac{C_i q_i t_i}{qt} \tag{2-13}$$

式中 C——t 小时内的污水平均浓度，mg/L；

q——t 小时内的污水平均流量，m^3/h；

C_i——污水在 t_i 时段内的平均浓度，mg/L；

q_i——污水在 t_i 时段内的平均流量，m^3/h；

t_i——各时段时间（h），其总和等于 t。

所需调节池的容积 V 则为

$$V = \frac{qt}{1.4} \tag{2-14}$$

式中，1.4 为考虑污水在调节池内不均匀流动的容积利用经验系数。

2.2.5 隔油池

石油开采与炼制、煤化工、石油化工及轻工等行业的生产过程排出大量的含油废水。如果油珠粒径较大，呈悬浮状态，则可利用重力设备进行分离。这类设备称为隔油池。也就是说，隔油池是利用自然上浮法进行油水分离的装置。隔油池的类型很多，常用的类型主要有平流式隔油池、平行板式隔油池、倾斜板式隔油池等。

2.2.5.1 平流式隔油池

平流式隔油池（API）是使用较为广泛的传统隔油池，其结构如图 2-14 所示，与沉淀池相似，污水从池的一端流入，从另一端流出。在隔油池中，由于流速降低，相对密度小于 1.0 而粒径较大的油珠浮在水面上，并聚集在池表面，通过设在池面的集油管和刮油机收集浮油，相对密度大于 1.0 的杂质则沉于水底。集油管设在出水一侧的水面上，管轴线安装高度与水面相平或低于水面 5cm。集油管通常用直径 200～300mm 的钢管制成，沿其长度方向在管壁的一侧开有切口，集油管可以绕轴线转动。

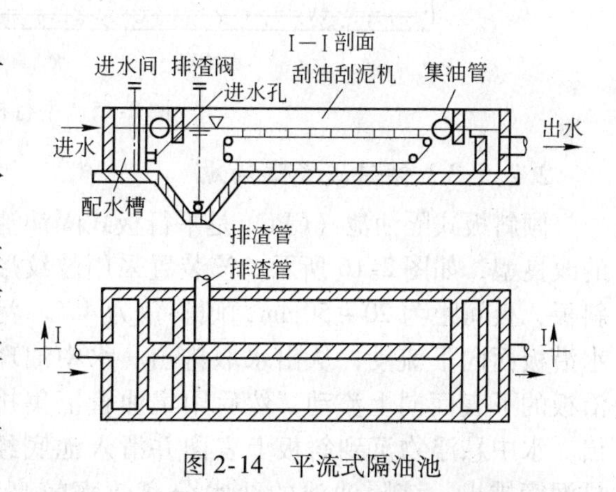

图 2-14 平流式隔油池

平时切口在水面上，当水面浮油达到一定厚度时，转动集油管，使切口浸入水面油层之下，油进入管内，再流到池外。平流式隔油池一般不少于两个或两格，池深为1.5～2.0m，超高0.4m，每格长宽比小于4。

大型隔油池还设置有钢丝绳或链条牵引的刮油刮泥设备。刮油刮泥机的刮板在池面上移动的速度，选取与池中水流速度相等，以减小对水流的影响。刮集到池前部污泥斗中的沉渣，由排泥管适时排出。排泥管直径一般为200mm。池底应有坡向污泥斗的0.01°～0.02°的坡度，污泥斗深度一般为0.5m，底宽不小于0.4m，倾角不小于45°～60°。

隔油池表面用盖板覆盖，用来防火、防雨和保温。寒冷地区还应在池内设置加温管，因刮泥机跨度规格的限制，隔油池每个格间的宽度通常为6.0m、4.5m、3.0m、2.5m和2.0m。若采用人工清除浮油时，每个格间的宽度不宜超过3.0m。

平流式隔油池可取出的最小油珠粒径一般为100～150μm，其油珠的最大上浮速度不高于0.9mm/s。这种隔油池的优点是：构造简单，便于运行管理，除油效果稳定。其缺点是：池体大，占地面积多。

2.2.5.2 平行板式隔油池

平行板式隔油池（PPI）是平流式隔油池的改良型，如图2-15所示。在平流式隔油池内沿水流方向安装数量较多的倾斜平板，不仅增加了有效分离面积，而且也提高了整流效果。

为了防止油类物质附着在斜板上，应选用不亲油材料作斜板。在实际操作中很难避免斜板挂油现象，因此应定期用蒸汽及水冲洗，防止斜板间堵塞。污水含油量大时，可采用较大的板间距（管径），油量小时，板间距可减小。

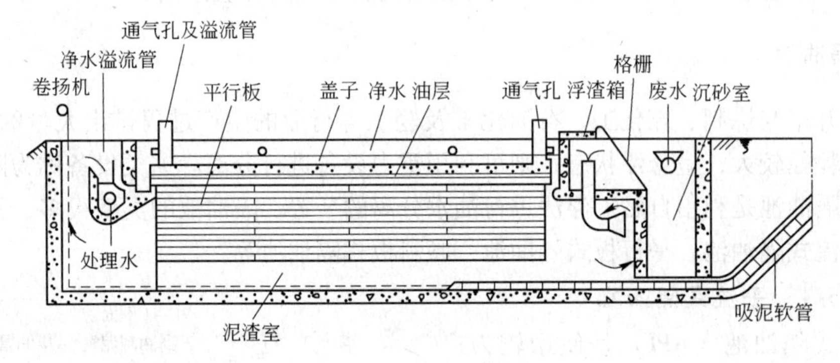

图2-15　平行板式隔油池

2.2.5.3 倾斜板式隔油池

倾斜板式隔油池（CPI）是平行板式隔油池的改良型，如图2-16所示。该装置采用波纹形斜板，板间距为20～50mm，倾斜角为45°。污水沿板面向下流动，从出水堰排出。水中油珠沿板的下表面向上流动，然后用集油管汇集排出。水中悬浮物沉到斜板上表面并滑入池底经排泥管排出。该隔油池的油水分离效率较高，停留时间短，通常不大于30min，占地面积小，

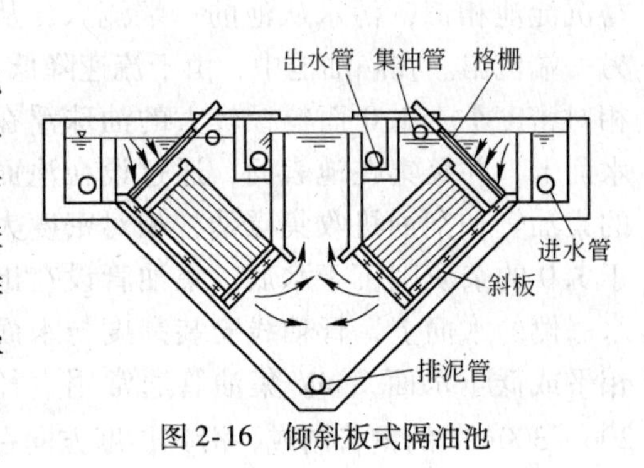

图2-16　倾斜板式隔油池

波纹斜板由聚酯玻璃钢制成。

以上三种隔油池的性能比较见表2-9。

表2-9 API、PPI、CPI隔油池的性能比较

项　目	API式	PPI式	CPI式
除油效率/%	60~70	70~80	70~80
占地面积(处理量相同时)	1	1/2	1/3~1/4
可能除去的最小油珠粒径/μm	100~150	60	60
最小油珠的上浮速度/$mm \cdot s^{-1}$	0.9	0.2	0.2
分离油的去除方式	刮板及集油管集油	利用压差自动流入管内	集油管集油
泥渣去除方式	刮泥机将泥渣集中到泥渣斗	用移动式的吸泥软管或刮泥设备排出	重力
平行板的清洗	—	定期清洗	定期清洗
防火防臭措施	浮油与大气接触，有着火危险，臭气散发	表面为清水，不易着火，臭气也不多	有着火危险，臭气比较少
附属设备	刮油刮泥机	卷扬机、清洗设备及装平行板用的单轨吊车	—
基建费	低	高	较低

2.2.5.4 隔油池的设计计算

隔油池的设计计算通常有两种方法：一是按油珠上浮速度设计计算；二是按污水在隔油池内的停留时间设计计算。下面对这两种方法进行介绍。

(1) 按油珠上浮速度设计计算。

隔油池表面面积按下式计算

$$A = \alpha \frac{Q}{u} \tag{2-15}$$

式中 A——隔油池表面面积，m^2；

Q——污水设计流量，m^3/h；

u——油珠的设计上浮速度，m/h；

α——对隔油池表面面积的修正系数，该值与池容积利用率和水流紊动状况有关。

表2-10为α值与速度比v/u值的关系，其中v为污水在隔油池中的水平流速。

表2-10 α值与速度比v/u值的关系

v/u	20	15	10	6	3
α	1.74	1.64	1.44	1.37	1.28

通过污水净浮试验来确定设计上浮速度u值。按试验数据绘制油水分离效率与上浮速度之间的关系曲线，然后再根据应达到的效率选定设计上浮速度u值。另外，也可根据修正的Stokes公式计算求得

$$u = \frac{\beta g d^2(\rho_w - \rho_o)}{18\mu K} \tag{2-16}$$

式中 u——静止水中直径为d的油珠的上浮速度，m/s；

ρ_w——水的密度，kg/m^3；

ρ_o——油珠的密度，kg/m^3；

d——可上浮最小油珠的粒径，m；

μ——水的绝对黏度，Pa · s；

g——重力加速度，m/s^2；

K——污水中油珠非圆形的修正系数，一般取 $K \approx 1.0$；

β——考虑污水悬浮物引起的颗粒碰撞的阻力系数，其值按下式计算：

$$\beta = \frac{4 \times 10^4 + 0.8S^2}{4 \times 10^4 + S^2} \tag{2-17}$$

式中　S——污水中悬浮物浓度，通常 β 值可取 0.95。

隔油池的过水断面面积为

$$A_g = \frac{Q}{v} \tag{2-18}$$

式中　A_g——隔油池的过水断面面积，m^2；

v——污水在隔油池中的水平流速，m/h，通常取 $v \leqslant 15u$，但不宜大于 15mm/s，通常取 2 ~5mm/s。

隔油池每个格间的有效水深和池宽比（h/b）宜取 0.3 ~ 0.4。有效水深 h 一般为 1.5 ~2.0m。

隔油池的长度按下式计算

$$L = \alpha(v/u)h \tag{2-19}$$

隔油池每个格间的长宽比（L/b）不宜小于 4.0。

（2）按污水在隔油池内的停留时间设计计算。

隔油池的总容积按下式计算

$$V = Qt \tag{2-20}$$

式中　V——隔油池的总容积，m^3；

Q——隔油池的污水设计流量，m^3/h；

t——污水在隔油池内的设计停留时间，h，通常取 1.5 ~2.0h。

隔油池的过水断面面积 A_g 按下式计算

$$A_g = \frac{Q}{3.6v} \tag{2-21}$$

式中　Q——隔油池的污水设计流量，m^3/h；

v——污水在隔油池中的水平流速，mm/s。

隔油池格间数 n 按下式计算

$$n = \frac{A_g}{bh} \tag{2-22}$$

式中　b——隔油池每个格间的宽度，m；

h——隔油池工作水深，m。

按规定隔油池的格间数不得少于 2。

隔油池的有效长度 L 按下式计算

$$L = 3.6vt \tag{2-23}$$

式中符号意义同前。

隔油池建筑高度 H 按下式计算：

$$H = h + h' \tag{2-24}$$

式中　h'——隔油池超高，m，通常不小于0.4m。

2.3　沉淀池的设计与选用

沉淀池是分离污水中悬浮物的一种主要处理构筑物，常用于给水净化、污水的混凝沉淀处理、污水生物处理系统的初沉处理以及泥水分离处理，应用十分广泛。沉淀池按其功能可分为进水区、沉淀区、污泥区、出水区及缓冲区五个部分。进水区和出水区使水流均匀地流过沉淀池。沉淀区也称澄清区，是可沉降颗粒与废水分离的工作区。污泥区是污泥贮存、浓缩和排出的区域。缓冲区是分隔沉淀区和污泥区的水层，保证已沉降颗粒不因水流搅动而再度浮起。沉淀池多为钢筋混凝土结构，应满足结构设计、强度、工艺、制造等要求。池壁一般现场浇注，池壁最小厚度为12cm，池高一般为3.5~6m。

2.3.1　沉淀池的类型及适用条件

常用沉淀池的类型有平流式沉淀池、辐流式沉淀池、竖流式沉淀池和斜板（管）沉淀池四种。各类沉淀池的优缺点及适用条件见表2-11。

表2-11　各类沉淀池的优缺点及适用条件

类型	优　点	缺　点	适用条件
平流式	1. 污水在池内流动特性比较稳定，沉淀效果好； 2. 对冲击负荷和温度变化的适应能力较强； 3. 施工简单，设备造价低	1. 占地面积大； 2. 配水不宜均匀； 3. 采用多斗排泥时每个泥斗需单独设排泥管，管理复杂，操作工作量大	1. 适用于地下水位高及地质条件差的地区； 2. 大、中、小型水处理厂均可采用
竖流式	1. 排泥方便，管理简单； 2. 占地面积较小，直径在10m以内（或10m×10m以内的方形）	1. 池子深度较大，施工困难； 2. 对冲击负荷和温度变化的适应能力较差； 3. 池径不宜过大，否则布水不均	适用于中、小型水处理厂
辐流式	1. 多为机械排泥，运行较好，管理较简单； 2. 排泥设备已定型，排泥较方便	1. 排泥设备复杂，对施工质量要求较高； 2. 水流不易均匀，沉淀效果较差	1. 适用于地下水位较高的地区； 2. 适用于大、中、小型水厂和污水处理厂
斜板（管）式	1. 沉淀效果好，生产能力大； 2. 占地面积较小	构造复杂，斜板、斜管造价高，需定期更换，易堵塞	1. 适用于地下水位高及地质条件差的地区； 2. 适用于选矿污水浓缩等

2.3.2 沉淀池的结构与工作原理

2.3.2.1 平流式沉淀池的结构与工作原理

常用平流式沉淀池的结构如图 2-17 ~ 图 2-19 所示，平流式沉淀池的排泥如图 2-20 所示。污水从池的一端流入，从另一端流出，水流在池内做水平运动，池平面形状呈长方形，可以是单格或多格串联。在池的进口端或沿池长度方向，设有一个或多个贮泥斗，贮存沉积下来的污泥，为使池底污泥能滑入污泥斗，池底应有 0.01 ~0.02mm 的坡度。

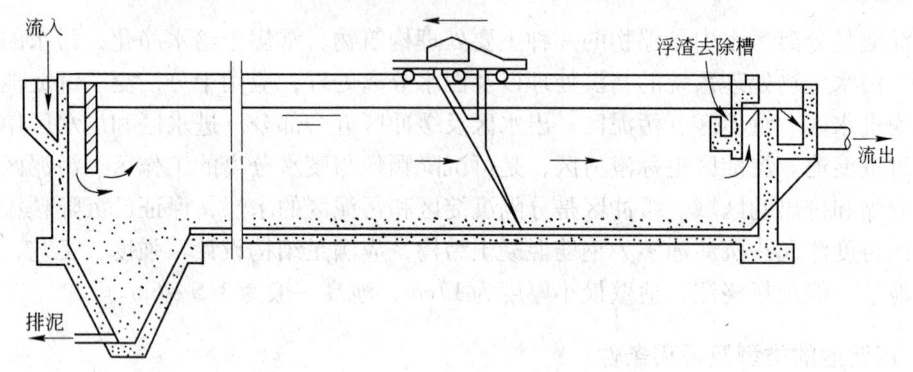

图 2-17 配行车刮泥机的平流式沉淀池

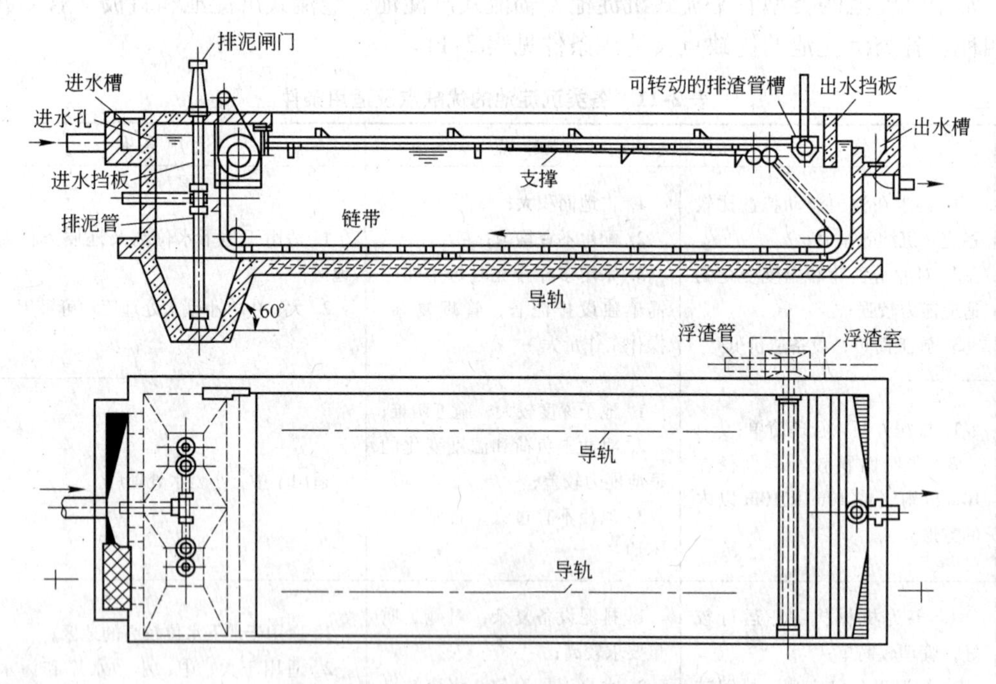

图 2-18 设有链带刮泥机的平流式沉淀池

2.3.2.2 竖流式沉淀池的结构与工作原理

圆形竖流式沉淀池的结构如图 2-21 所示，它多为圆形或方形，直径或边长为 4 ~7m，一般小于 10m。沉淀池上部为圆筒形的沉淀区，下部为截头圆锥状的污泥斗，两层之间为缓冲层，约 0.3m。

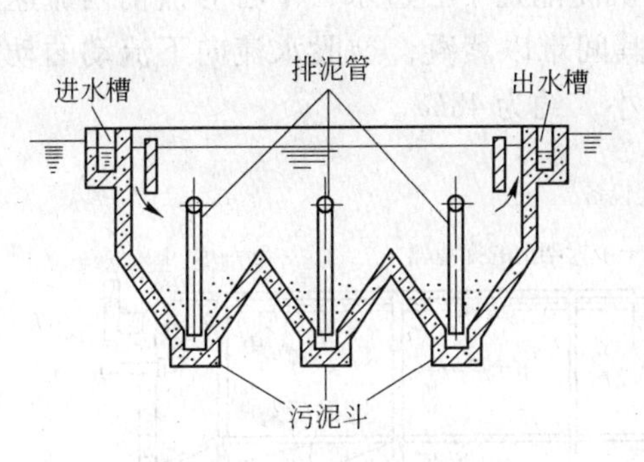

图 2-19 多斗式平流沉淀池

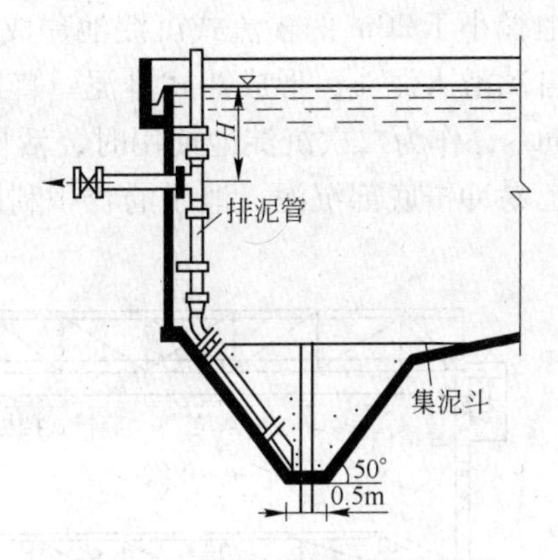

图 2-20 沉淀池静水压力排泥

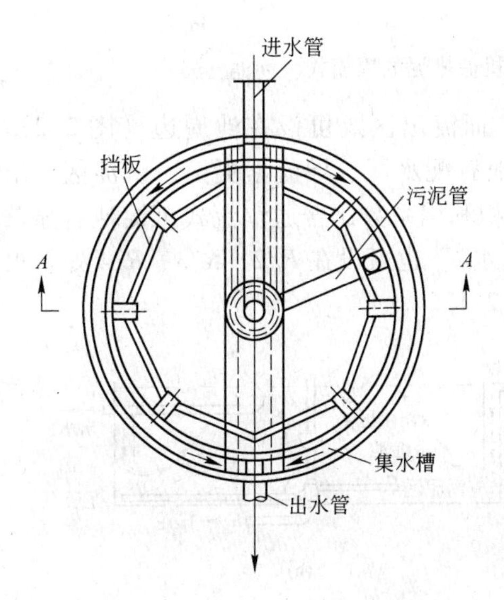

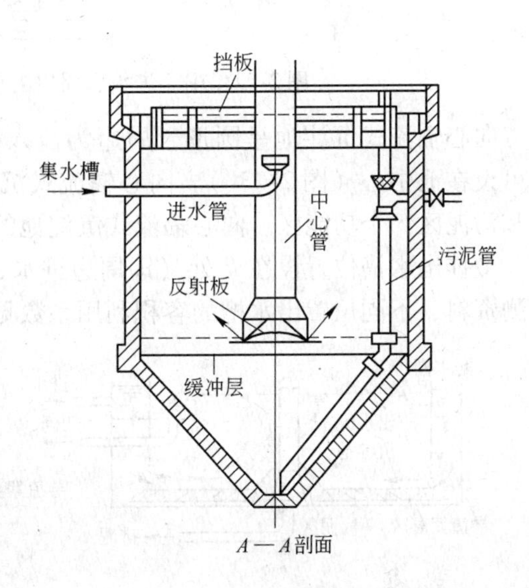

图 2-21 圆形竖流式沉淀池

污水从中心管自上而下流入，经反射板向四周均匀分布，沿沉淀区的整个断面上升，清水由池四周集水槽收集。集水槽大多采用平顶堰或三角形锯齿堰，堰口最大负荷为 $1.5L/(m^3 \cdot s)$。若池径大于 7m，为了集水均匀，可设置辐射式的集水槽与池边环形集水槽相通。沉淀池贮泥斗倾角为 45°~60°，污泥可借静水压力由排泥管排出，排泥管直径应不小于 200mm，静水压力为 1.5~2.0m。排泥管下端距池底不大于 2.0m，管上端超出水面不少于 0.4m。为防止漂浮物外溢，在水面距池壁 0.4~0.5m 处设伸入水面以下 0.25~0.3m 的挡板，挡板露出水面以上 0.1~0.2m。竖流式沉淀池径深比一般为 $D:h\leqslant3:1$。

2.3.2.3 辐流式沉淀池的结构与工作原理

普通辐流式沉淀池呈圆形或方形，直径或边长一般为 6~60 m，最大可达 100 m，中心深度为 2.5~5.0m，周边深度为 1.5~3.0m。污水从池中心进入，沉淀后由四周的集水槽排出。图 2-22 所示为中心进水、周边出水、机械排泥的普通辐流式沉淀池。辐流式沉淀池大多采用机械刮泥，将全池的沉积污泥收集到中心泥斗，再借静压力或泥浆泵排出。

常将池径小于20m的辐流式沉淀池建成方形，污水沿中心管流入，池底设有多个泥斗，使污泥自动滑入泥斗，形成斗式排泥。普通辐流式沉淀池是中心进水，中心导流筒内流速达100mm/s，作为二次沉淀池使用时，活性污泥在其间难以絮凝，这股水流向下流动的动能较大，易冲击底部沉泥，池子的容积利用系数较小，约为48%。

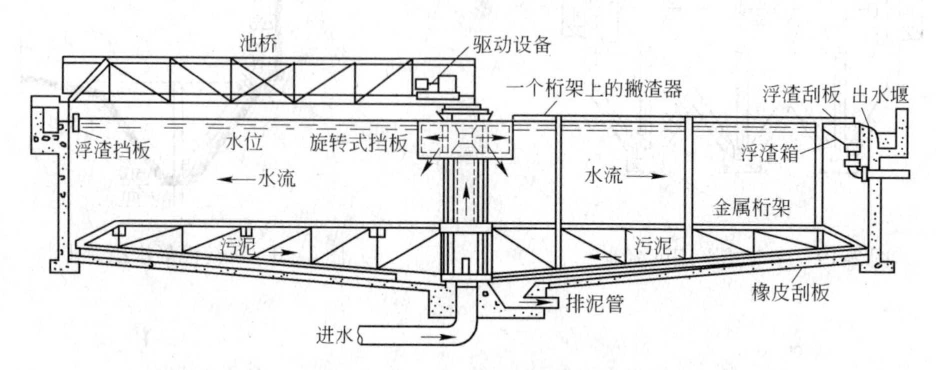

图2-22 中心进水、周边出水、机械排泥的辐流式沉淀池

向心辐流式沉淀池呈圆形，周边为流入区，而流出区既可设在池周边（图2-23a），也可设在池中心（图2-23b）。向心辐流式沉淀池有配水区、导流絮凝区、沉淀区、出水区和污泥区5个功能区。向心辐流式沉淀池的容积利用系数比普通辐流式沉淀池有显著提高，最佳出水槽位置设在*R*处（即周边进水、出水），也可设在*R*/2、*R*/3、*R*/4处。根据实测资料，不同位置出水槽的容积利用系数见表2-12。

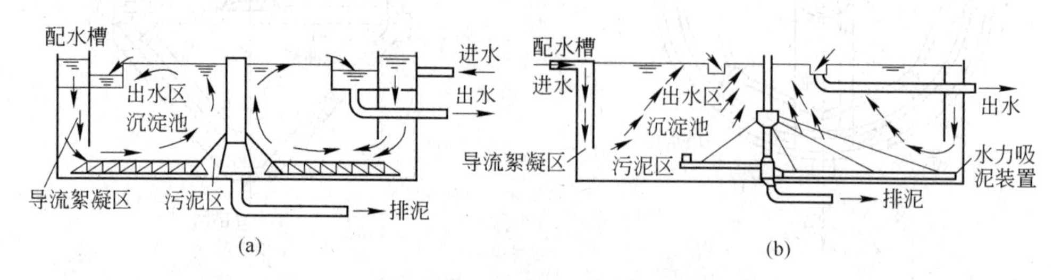

图2-23 向心辐流式沉淀池

（a）周边进水、出水；（b）周边进水、中心出水

表2-12 出水槽位置与容积利用系数的关系

出水槽位置	*R*处	*R*/2处	*R*/3处	*R*/4处
容积利用系数/%	93.6	79.7	87.5	85.7

2.3.3 沉淀池的设计

2.3.3.1 沉淀池的一般设计原则及参数选择

沉淀池的设计包括功能设计和结构设计两部分，设计良好的沉淀池应满足三项基本要求：一是要有足够的沉降分离面积；二是要有结构合理的入流与出流装置，能均匀地布水和集水；三是有尺寸合适、性能良好的污泥和浮渣的收集与排放设备。下面介绍相关参数的选择。

（1）设计流量。设计流量应按具体情况考虑，当污水自流进入沉淀池时，应以最大流量作为设计流量；当污水通过泵提升进入沉淀池时，应按水泵工作时间的最大组合流量作为设计流量；在合流制处理系统中，应按降雨时设计流量计算，沉淀时间不宜小于30min。

（2）沉淀池的数目。沉淀池的数目不少于两座，并按并联考虑，若一座发生故障，全部流量通过另一座沉淀池时的沉淀效果良好。

（3）沉淀池的几何尺寸。沉淀池有效水深一般为2～4m，缓冲层高一般采用0.3～0.5m，超高不低于0.3m。污泥斗斜壁水平倾角：圆斗不宜小于55°，方斗不宜小于60°。排泥管直径不小于200mm。

（4）污泥斗的容积。污泥斗的容积一般按不大于2d的污泥量计算，若采用机械排泥则按4h的污泥量计算；对于二次沉淀池，污泥斗的容积按储泥时间不大于2h计算。

（5）排泥方式。排泥方式有机械排泥和重力排泥。采用机械排泥时可连续排泥和间歇排泥；采用重力排泥时，污泥斗排泥管一般为铸铁管，其下端伸入斗中，顶端开口露出水面便于疏通，在其水面以下1.4～2m处，从排泥管接出水平排出管，污泥靠静水压力排出。静水压力数值为：初次沉淀池应不小于1.5m；活性污泥曝气池后的二次沉淀池应不小于0.9m；生物膜法后的二次沉淀池应不小于1.2m。

（6）经验设计参数。沉淀池设计的主要依据是经过处理后所应达到的水质要求，据此应确定的设计参数有：污水应达到的沉淀效率、悬浮颗粒的最小沉速、表面负荷、沉淀时间及水在池内的平均流速等。这些参数一般通过沉淀试验获得，若无实测资料时，可参照表2-13的经验值选取。

表2-13　沉淀池的经验设计参数

类型 参数	平流式	辐流式	竖流式	备　注
表面负荷 q_0 /$m^3 \cdot (m^2 \cdot d)^{-1}$	30～45	45	25～30	城市污水
	14～22	14～22	20～25	混凝沉淀
	22～45	22～45	—	石灰软化
	20～24	20～24	20～24	活性污泥
停留时间 t/h	1.5～2.0	1.5～2.0	1.5～2.0	城市污水处理
	2～4	2～4	—	给水处理
堰顶溢流率 /$m^3 \cdot (m \cdot d)^{-1}$	300～450	<300	100～130	污水初沉淀
	100～150	100	—	絮凝物
悬浮物去除率/%	40～60	50～65	60～65	城市污水

2.3.3.2　平流式沉淀池的设计计算

沉淀池的设计包括结构设计与功能设计两部分。结构设计主要包括流入区、流出区和污泥区的结构设计；功能设计主要包括沉淀池的数目、沉淀区尺寸和污泥区尺寸的确定。

A　平流式沉淀池的结构设计

（1）入流装置。入流装置的作用是使水流均匀地分布在沉淀池的整个过水断面上，尽可能减少扰动。在给水处理厂中，沉淀池入流装置可设计成图2-24（a）、（b）、（c）所示的形式，其中图2-24（c）为穿孔墙布水的形式，采用较多，穿孔墙上的开孔面积为池断面面积的6%～20%，孔口应均匀分布在整个穿孔墙宽度上，为防止絮体破坏，孔口流速不宜大于0.15～0.2m/s，孔口的断面形状沿水流方向逐渐扩散，以减小进口的射流。

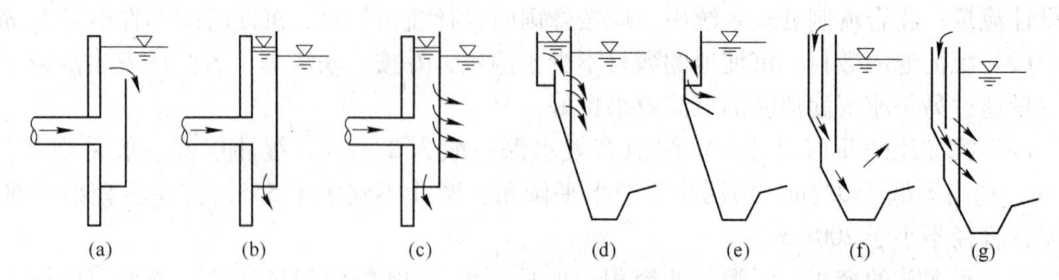

图2-24　沉淀池进水口布置形式

在污水处理中也有采用图2-24（d）、（e）、（f）、（g）的形式，这些形式与给水处理中沉淀池进水装置的差别是增设了消能整流设备，以保证均匀布水。图2-24（f）所示挡板，要求高出水面0.15～0.2m，伸入水面下不小于0.2m，距进水口0.15～1.0m。

（2）出流装置。出流装置由流出槽与挡板组成，流出槽设自由溢流堰。溢流堰是沉淀池的重要组成部分，它不仅控制池内水面的高度，而且对池内水流的均匀分布有直接影响。单位长度堰口流量必须相等，并要求堰口下游应有一定的自由落差。出流装置一般采用自由堰形式，如图2-25所示。给水处理常采用图2-25（a）、（c）两种形式。图2-25（c）为淹没式孔口出水，孔口流速宜取0.6～0.7m/s，孔径取20～30mm。孔口应设在水面下0.12～0.15m处，水流应自由跌落到出水渠中。目前采用图2-25（b）所示的锯齿形溢流堰较普遍，这种溢流堰易于加工，并能保证均匀出水，水面应位于齿高度的1/2处。为阻拦浮渣，堰前应设置挡板，挡板下沿应插入水面下0.3～0.4m，挡板距出水口0.25～0.5m。

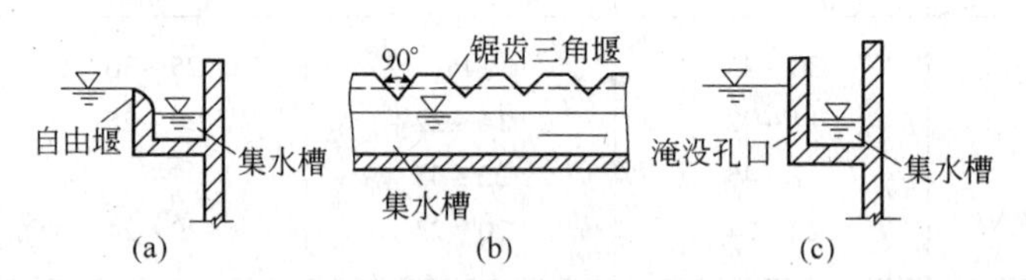

图2-25　沉淀池的溢流堰形式

为缓和流出区附近的流线过于集中，应尽量增加出水堰的长度，以降低堰口流量的负荷，一般设计成图2-26所示的形式，目前图2-26（b）、（c）形式采用的较多。

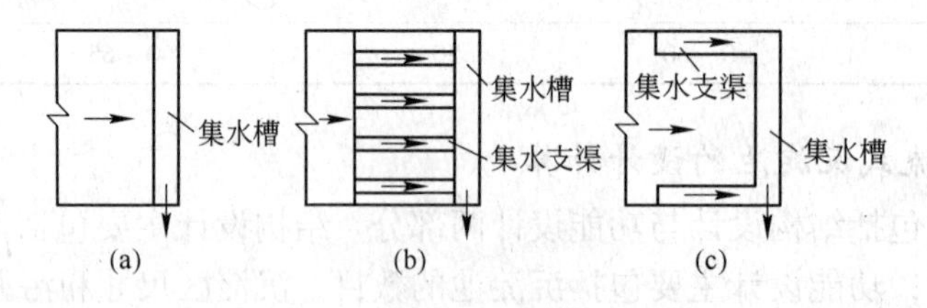

图2-26　沉淀池集水渠布置形式

（3）排泥装置。及时排除沉于池底的污泥是保证沉淀池正常工作和出水水质的一项重要措施。常用静水压力法和机械排泥法排泥，由于可沉悬浮颗粒多沉于沉淀池的前部，因此，在池的前部设置斗形贮泥装置。贮泥斗底部装排泥管利用静水压头将污泥排出池外，沉淀池静水压力排泥如图2-20所示，池底一般设1%～2%的坡度，坡向贮泥斗，配制机械刮泥设备，将沉入池底的污泥刮入泥斗内。为了减小池的总深度，可采用多斗式平流沉淀池，如图2-19所示。机械排泥法应用很多，图2-17所示为配行车刮泥机的平流式沉淀池，图2-18所示为设有链带刮泥机的平流式沉淀池。

B 平流式沉淀池的功能设计

a 沉淀区的设计

沉淀区的尺寸包括沉淀池的面积、沉淀池的长和宽、沉淀区的有效水深、沉淀区的有效容积、沉淀池的座数或分隔数。沉淀区尺寸的计算方法有多种，可根据收集的资料等具体情况进行选用，在没有进行沉淀实验，缺乏具体数据的情况下，可按负荷进行计算。

(1) 沉淀池面积 A (m^2) 的计算。沉淀池面积 A 可按下式计算

$$A = \frac{3600Q_{max}}{q_0} \tag{2-25}$$

式中 q_0——表面负荷，$m^3/(m^2 \cdot h)$，城市污水一般可取1.5～3.0；

Q_{max}——最大设计流量，m^3/s。

(2) 沉淀池长度 L (m) 和宽度 B (m) 的计算。沉淀池长度和宽度可按下式计算

$$L = 3.6vt \tag{2-26}$$

$$B = \frac{A}{L} \tag{2-27}$$

式中 v——设计流量时的水平流速，mm/s，给水处理取10～25mm/s，污水处理取5～7mm/s；

t——水在池中的设计停留时间，见表2-13，初次沉淀池取1.0～2.0h，二次沉淀池取1.5～2.5h。

平流式沉淀池的长度一般为30～50 m，为保证水在池内均匀分布，要求长宽比不小于4，以4～5为宜。每座沉淀池的宽度一般为5～10 m。若采用机械排泥时池的宽度应根据机械格架的跨度来确定。

(3) 沉淀区有效水深 h_2 (m) 的计算。沉淀区有效水深可按下式计算

$$h_2 = q_0 t \tag{2-28}$$

式中 h_2——沉淀区有效水深，m，一般取2～4m。长度与有效水深之比不小于8。

(4) 沉淀区有效容积 V (m^3) 的计算。沉淀区有效容积可按下式计算

$$V = Ah_2 = 3600Q_{max}t \tag{2-29}$$

(5) 沉淀池座数或分隔数 n 的计算。沉淀池座数或分隔数可按下式计算

$$n = \frac{B}{b} \tag{2-30}$$

式中 b——每座沉淀池（分格）的宽度，m。

b 污泥区的设计

(1) 污泥区所需容积。污泥贮存容积可根据每日所沉淀下来的污泥量和污泥贮存周期决定。每日沉淀下来的污泥量与水中悬浮固体浓度、沉淀时间以及污泥含水率等参数有关。如为生活污水，可按每个设计人口每日所产生的污泥量计算，其具体数值见表2-14，此时污泥区的容积 V_1 (m^3) 为

$$V_1 = \frac{Sit_1}{1000} \tag{2-31}$$

式中　S——每个设计入口每天产生的污泥量，L/(个·d)；

i——设计入口数；

t_1——两次排泥间隔时间，d，一般取 2d。

表 2-14　生活污水沉淀产生的污泥量

沉淀时间/h		1.5		1.0	
污泥量	g/(d·个)	17~25		15~22	
	L/(d·个)	0.4~0.66	0.5~0.83	0.36~0.6	0.44~0.73
污泥含水率/%		95	97	95	97

如果已知原污水和出水悬浮固体浓度，污泥区容积 V_2(m^3) 可按下式计算

$$V_2 = \frac{24Q_{max}(c_1 - c_2) \times 100t_1}{\rho(100 - \varphi_0)} \tag{2-32}$$

式中　Q_{max}——每天的污水量，m^3/d；

c_1——原污水中悬浮固体浓度，kg/m^3；

c_2——出水中悬浮固体浓度，kg/m^3；

φ_0——污泥的含水率,%；

ρ——污泥的密度，kg/m^3，当污泥中的主要成分为有机物，含水率在 95% 以上时，其密度可按 1000kg/m^3 考虑。

（2）泥斗容积 V_d（m^3）的计算。当采用方形泥斗时，泥斗容积 V_d 可按下式计算

$$V_d = \frac{1}{3}h_d(S_1 + S_2 + \sqrt{S_1S_2}) \tag{2-33}$$

式中　h_d——污泥斗高度，m；

S_1，S_2——污泥斗上、下口面积，m^2。

（3）沉淀池高度 H（m）的计算。沉淀池高度 H 可按下式计算

$$H = h_1 + h_2 + h_3 + h_d \tag{2-34}$$

式中　h_1——沉淀池超高，m，一般取 0.3m；

h_2——沉淀区有效水深，m；

h_3——缓冲层高度，m。

2.4　气浮分离原理及其设备设计

2.4.1　气浮及其基本原理

气浮法是利用高度分散的微小气泡作为载体黏附污水中的污染物，使其密度小于水而上浮水面从而实现固-液或液-液分离的过程。在污水处理中，气浮法广泛应用于处理含有细小悬浮物、藻类和微絮体的污水、造纸废水和含油废水等，根据产生微气泡方式的不

同，其气浮设备分为电解气浮设备、布气气浮设备、溶气气浮设备、生化气浮设备和离子气浮设备等。

气浮分离的基本原理是在污水中通入空气，使污水中产生大量的微细气泡，并促使其黏附在杂质颗粒上，形成密度小于水的浮体，在浮力的作用下，上浮至水面，实现固-液或液-液分离。

微细气泡和颗粒之间的接触吸附机理通常有两种情况：一是絮凝体内裹带微细气泡，絮凝体越大，这一倾向越强烈，越能阻留气泡。二是气泡与颗粒的吸附，这种吸附力是由两相之间的界面张力引起的。根据作用于气-固-液三相之间的界面张力，可推测这种吸附力的大小。图 2-27 所示为气-固-液三相混合体系，在三相接触点上，由气-液界面与固-液界面构成的 θ 角，称为接触角，$\theta>90°$ 者为疏水性物质，$\theta<90°$ 者为亲水性物质。从图 2-28中颗粒与水接触面积的大小可以看出。若用 σ_{SL} 表示固-液界面张力，用 σ_{GL} 表示气-液界面张力，用 σ_{GS} 表示气-固界面张力，根据三相接触点处力的平衡关系，有

$$\sigma_{GS} = \sigma_{SL} + \sigma_{GL}\cos\theta \tag{2-35}$$

图 2-28 所示为气-固-液三相混合体系及不同的气泡与粒子的黏附情况。

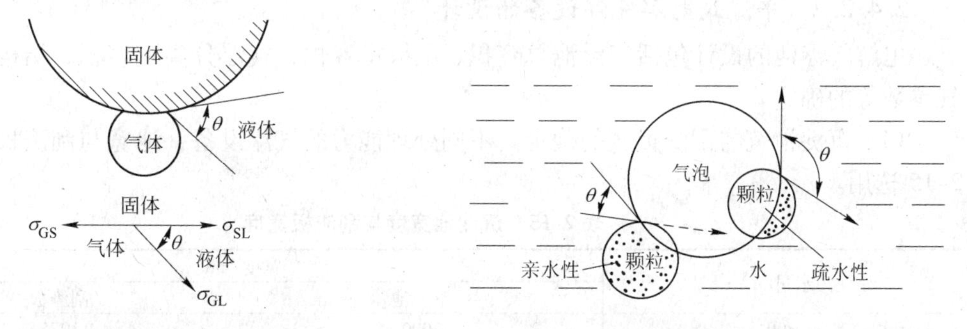

图 2-27　气-固-液体系的平衡关系　　图 2-28　不同润湿性颗粒与气泡的黏附情况

当 $\theta=0°$时，固体表面完全被润湿，气泡不能被吸附在固体的表面；当 $0°<\theta<90°$时，固体与气泡的吸附不够牢固，容易在水流的作用下脱附；当 $\theta>90°$时，则容易发生吸附。对于亲水性物质，通常需加浮选剂，改变其接触角，使其易与气泡吸附。浮选剂的种类有许多，例如煤油产品、松香油、脂肪酸及其盐类等。为降低水的表面张力，有时还加入一定数量的表面活性剂作为气泡剂，使水中的气泡形成稳定的微细气泡，因为水中的气泡越细小，其总表面积越大，吸附水中悬浮物的机会越多，有利于提高气浮效果。若水中表面活性剂过多，会严重地促使乳化，反而会使气浮效果明显降低。

2.4.2　电解气浮设备及设计

2.4.2.1　电解气浮设备的结构特点

电解气浮是在直流电的作用下，采用不溶性的阳极和阴极直接电解污水，正负两极产生氢和氧的微细气泡，将污水中颗粒状污染物带至水面进行分离的一种技术。气泡直径约为 10 ~ 60μm，浮升过程中不会引起水流紊动，负载能力大，特别适用于凝体的分离。此外，电解气浮还具有降低 BOD、氧化、脱色和杀菌作用，对污水负荷变化适应性强，生成物泥量少，占地少，无噪声，常用处理水量一般为 10 ~ 20m³/h。由于电耗较高、操作运

行管理复杂和电极结垢等问题，较难适应处理水量大的场合。

电解气浮设备可分为竖流式和平流式两种，如图 2-29 和图 2-30 所示。

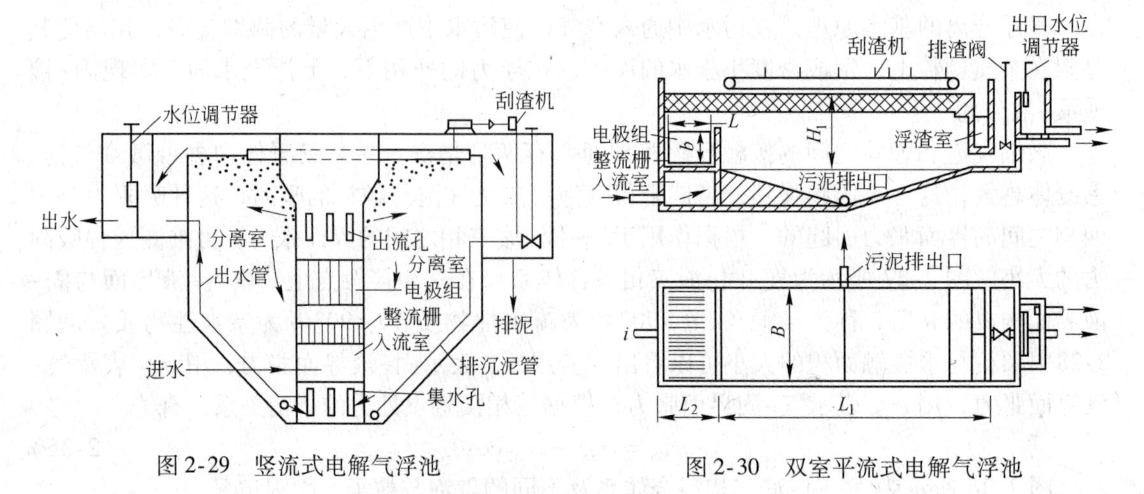

图 2-29　竖流式电解气浮池　　　　图 2-30　双室平流式电解气浮池

2.4.2.2　平流式电解气浮设备的设计

电解气浮池的设计包括气浮池总容积、电极室容积、气浮分离室容积、结构尺寸及电气参数等的确定。

(1) 沉淀池宽与刮渣板宽的确定。不同处理能力的气浮设备，池宽与刮渣板宽可按表 2-15 选用。

表 2-15　沉淀池宽度与刮渣板宽度

处理污水量/$m^3 \cdot h^{-1}$	宽度/mm	
	单　池	刮渣板
<90	2000	1975
90～120	2500	2475
120～130	3000	2975

(2) 电极作用表面积的计算。电极作用表面积 S 按下式计算

$$S = \frac{EQ}{J} \tag{2-36}$$

式中　S——电极作用表面积，m^2；

Q——污水设计流量，m^3/h；

E——比电流，$A \cdot h/m^3$；

J——电极电流密度，A/m^2；

通常，E、J 值应通过实验确定，也可按表 2-16 取值。

表 2-16　不同污水的 E、J 值

污水种类		E/$A \cdot h \cdot m^{-3}$	J/$A \cdot m^{-2}$
皮革污水	铬鞣剂	300～500	50～100
	混合鞣剂	300～600	50～100
皮毛污水		100～300	50～100
肉类加工污水		100～270	100～200
人造革污水		15～20	40～80

（3）电极板块数的计算。电极板块数 n 按下式计算

$$n = \frac{B - 2l + e}{\delta + e} \tag{2-37}$$

式中　B——电解池的宽度，mm；

l——极板面与池壁的距离，mm，取 100mm；

e——极板净距，mm，$e = 15 \sim 20$mm；

δ——极板厚度，$\delta = 6 \sim 10$mm。

（4）极板面积的计算。极板面积 A 按下式计算

$$A = \frac{S}{n - 1} \tag{2-38}$$

式中　A——极板面积，m^2。

极板高度 b 可取气浮分离室澄清层高度 h_1，极板长度 $L_1 = A/b$。

（5）电极室长度与总高度的计算。电极室长度 L 按下式计算

$$L = L_1 + 2l \tag{2-39}$$

电极室的总高度 H 按下式计算

$$H = h_1 + h_2 + h_3 \tag{2-40}$$

式中　H——电极室的总高度，m；

h_1——澄清层高度，m，取 1.0 ~ 1.5m；

h_2——浮渣层高度，m，取 0.4 ~ 0.5m；

h_3——超高，m，取 0.3 ~ 0.5m。

（6）气浮分离时间的确定。气浮分离时间 t 由试验确定，一般为 0.3 ~ 0.75h。

（7）电极室容积的计算。电极室容积 V_1 按下式计算

$$V_1 = BHL \tag{2-41}$$

（8）分离室容积的计算。分离室容积 V_2 按下式计算

$$V_2 = Qt \tag{2-42}$$

（9）电解气浮池容积的计算。电解气浮池容积 V 按下式计算

$$V = V_1 + V_2 \tag{2-43}$$

2.4.3　布气气浮设备及设计

布气气浮是采用扩散板或缩孔管直接向气浮池中通入压缩空气，或借水泵吸水管吸入空气，也可以采用水力喷射器、高速叶轮等向水中充气。布气气浮的优点是整个系统操作简单，无需另加制备溶气的系统。其主要缺点是空气被粉碎得不够充分，形成的气泡较大，一般都不小于 0.1mm，有时甚至大于 1mm，使得布气气浮达不到高效的去除效果，同时形成的浮渣含固率亦相当低。

2.4.3.1　布气气浮设备的结构特点

A　射流气浮设备的结构特点

射流气浮是采用以水带气的方式向污水中混入空气进行气浮的方法。射流气浮设备主要包括射流器和气浮池。射流器的结构如图 2-31 所示，利用喷嘴将水以高速喷出时在吸

入室所形成的负压，从吸气管吸入空气；当气水混合流体进入喉管段后，进行激烈的能量交换，空气被粉碎成微小的气泡；然后进入扩散段，将动能转化为势能，进一步压缩气泡，增大了空气在水中的溶解度；最后进入气浮池中进行分离。喷射气浮法的优点是设备比较简单，投资少；其缺点是动力损耗大，效率低，喷嘴和喉管处比较容易被油污堵塞。射流器也可与加压泵联合供气，构成加压溶气气浮设备。

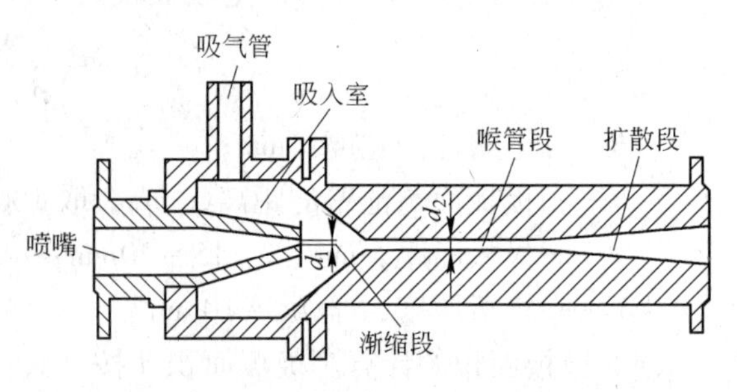

图 2-31　射流器的结构示意图

该设备可用来净化含有溶解杂质的污水。射流器各部位的尺寸及有关参数通常是由试验来确定。典型参数为：孔径 1.0～1.2mm，工作压力为 30～50Pa（0.3～0.5mbar）；空气喷出速度为 100～200m/s；每次操作时间一般为 15～20min。

B　叶轮气浮设备的结构特点

叶轮气浮也称叶轮旋切气浮，如图 2-32 所示。气浮池采用正方形，污水从配水槽进入气浮池，气浮池底部设有叶轮叶片，叶轮在上部电动机的驱动下高速旋转，产生的离心力将污水甩出，于是在固定盖板下形成负压，从进气管吸入空气。空气被高速旋转的叶轮击碎成微小气泡，并与污水充分混合成为气水混合流体，甩出导向叶片之外；导向叶片可减小流动阻力，混合流体又经整流板消能稳定后，在池体内平稳地垂直上升，形成的泡沫不断地被缓慢转动的刮板刮出槽外。图 2-33 所示为叶轮盖板的构造。叶片与轴径呈60°角，盖板与叶轮间有 10mm 的间距，导向叶片与叶轮之间有 5～8mm 的间距，盖板上开有 12～18 个孔径为 20～30mm 的孔洞，盖板外侧的底部空间装有整流板。

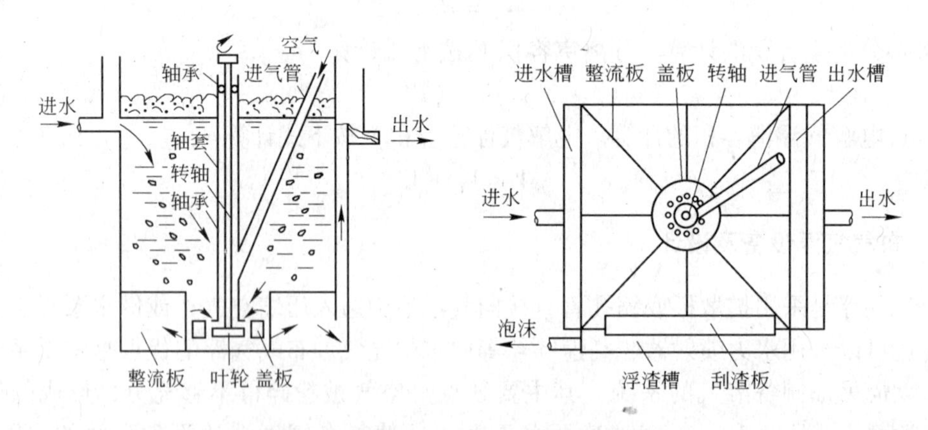

图 2-32　叶轮气浮设备的结构示意图

叶轮直径通常为 200～400mm，最大不超过 700mm，叶轮转速多采用 900～1500r/min，圆周线速度为 10～15m/s，气浮池充水深度与吸入的空气量有关，一般为 1.5～2.0m。叶轮与导向叶片间的间距会影响吸气量的大小，该间距若超过 8m，则会使进气量大大降低。

叶轮气浮设备适用于处理水量不大，污染物浓度较高的污水。除油效率可高达 80% 左右。

2.4.3.2 叶轮气浮设备的设计计算

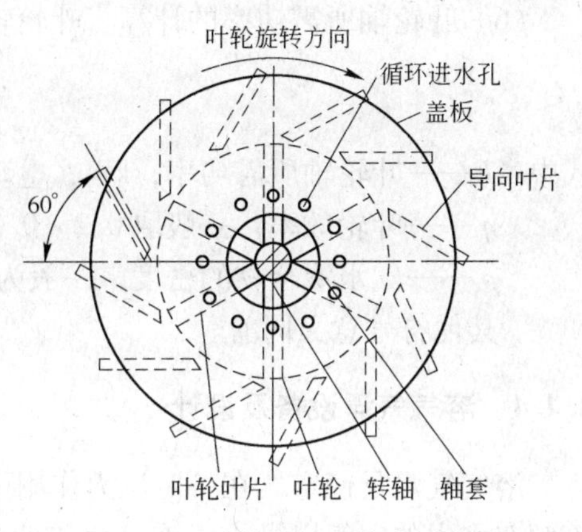

图 2-33 叶轮盖板的构造示意图

(1) 气浮池总容积的设计计算。气浮池的总容积 V 按下式计算

$$V=\alpha Q t \tag{2-44}$$

式中 V——气浮池的总容积，m^3；

Q——处理污水量，m^3/min；

t——气浮延续时间，min，通常为 16 ~20min；

α——系数，一般取 1.1 ~ 1.4，多取较大值。

(2) 气浮池总面积的设计计算。气浮池的总面积 S 按下式计算

$$S=\frac{V}{h} \tag{2-45}$$

$$h=\frac{H}{\rho}$$

式中 S——气浮池的总面积，m^2；

h——气浮池的工作水深，m；

H——气浮池的静水压力，m，即叶轮旋转产生的扬程，$H=\frac{\phi u^2}{2g}$；

ϕ——压力系数，其值为 0.2 ~0.3；

u——叶轮的圆周线速度，m/s；

ρ——气水混合物的密度，一般为 $670kg/m^3$。

气浮池多采用正方形，边长不宜超过叶轮直径的 6 倍，即 $l=6D$（D 为叶轮直径）。因此，每个气浮池的表面积通常取 $S'=36D^2$。

(3) 平行工作的气浮池数目的设计计算。平行工作的气浮池数目 m 按下式计算

$$m=\frac{S}{S'} \tag{2-46}$$

式中 m——平行工作的气浮池数目；

S'——每个气浮池的表面积，m^2。

(4) 每个叶轮吸入气水混合体量的计算。一个叶轮能吸入的气水混合物量 q 按下式计算

$$q=\frac{Q}{m(1-\alpha)} \tag{2-47}$$

式中 q——一个叶轮能吸入的气水混合物量，m^3/s；

α——曝气系数，可根据试验确定，一般取 0.35。

(5) 叶轮转速的计算。叶轮转速 n 按下式计算

$$n=\frac{60u}{\pi D} \tag{2-48}$$

式中 n——叶轮转速，r/min。

（6）叶轮轴所需功率的计算。叶轮轴所需功率 P 按下式计算

$$P=\frac{\rho Hq}{1000\eta} \tag{2-49}$$

式中　P——叶轮轴所需功率，kW，电动机功率可取 1.2P；

η——叶轮效率，一般取 0.2～0.3；

ρ——气水混合物的密度，一般为 670kg/m³。

其他符号意义同前。

2.4.4　溶气气浮设备及设计

溶气气浮是使空气在一定压力作用下溶解于水中，并达到过饱和的状态，然后设法使溶解在水中的空气以微小气泡（气泡直径为 20～100μm）的形式从水中析出，并带着黏附在一起的固体杂质粒子上浮。根据气泡从水中析出时所处压力的不同，溶气气浮可分为加压溶气气浮和溶气真空气浮两种类型。

2.4.4.1　溶气气浮设备的结构特点

A　加压溶气气浮设备的结构特点

加压溶气气浮法在国内外应用最为广泛，该法将原水加压至 0.30～0.40MPa，同时加入空气，使空气溶解于水中并达到指定压力状态下的饱和值，然后骤然减至常压，溶解于水的空气以微小气泡形式从水中释放出来，气泡直径为 20～100μm 左右。

加压溶气气浮工艺由空气饱和设备、空气释放设备和气浮池等组成。目前的基本工艺流程有全加压溶气气浮工艺流程、部分加压溶气气浮工艺流程和回流加压溶气气浮工艺流程三种。

（1）全加压溶气气浮工艺流程。全加压溶气气浮工艺流程如图 2-34 所示。该流程是将全部污水进行加压溶气，再经减压释放设备进入气浮池进行固液分离。其特点是电耗高，气浮池容积小。

（2）部分加压溶气气浮工艺流程。部分加压溶气气浮工艺流程如图 2-35 所示。该流程是将部分污水进行加压溶气，其余污水直接送入气浮池。其特点是电耗少，溶气罐的容积较小。但因部分污水加压溶气所能提供的空气量较少，若想提供与全加压溶气相同的空气量，则必须加大溶气罐的压力。

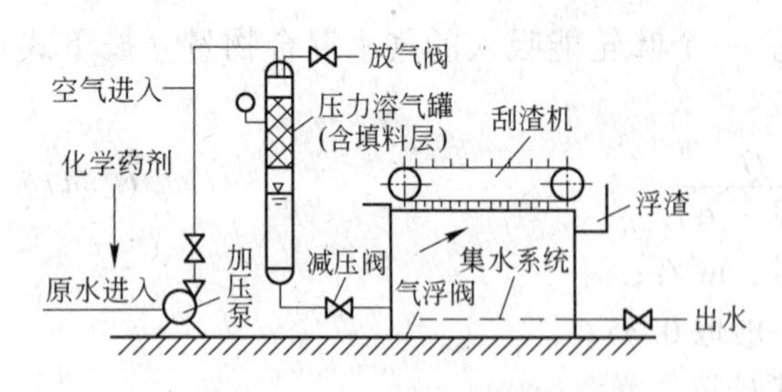

图 2-34　全加压溶气气浮工艺流程

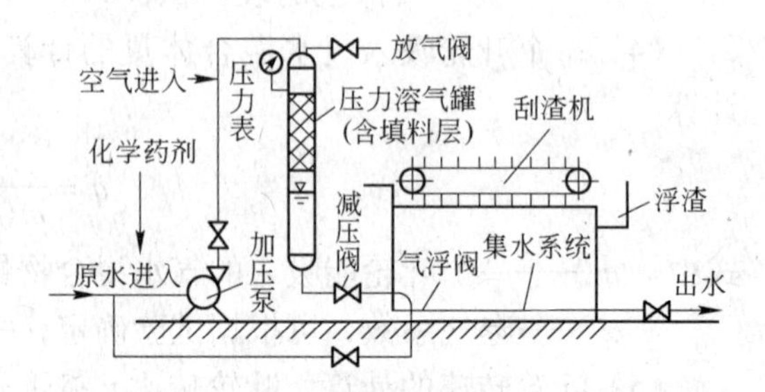

图 2-35　部分加压溶气气浮工艺流程

（3）回流加压溶气气浮工艺流程。回流加压溶气气浮工艺流程如图 2-36 所示。该流程是将部分出水进行回流加压，污水直接送入气浮池。该方法适用于含悬浮物浓度高的污

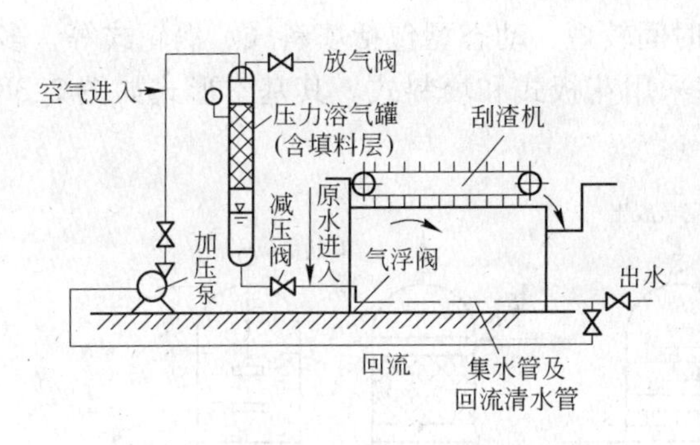

图2-36 回流加压溶气气浮工艺流程

水处理，但气浮池的容积比前两者都大。

加压溶气气浮与其他方法相比，具有如下优点：1）在加压条件下，空气的溶解度大，供气浮用的气泡数量多，能够保证气浮效果；2）溶入的气体骤然减压，产生的气泡不仅细微、粒度均匀、密集度大，而且上浮稳定，对液体扰动小，所以特别适用于对疏松絮凝体、细小颗粒的固液分离；3）工艺过程及设备相对简单，便于管理、维护；4）部分回流式加压溶气气浮工艺，处理效果显著、稳定，并能较大地节省能耗。

B 溶气真空气浮设备的结构特点

溶气真空气浮设备如图2-37所示。它是一个密闭的池子，形状多为圆形，池面压力为0.03～0.04MPa（真空度），污水在池内停留时间为5～20min。溶气真空气浮设备的工作流程如下：污水经入流调节器后进入机械曝气设备，预曝气一段时间后使污水中的溶气量接近于常压下的饱和值；然后进入消气井，使混杂在污水中的小气泡从水中脱除，再进入气浮分离池；从气浮分离池中抽气，使其呈真空状态，溶气水中的空气就以非常细小的气泡溢出，污水中的悬浮颗粒与水中溢出的细小气泡相黏附而产生上浮作用，浮升至浮渣层。旋转的刮渣板把浮渣刮至集渣槽，最后进入出渣室，处理后的出水经环形出水槽收集后排出。

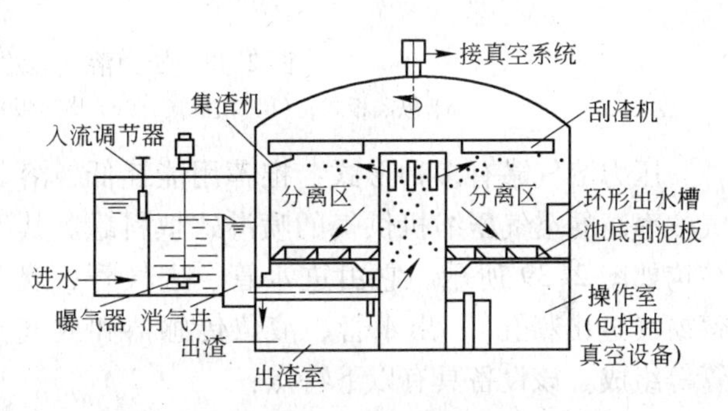

图2-37 溶气真空气浮设备示意图

该法的主要特点是空气在水中的溶解可在常压下进行，也可在加压下进行；由于气浮池在负压状态运行，所以溶解在水中的空气也在此状态下析出。析出的空气数量取决于水中溶解的空气量和真空度。

溶气真空气浮的主要优点是：空气溶解所需压力比压力溶气低，动力设备和电能消耗较少。其最大缺点是：气浮在负压条件下运行，所有设备部件都要密封在气浮池内，使得气浮池结构复杂，运行、维护及维修极为不便。另外，该法只适用于污染物浓度不高的污水。

2.4.4.2 加压溶气气浮法所用的主要设备

加压溶气气浮设备主要包括压力溶气系统、溶气释放系统和气浮池三部分。

A 压力溶气系统

压力溶气系统包括加压水泵、空气供给设备（空压机或射流器）、饱和容器（压力溶气罐）、液位自动控制设备等，其中压力溶气罐是溶气效果的关键设备。

压力溶气罐的作用是在一定压力下，保证空气充分地溶解于污水中，并使水、气充分混合。压力溶气罐分为静态型和动态型两大类。静态型包括纵隔板式、花板式、横隔板式等，这种溶气罐多用于泵前进气，气水混合时间较短；动态型包括填料式、涡轮式等，多用于泵后进气，气水混合时间较长。国内多采用花板式和填料式。其基本形式如图 2-38 所示。

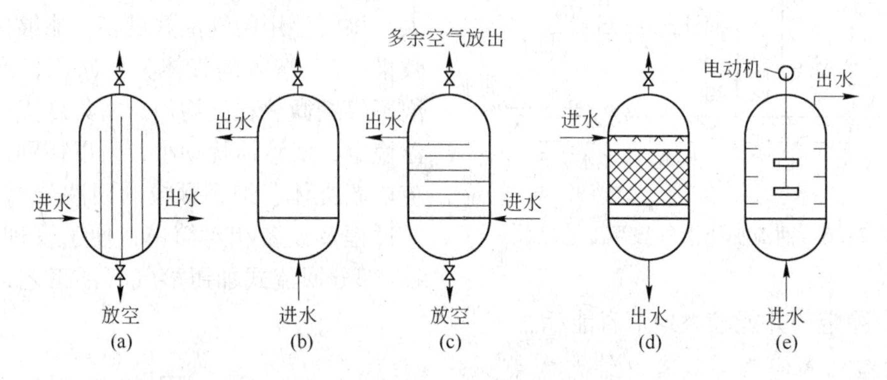

图 2-38 压力溶气罐的形式示意图

（a）纵隔板式；（b）花板式；（c）横隔板式；（d）填料式；（e）涡轮式

压力溶气罐有多种形式，推荐用能耗低、溶气效率高的空气压缩机供气的喷淋式填料罐。其结构如图 2-39 所示。它由进水管、进气管、观察窗（进出料孔）、出水管、液位传感器和放气管等组成。该设备具有以下特点：

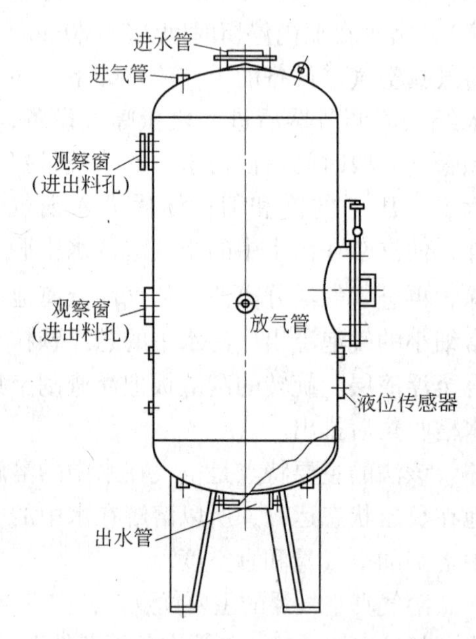

图 2-39 喷淋式填料溶气罐结构示意图

（1）该压力溶气罐的溶气效率与无填料的溶气罐相比约高出 30%。在水温 20～30℃ 范围内，释气量约为理论饱和溶气量的 90%～99%。

（2）罐中的填料可采用瓷质拉西环、塑料斜交错淋水板、不锈钢圈填料、塑料阶梯环等。因塑料阶梯环具有较高的溶气效率，可优先考虑。不同直径的溶气罐需配置不同尺寸的填料，填充高度一般为 1m 左右。当溶气罐直径超过 500mm 时，要考虑布水的均匀性，可适当增加填料高度。

（3）布气方式和气流流向等因素对填料罐溶气效率几乎没有影响，所以进气的位置及形式通常无需考虑。

（4）为保证溶气罐运行稳定和减轻操作强度，溶气罐应设液位自动控制装置。可采用浮球液位传感器，当液位达到了浮球传感器下限时，指令关闭进气管上的电磁阀；反之，当液位达到了浮球传感器上限时，则指令开启进气管上的电磁阀。

（5）压力溶气罐通常采用普通钢板卷焊而成。但其设计、制作需按一类压力容器要求考虑。

B 溶气释放系统

溶气释放系统是产生微细气泡的重要器件，它由溶气释放器（采用穿孔管、减压阀）

和溶气水管路所组成。溶气释放器的功能是将压力溶气水通过消能、减压，使溶入水中的气体以微气泡的形式释放出来，并能迅速均匀地与水中杂质相黏附。目前国内常用的溶气释放器是 TS 型、TJ 型和 TV 型溶气释放器。其主要特点是，释气完全，在 0.15MPa 以上即能释放溶气量的99%左右；可在较低的压力下工作，在 0.2MPa 以上时即能取得良好的净水效果，电耗低；释出的气泡微细，气泡平均直径为 20～40μm，气泡密集，附着性良好。

（1）TS 型溶气释放器。TS 型溶气释放器的结构如图 2-40 所示，当带压溶气水由接管进入小孔 a 时，过流断面突然缩小，随即进入孔盒，断面又突然扩大。水流在孔室 b 内剧烈碰撞，形成涡流。当它反向急速转入平行狭缝 c 沿径向迅速扩散时，过流断面再次收缩，流态骤变，紊动更为剧烈。在上述过程中，绝大部分空气分子从水中释放，并在分子扩散和紊流扩散中逐级并大为超微气泡。当水气混合流通过出水孔 d 进入辅消能室 e 时，过流断面突然扩大，溶气水的剩余静压能继续在此转化，过饱和空气几乎全部释出，同时超微气泡在紊流扩散作用下，同时并大为 10μm 级的细微气泡流出，释气过程结束。可见，释气过程是在溶气水流经过反复地收缩、扩散、撞击、反流、挤压、辐射和旋流中完成的，整个过程历时不到 0.2s。TS 型溶气释放器性能见表 2-17。

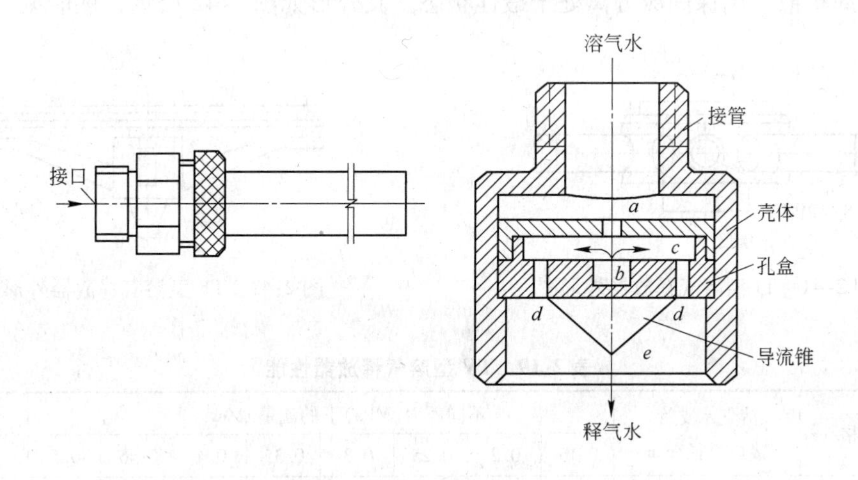

图 2-40　TS 型溶气释放器结构示意图

a—中孔；b—孔室；c—平行狭缝；d—出水孔；e—辅消能室

表 2-17　TS 型溶气释放器性能

型　号	溶气水支管接口直径/mm	不同压力下的流量 Q/$m^3 \cdot h^{-1}$					作用直径/cm
		0.1MPa	0.2MPa	0.3MPa	0.4MPa	0.5 MPa	
TS-Ⅰ	15	0.25	0.32	0.38	0.42	0.45	25
TS-Ⅱ	20	0.52	0.70	0.83	0.93	1.00	35
TS-Ⅲ	20	1.01	1.30	1.59	1.77	1.91	50
TS-Ⅳ	25	1.68	2.13	2.52	2.75	3.10	60
TS-Ⅴ	25	2.34	3.47	4.00	4.50	4.92	70

（2）TJ 型溶气释放器。TJ 型溶气释放器外形如图 2-41 所示，它是为扩大单个释放器

的出流量和作用范围，以克服TS型溶气释放器较易被水中的杂质堵塞而设计的，该释放器堵塞时，可通过上接口抽真空，提起器内的舌簧，以清除杂质。TJ型溶气释放器性能见表2-18。

表2-18 TJ型溶气释放器性能

型号	规格/cm	溶气水支管接口直径/mm	抽真空管接口直径/mm	不同压力(MPa)下的流量 $Q/m^3 \cdot h^{-1}$								作用直径/cm
				0.15	0.2	0.25	0.3	0.35	0.4	0.45	0.5	
TJ-Ⅰ	8×(15)	25	15	0.98	1.08	1.18	1.28	1.38	1.47	1.57	1.67	50
TJ-Ⅱ	8×(15)	25	15	2.10	2.37	2.59	2.81	2.97	3.14	3.29	3.45	70
TJ-Ⅲ	8×(25)	50	15	4.03	4.61	5.15	5.60	5.98	6.31	6.74	7.01	90
TJ-Ⅳ	8×(32)	65	15	5.67	6.27	6.88	7.50	8.09	8.69	9.29	9.89	100
TJ-Ⅴ	8×(40)	65	15	7.41	8.70	9.47	10.55	11.11	11.75	—	—	110

（3）TV型溶气释放器。TV型溶气释放器提高了释放器出水的分布均匀性，增加了微气泡与待处理水中杂质碰撞黏附几率。其结构为孔口、单孔室、上下大平行圆盘缝隙，能自动避免堵塞，便于操作，克服了其他型释放器因容易堵塞而造成的气浮设备停机、放空清洗而带来的麻烦，气浮效率提高一倍以上。释放出来的溶气水停留时间大于5min，同时向下及四周扩散，确保固液分离处于最佳状态。其外形如图2-42所示，性能见表2-19。

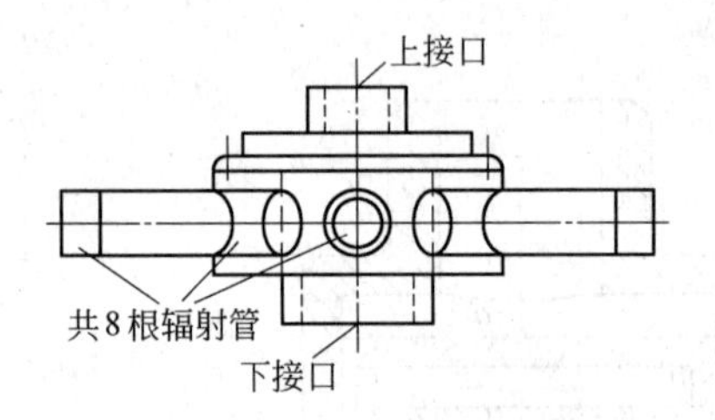

图2-41 TJ型溶气释放器外形图

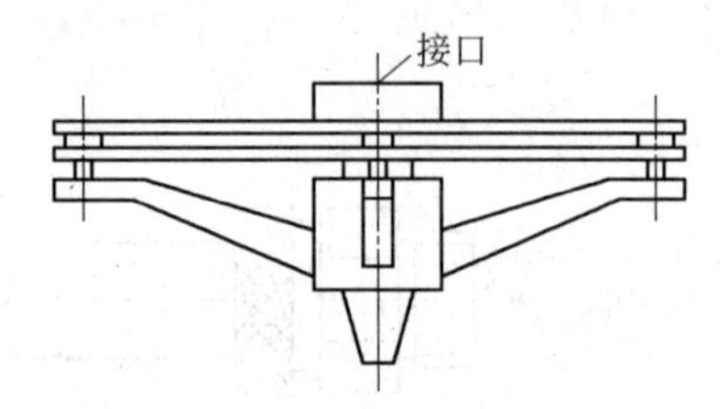

图2-42 TV型溶气释放器外形图

表2-19 TV型溶气释放器性能

型号	规格/cm	溶气水支管接口直径/mm	不同压力(MPa)下的流量 $Q/m^3 \cdot h^{-1}$								作用直径/cm
			0.15	0.2	0.25	0.3	0.35	0.4	0.45	0.5	
TV-Ⅰ	ϕ25	25	0.95	1.04	1.13	1.22	1.31	1.4	1.48	1.51	40
TV-Ⅱ	ϕ20	25	2.00	2.16	2.32	2.48	2.64	2.8	2.96	3.18	60
TV-Ⅲ	ϕ25	40	4.08	4.45	4.81	5.18	5.54	5.91	6.18	6.64	80

C 气浮池

气浮池的布置形式较多，根据待处理水的水质特点、处理要求及各种具体条件，目前已建成许多种形式的气浮池，其中有平流与竖流、方形与圆形等布置，同时也出现了气浮与反应、气浮与沉淀、气浮与过滤等工艺一体化的组合形式。

气浮净水工艺中使用最为广泛的是平流式气浮池，常采用反应池与气浮池合建的形式，如图2-43所示。污水进入反应池完成反应后，将水流导向底部，以便从下部进入气浮接触室，延长絮体与气泡的接触时间，池面浮渣刮入集渣槽，清水由底部集水管集取。该形式气浮池的优点是池身浅、造价低、结构简单、管理方便；其缺点是与后续处理构筑物在高程上配合较困难、分离部分的容积利用率不高等。

气浮净水工艺中较常用的还有竖流式气浮池，如图2-44所示。竖流式气浮池的优点是接触室设在池的中央，水流向四周扩散，水力条件比平流式单侧出流要好，便于与后续构筑物配合；其缺点是与反应池较难衔接，容积利用率低。

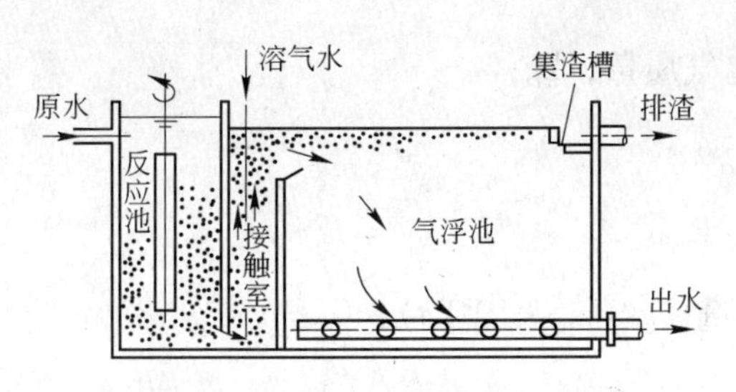

图2-43 平流式气浮池结构示意图

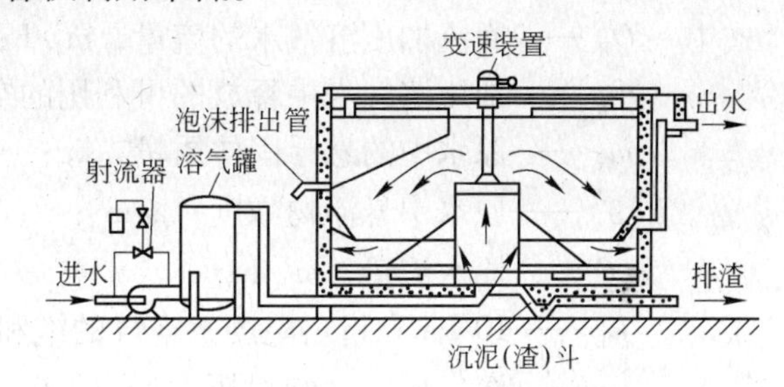

图2-44 竖流式气浮池结构示意图

气浮池的工艺形式是多样化的，因此在确定气浮池的池型时，应根据处理污水水质的要求、净水工艺与前后处理构筑物的衔接、周围地形和构筑物的协调、施工难易程度以及造价等因素综合考虑。

2.4.4.3 加压溶气气浮设备的设计计算

A 压力溶气系统设计计算

压力溶气系统包括加压水泵、空气供给设备（空压机或射流器）、饱和容器（压力溶气罐）、液位自动控制设备等。

a 加压水泵

加压水泵的作用是提供一定压力的水量，通常采用离心泵。目前国产离心泵的输出压力为0.25～0.50MPa，流量为10～200m^3/h，完全能满足不同的处理要求。在选择加压水泵时，除考虑溶气水的压力外，还应考虑管道系统的水力损失。

b 空气供给设备

压力溶气气浮的供气方式分为泵前插管进气、水泵-射流器供气、水泵-空压机供气三种，后者是应用最广泛的一种供气方式。为防止因操作不当导致压缩空气或压力水倒流进入泵或空压机，目前均采用自上而下的同向流饱和溶气。操作时需控制好水泵与空压机的压力，使其达到平衡状态。该供气方式的优点是气量和气压稳定，并有较大的调节余地，但是噪声大、投资也较高。

（1）溶入空气量的计算。在一定的温度和压力下，空气在水中的溶解平衡服从亨利定律，即

$$V = K_T \cdot p \tag{2-50}$$

式中 V——空气在水中的溶解度(即平衡溶解量)，L/m^3；

K_T——溶解度系数，$L/(kPa \cdot m^3)$，K_T值与温度的关系见表2-20；

p——溶液上方的空气平衡分压（绝对压力），kPa。

表2-20 不同温度下空气在水中的溶解度系数

温度/℃	0	10	20	30	40	50
K_T值/$L \cdot (kPa \cdot m^3)^{-1}$	0.285	0.218	0.180	0.158	0.135	0.120

（2）回流加压溶气水流量的计算。回流加压溶气水的流量 Q_R（m^3/h）按下式计算

$$Q_R = \frac{m_k \rho_x Q}{m_x C_k (fp - 1)} \tag{2-51}$$

式中　Q_R——回流加压溶气水的流量，m^3/h；

m_k——加压溶气水中释放的可利用的空气质量，kg；

m_x——原水中的悬浮固体质量，kg；

ρ_x——原水中悬浮物浓度，g/m^3；

Q——原水流量，m^3/h；

C_k——10^5Pa 和指定温度下空气的饱和量，$g/(m^3 \cdot 10^5 Pa)$；

p——溶气压力（绝对压力），10^5Pa；

f——溶气水中的空气饱和系数，一般取 0.6～0.8。

（3）实际供气量的计算。实际供气量 Q_s（m^3/h）按下式计算

$$Q_s = \frac{Q_R K_T p}{\eta} \tag{2-52}$$

式中　K_T——空气在水中的溶解度系数，$L/(Pa \cdot m^3)$；

η——溶气效率，%。

（4）空压机额定供气量的计算。空压机额定供气量 Q_s'（m^3/h）按下式计算

$$Q_s' = 1.25\psi \frac{Q_s}{60 \times 10^3} \tag{2-53}$$

式中　ψ——空压机安全系数，一般取 1.2～1.5；

1.25——空气过量系数。

根据所确定的气量和压力来选取空压机的型号。气浮法所需空气量较小，可选用功率小的空压机，并采用间歇运行方式。

c　饱和容器（压力溶气罐）

压力溶气罐有多种形式，这里仅介绍喷淋式填料压力溶气罐的设计。该溶气罐的主要控制参数为：布水区高度 h_2 通常取 0.2～0.3m，贮水区高度 h_3 通常取 1.0m；根据溶气罐直径的不同，充填不同尺寸的填料，其填料充填高度 h_4 通常取 1.0～1.3m 左右。当溶气罐直径超过 500mm 时，考虑到布水均匀性，可适当增加填料高度；液位控制高度，从罐底计为 0.6～1.0m，气罐的承压能力为 0.6MPa 以上；罐内理论停留时间为 2～3min。溶气罐的容积 V_R（m^3）原则上可按下式计算

$$V_R = \frac{Q_R t_s}{f_y} \tag{2-54}$$

式中　f_y——溶气罐有效容积系数，通常取 50%～60%；

Q_R——溶气用水量，m^3/min；

t_s——罐内实际停留时间，min。

溶气罐的容积 V_R 确定后，可按径高比 $D/h=1:(3～4)$ 确定其他结构尺寸。一般空罐取 $D/h=1:3$，填料罐取 $D/h=1:4$。溶气罐的直径 D_R（m）可按下式计算

$$D_R = \sqrt{\frac{4Q_R}{\pi \rho_g}} \tag{2-55}$$

式中 ρ_g——过流密度，$m^3/(m^2 \cdot d)$，对于空罐取 $\rho_g = 1000 \sim 2000\ m^3/(m^2 \cdot d)$，对于填料罐取 $\rho_g = 2500 \sim 5000\ m^3/(m^2 \cdot d)$。

溶气罐的高度 h(m) 按下式计算

$$h = 2h_1 + h_2 + h_3 + h_4 \tag{2-56}$$

式中 h_1——封头的高度，m。

喷淋式填料压力溶气罐通常用普通钢板卷制而成，但因它属压力容器范畴，所以在设计制作时需按一类压力容器要求考虑。喷淋式填料压力溶气罐溶气效率比不加填料的约高30%，在水温20~30℃范围内，释气量约为理论饱和溶气量的90%~99%。可应用的填料很多，如瓷质拉西环、塑料斜交错淋水板、不锈钢圈填料、塑料阶梯环等。由于阶梯环具有高的溶气效率，故可优先考虑。

由于布气方式、气流流向变化等对填料罐溶气效率几乎无影响，因此，进气的位置及形式一般无需多加考虑。TRA 型全自动压力溶气罐的型号及其主要参数见表2-21。

表2-21 TRA 型全自动压力溶气罐的型号及其主要参数

参数 \ 型号	TRA-3	TRA-4	TRA-5	TRA-6	TRA-8	TRA-10	TRA-12
直径/mm	300	400	600	600	800	1000	1200
高度/mm	1850	2100	2350	2400	2700	2800	3100
进水口/mm	65	80	100	125	150	200	250
出水口/mm	80	100	125	150	200	250	250
进气口/mm	15	15	15	15	20	20	20
过水流量/$t \cdot d^{-1}$	210~320	320~560	560~880	850~1270	1270~2260	2260~3530	3520~5090

注：过水流量是指0.3MPa压力工作状态下的截面过水能力。

B 气浮池的设计

a 气浮池的一般设计原则

气浮池的一般设计原则包括：

(1) 在有条件的情况下，应对原水进行气浮小型实验，根据具体情况选择适当溶气压力和回流比。

(2) 根据小型实验确定絮凝剂量的最佳投加量和反应时间，反应时间一般为10~15min。

(3) 通常溶气压力为196~490kPa，回流比为5%~10%。

(4) 反应池与气浮池合建。进入气浮池接触室的流速应控制在0.1m/s以下。

(5) 接触室水流上升速度一般为10~20mm/s，室内水流水力停留时间不宜小于60s。

(6) 根据选定的回流量、溶气压力选择合适的接触室溶气释放器。

(7) 气浮分离室水流流速（向下）一般取1.5~2.5mm/s，表面负荷为5.4~9.0$m^3/(m^2 \cdot h)$。

(8) 气浮有效水深为2.0~2.5m，水力停留时间为10~20 min。

(9) 气浮池的长宽比无严格要求，一般单个宽度不超过10 m，池长不超过15 m。

(10) 气浮渣一般采用刮渣机定期排除，其行进速度控制在5m/min之内。

(11) 气浮池出水集水管一般采用穿孔集水管，最大流速控制在0.5m/s左右。

(12) 压力溶气罐一般采用阶梯环为填料，填料层的高度一般取1~1.5m。

b 平流式气浮池设计参数的确定

平流式气浮池的设计停留时间为20～30min，表面负荷为5～10 $m^3/(m^2 \cdot h)$。气浮池底应以0.01°～0.02°的坡度坡向排污口（或由两端坡向中央），排污管进口处应设计泥坑。浮渣槽应以0.03°～0.05°的坡度坡向排渣口。穿孔集水管常用ϕ200mm的铸铁管，管中心线距池底250～300mm，相邻两管中心距为1.2～1.5m，沿池长方向排列。每根集水管应单独设出水阀，以便调节出水量和在刮渣时提高池内水位。

c 接触区的设计

接触区设计的好坏对气浮净水效果影响很大，因为气浮的过程主要依赖于微气泡对絮凝的接触和捕捉，接触室必须为气泡与絮凝体提供良好的接触条件，其宽度还应易于安装和检修。进入接触室的流速小于100mm/s，隔板下端的水流上升速度一般取10～20 mm/s，而隔板上端的水流上升流速一般取5～10mm/s；接触室的停留时间不少于2min；隔板下端直段一般取300～500mm；隔板上部与气浮池水面之间应留有300mm的高度，以防止干扰分离区的浮渣层。气浮池接触区面积$A_c(m^2)$按下式计算

$$A_c = \frac{Q + Q_R}{3600v_m} \tag{2-57}$$

式中 v_m——接触区水流上升平均流速，m/s。

d 气浮池分离区面积A_s的计算

分离区需根据带气絮体上浮分离的难易程度选择水流下降的平均流速，一般取1.5～3.0mm/s，即分离室的表面负荷取5.4～10.8$m^3/(m^2 \cdot h)$。分离区面积$A_s(m^2)$按下式计算

$$A_s = \frac{Q + Q_R}{3600v_s} \tag{2-58}$$

式中 v_s——分离区水流下降平均流速，m/s。

e 气浮池有效水深h_s的计算

气浮池有效水深h_s(m)可按下式计算

$$h_s = v_s t_s \tag{2-59}$$

式中 t_s——气浮池分离区水力停留时间，s。

f 气浮池有效容积$V(m^3)$的计算

气浮池的有效容积V可按下式计算

$$V = (A_c + A_s)h_s \tag{2-60}$$

气浮池的个数以2～4座为宜，以并联方式运行。单池表面积确定后，按$L:B=1.5～2.0$来确定有效长度L和长宽B。当采用机械刮泥时，池宽应与刮渣机的跨度相匹配，在1～5.5m的范围内按0.5m的整数倍选取。另外接触室的长度L_1一般与池宽B相同，其宽度B_1则由$B_1=A_c/L_1$确定。

g 气浮池总高度H的计算

气浮池总高度H(m)可按下式计算

$$H = h_s + h_b \tag{2-61}$$

式中 h_b——气浮池保护高度或超高，取0.4～0.5m。

2.5 过滤分离机理及其设备设计

按着过滤速度的不同，可分为慢滤池（≤4m/s）、快滤池（4~10m/s）和高速滤池（10~60m/s）三种；按作用力的不同，可分为重力滤池（作用水头4~5m）和压力滤池（作用水头15~25m）两种；按过滤时水的流向，可分为下向流、上向流、双向流和径向流滤池四种；按滤料层组成，可分为单层滤料、双层滤料和多层滤料滤池三种。

2.5.1 过滤分离机理

过滤是在外力作用下，使悬浮液中的液体通过多孔介质的孔道，而固体颗粒被截留在介质上，从而实现固液分离的操作。过滤除去悬浮颗粒的过程既有物理过程，也有化学过程，作用机理一般分为迁移机理、附着机理和脱落机理三种。

（1）迁移机理。

悬浮颗粒脱离流线而与滤料接触的过程就是迁移过程。引起颗粒迁移的原因主要有：筛滤、拦截、惯性、沉淀、布朗运动、水力作用等。在实际过滤中，悬浮颗粒的迁移将受到上述各种机理的作用，其相对重要性取决于水流状况、滤层孔隙形状及颗粒本身的性质（粒度、形状、密度等）。

（2）附着机理。

由过滤过程而与滤料接触的悬浮颗粒，附着在滤料表面上不再脱离，就是附着过程。引起颗粒附着的因素主要有：接触凝聚、静电引力、吸附、分子引力等。附着过程在过滤中是主要的，所以过滤工艺过程可以描述为：上层附着—上层颗粒的下层迁移—下层附着饱和结束过滤—进行反冲洗。

（3）脱落机理。

过滤过程往往伴随着反冲洗过程。在反冲洗时，滤层膨胀一定高度，滤料处于流化状态。截留和附着在滤料上的悬浮物受到高速反冲洗水流的冲刷而脱落；滤料颗粒在水流中旋转、碰撞和摩擦，也使得悬浮物脱落。反冲洗效果主要取决于冲洗强度和时间。当采用同向流冲洗时，还与冲洗流速的变动有关。

2.5.2 过滤效率的影响因素

过滤是悬浮颗粒与滤料的相互作用，悬浮物的分离效率受到这两方面因素以及滤速的影响。滤料的粒度、形状、孔隙率、厚度、表面性质，悬浮物的粒度、形状、密度、浓度、温度、表面性质等都会影响过滤效率。当其他条件相同时，滤速越低，效率越高。在过滤过程中，随着沉积物在滤料中的积聚，滤料上层必被堵塞。若上层滤料孔隙中的流速加快，附着在滤料表面的颗粒受水流剪力增大，附着和脱落过程重新调整，有一部分附着颗粒会向下层迁移。因此上层滤料的任务就由下层来承担，并依此传递，越来越向深层扩展，结果保证不了出水水质，从而结束过滤周期。

滤料粒度的均匀性对过滤的影响很大。由于反冲洗，滤料在下沉过程中的水力筛分作用，往往造成小粒径的滤料在滤池上层，这样上层滤料间的孔隙尺寸小，出现上层滤料已被堵塞，而下层滤料还未发挥作用的现象，再滤层中产生负压，影响滤池正常工作。

2.5.3 普通快滤池的结构与设计

2.5.3.1 普通快滤池的结构与工作原理

普通快滤池的结构如图2-45所示，快滤池一般用钢筋混凝土建造，滤池外部由滤池池体、进水管、出水管、冲洗水管、冲洗水排出管等管道及其附件组成。滤池内部由进水渠、配水系统、滤料层、承托层、排水系统和排水槽等部分组成。快滤池有原水进水、清水出水、冲洗排水等主要管道和与其相配的闸阀；排水系统用来收集滤后水，更重要的是用来均匀分配反冲洗水，故亦称配水系统。反冲洗水排水槽即洗水槽，用来均匀地收集反冲洗污水和分配进水。快滤池的运行过程是过滤和反冲洗两个过程的交替循环。过滤是生产清水的过程，待过滤进水自进水总管经进水支管和排水槽流入滤池，污水在池内自上而下穿过滤层，清水则经配水系统收集，并经清水支管流出滤池。在过滤中，由于滤层不断截污，滤层孔隙逐渐减小，水流阻力不断增大，当滤层的水头损失达到最大允许值时，或当过滤出水水质接近超标时，则应停止滤池运行，进行反冲洗。通常滤池一个工作周期应大于8~12h。滤池反冲洗时，水流逆向通过滤料层，使滤层膨胀、悬浮，借水流剪切力和颗粒碰撞摩擦力清洗滤料层并将滤层内污物排出。反冲洗水一般由冲洗水箱或冲洗水泵供给，经滤池配水系统进入滤池底部反冲洗。冲洗污水由洗砂排水槽、污水渠和排污管排出。两次反冲洗的时间间隔称为过滤周期，从反冲洗开始到反冲洗结束的时间间隔称为反洗历时。

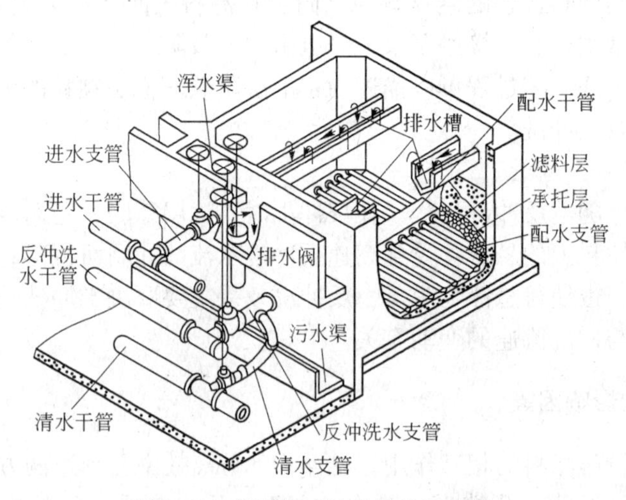

图2-45 普通快滤池的结构示意图

2.5.3.2 滤层及滤料

A 滤层的种类

用于给水和污水过滤的快滤池，按所用滤料层数的不同可分为单层滤料、双层滤料和三层滤料滤池，如图2-46所示。

(1) 单层滤料滤池。单层滤料快滤池通常适用于给水，在污水处理中仅适用于清洁工业污水的处理。当用于污水二级处理出水时，由于滤料粒径过细，短时间内就会在砂层表面发生堵塞。常用的单层滤料滤池有两种形式：一种是单层粗砂深层滤料滤池，特别适用

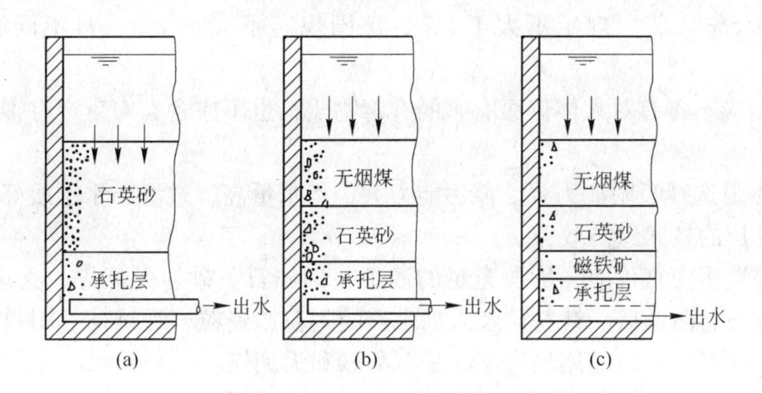

图 2-46　快滤池不同形式的滤料层

(a) 单层滤料；(b) 双层滤料；(c) 三层滤料

于生物膜硝化和脱氮系统，滤料粒径一般为 1.0 ~ 2.0mm（最大使用到 6mm），滤层厚为 1.0 ~ 3.0mm，滤速为 3.7 ~ 37m/h，并尽可能采用均匀滤料。另一种是单层不分层滤料，粒径大小不同的单一滤料均匀混合组成滤层与气水反冲洗联合使用。气水反冲洗时只发生膨胀，约为 10% 左右，不使其发生水力筛分分层现象，因此滤层整个深度上孔隙大小分布均匀，有利于增大下部滤层去除悬浮物的能力。不分层滤层的有效粒径与双层滤料滤池上层滤料粒径大致相同，一般为 1 ~ 2mm 左右，并保持池深与粒径比在 800 ~ 1000 以上。

（2）双层滤料滤池。组成双层滤料滤层的种类有无烟煤-石英砂、陶粒-石英砂、纤维球-石英砂、活性炭-石英砂、树脂-石英砂、树脂-无烟煤等。总之，双层滤料滤池体现了水先通过粗粒滤料后再通过细粒滤料的理想滤层概念。以上层粗粒无烟煤-下层细粒石英砂组成的双层滤料滤池使用最为广泛，用于污水处理时两者的比例为 1∶1 ~ 1∶4。

新型普通双层滤料滤池有两种：一种是均匀-非均匀双层滤料滤池，将普通双层滤池上层级配滤料改装为均匀粗滤料，即可进一步提高双层滤料滤池的生产能力和截污能力。上层均匀滤料可采用均匀陶粒，也可采用均匀煤粒、塑料 372b、ABS 颗粒。均匀—非均匀双层滤料的厚度与普通双层滤池相同。另一种是均匀双层滤料滤池，上层采用 1.0 ~ 2.0mm 的均匀陶粒或煤粒，下层采用 0.7 ~ 0.9mm 的石英砂。滤层厚度与普通双层滤池相同或稍厚些，层厚与粒径比大于 800 ~ 1000。均匀双层滤料滤池属于反粒度过滤，可提高截留杂质能力 1.5 倍左右。

（3）三层滤料滤池。三层滤料滤池最普遍的形式是上层为无烟煤（相对密度为 1.5 ~ 1.6），中层为石英砂（相对密度为 2.6 ~ 2.7），下层为磁铁矿（相对密度为 4.7）或石榴石（相对密度为 4.0 ~ 4.2）。这种滤池更能使水由粗滤层流向细滤层呈反粒度过滤，使整个滤层都能发挥截留杂质作用，减小过滤阻力，保持很长的过滤时间。

B　滤料及其选择

滤料层是滤池的核心部分，滤料的种类、性质、形状和级配等是决定滤层截留杂质能力的重要因素。滤料的选择应满足以下要求：

（1）滤料必须具有足够的机械强度，防止在反冲洗过程中很快地被磨损与破碎。通常磨损率应小于 4%，破碎率应小于 1%，磨损与破碎之和应小于 5%。

（2）滤料化学稳定性要好。不少国家对滤料盐酸可溶率的上限值有所规定，例如日本规定不大于3.5%，美国规定不大于5%，法国规定不大于2%，且不同滤料其值有所不同。

（3）滤料应不含有对人体健康有害的有毒物质，也不应含有对生产有害和影响生产的物质。

（4）应尽量选择吸附能力强、截污能力大、产水量高、过滤出水水质好的滤料，以利于提高水处理厂的技术经济效益。

此外，要选用便宜价廉、货源充足的滤料，例如石英砂、无烟煤、大理石、白云石、花岗石、石榴石、磁铁矿、钛铁矿及人工生产的陶粒、瓷粒、纤维球、塑料颗粒、聚苯乙烯泡沫等颗粒材料。目前应用最广泛的是石英砂和无烟煤。

C 承托层

承托层也称为垫料层，通常适用配合大阻力配水系统。它的作用是防止过滤时滤料从配水系统中流失，而是在反冲洗时起一定的均匀布水作用。承托层要求不被反冲洗水冲动，形成的孔隙均匀，布水均匀，不溶于水，化学稳定性好，机械强度高。通常采用天然卵石或砾石，按力度大小分层铺设，垫料层的粒径一般不小于2mm。大阻力配水系统承托层见表2-22。

表2-22 大阻力配水系统承托层 mm

层 次	粒 径	厚 度
上 1	2~4	100
↓ 2	4~8	100
3	8~16	100
下 4	16~32	150

2.5.3.3 快滤池的设计

（1）滤速的选择。设计快滤池的首要任务就是选择适当的过滤速度，普通快滤池用于给水和清洁污水的滤速可采用5~12m/h；粗砂快滤池处理污水时流速可采用3.7~37m/h；双层滤料滤池的滤速采用4.8~24m/h；三层滤料滤池的滤速通常可与双层滤料滤池相同。

（2）滤池面积的设计计算。滤池面积A(m^2)按下式计算

$$A=\frac{Q}{vt_s} \tag{2-62}$$

式中 Q——设计处理污水量，m^3/d；

v——设计滤速，m/h；

t_s——滤池的实际工作时间，h，$t_s=T-t_1-t_2$；

T——滤池的工作周期，h；

t_1——滤池停运后的停留时间，h；

t_2——滤池反冲洗时间，h。

（3）滤池个数确定及滤池尺寸的计算。滤池的个数直接涉及滤池的造价、冲洗效果和运行管理，通常应通过技术经济比较来确定，但不应少于2个，每个滤池的面积A'(m^2)按下式计算

$$A' = \frac{A}{N} \tag{2-63}$$

式中 A'——单个滤池面积，m^2；

N——滤池的个数。

单个滤池面积不大于 $30m^2$ 时，长宽比通常为 1∶1；当单个滤池面积大于 $30m^2$ 时，长宽比通常为（1.25∶1）~（1.5∶1）。当采用旋转式表面冲洗措施时，长宽比通常为 1∶1、2∶1 或 3∶1。滤池高度包括超高（0.25~0.3m）、滤层上部水深（1.5~2m）、滤料层及承托层厚度、配水系统高度，总高度一般为 3.0~3.5m。

（4）滤料层设计。滤料层的设计包括滤料的种类、粒度和厚度的选择。滤料层的总厚度应是纳污层滤料厚度与保护层厚度之和。纳污层厚度与滤料层的粒度、滤速及污水的性质有关，通常为 50cm，若保护层厚度为 20cm，则滤料层总厚度为 70cm。

（5）滤池反冲洗系统的设计。一般采用自上而下的流水进行反冲洗，也可在反冲洗的同时辅以表面助冲，或采用空气助冲。

1）反冲洗工艺参数的设计。反冲洗工艺参数包括反冲洗强度、滤层膨胀率和冲洗时间。

① 反冲洗强度的确定。单位面积滤层上所通过的反冲洗流量称为反冲洗强度，单位为 $L/(m^2 \cdot s)$。砂滤层的反冲洗强度 q 可根据冲洗所用的水量 Q_c、冲洗时间 t 和滤池面积 A 进行计算

$$q = \frac{Q_c}{At} \tag{2-64}$$

在 20℃水温下，设计反冲洗强度一般按表 2-23 确定。但若滤料级配与规范相差较大时，则应通过计算并参照类似情况下的生产经验确定。

表 2-23　反冲洗强度、膨胀率和冲洗时间

滤　层	反冲洗强度/$L \cdot (m^2 \cdot s)^{-1}$	膨胀率/%	冲洗时间/min
石英砂滤料	12~15	45	7~5
双层滤料	13~16	50	8~6
三层滤料	16~17	55	7~5

② 滤层膨胀率的计算。在开始反冲洗后，滤料层失去稳定而逐渐流化，滤料层界面不断上升。滤池中滤料层增加的百分率称为膨胀率，膨胀率 e 按下式计算

$$e = \frac{L - L_0}{L_0} \times 100\% \tag{2-65}$$

式中 L_0——过滤时稳定滤层厚度，cm；

L——反冲洗时流化滤层厚度，cm。

滤层膨胀率大小要适中，通常单层石英砂滤料滤池的膨胀率为 20%~30%，上向流滤池为 30% 左右，双层滤料滤池为 40%~50%。

滤料层膨胀过程中滤料颗粒间孔隙不断增大。在某一反冲洗强度时，流化滤料层的孔隙率与膨胀率的关系可按下式计算

$$\varepsilon = 1 - \frac{1 - \varepsilon_0}{1 + e} \tag{2-66}$$

式中 ε_0——稳定滤层（洁净滤料）的孔隙率；

ε——膨胀率为 e 时滤层的孔隙率。

③ 冲洗时间 t 的选择。滤池反冲洗必须经历足够的冲洗时间。若冲洗时间不足，滤料得不到足够的水流剪切和碰撞摩擦时间，就清洗不干净。通常普通快滤池冲洗时间不少于5～7min，普通双层滤料滤池不少于6～8min。

2）配水系统的设计。普通快滤池大多采用穿孔管式大阻力排水系统，其干管与支管可由经验确定，其设计数据见表2-24。

表2-24 管式大阻力排水系统的设计参数

干管进口流速/m·s^{-1}	1.0～1.5	支管进口流速/m·s^{-1}	1.5～2.5
		支管距离/m	0.2～0.8
		支管直径/mm	75～100
配水孔总面积	占总池面积的0.2%～0.5%		
配水孔直径/mm	9～12		
配水孔间距/mm	75～300		

3）反冲洗水供应系统的设计。滤池所用的反冲洗水量，由反冲洗强度与滤池面积的乘积确定。反冲洗水有两种供给方式：一种是由冲洗水塔供给，该供给方式造价较高，但操作简单，允许在较长时间内向水塔输水，专用水泵小，耗电较均匀。如有地形或其他条件可利用时，建造冲洗水池较好。另一种是冲洗水泵供给，该供给方式投资低，但操作麻烦，在冲洗的短时间内耗电量大，往往会使厂区内供电网负荷骤然剧增。

① 冲洗水塔的设计计算。水塔中水深不宜超过3m，以免冲洗初期与末期的冲洗强度相差过大。水塔的容积 V(m^3) 按单个滤池冲洗水量的1.5倍计算，即

$$V=\frac{1.5Atq}{1000} \tag{2-67}$$

式中 t——冲洗时间，s；

q——冲洗强度，L/(m^2·s)；

A——滤池面积，m^2。

水塔底高出滤池排水槽顶的距离 H_0(m) 按下式计算

$$H_0=h_1+h_2+h_3+h_4+h_5 \tag{2-68}$$

其中

$$h_2=\left(\frac{q}{10\alpha\beta}\right)^2\times\frac{1}{2g} \tag{2-69}$$

$$h_3=0.022gH \tag{2-70}$$

$$h_4=(\rho_{相}-1)(1-\varepsilon_{前})l_0 \tag{2-71}$$

式中 h_1——从水塔到滤池的管道中总水头损失，m；

h_2——滤池配水系统水头损失，m；

h_3——承托层水头损失，m；

h_4——滤料层水头损失，m；

h_5——备用水头，m，通常取1.5～2.0m；

q——冲洗强度，L/(m^2·s)；

α——孔眼流量系数，一般为0.65～0.7；

β——孔眼总面积与滤池面积之比，采用0.2%~0.25%；

g——重力加速度，9.81m/s^2；

H——承托层厚度，m；

$\rho_{相}$——滤料相对密度；

$\varepsilon_{前}$——滤料膨胀前孔隙率；

l_0——滤料膨胀前厚度，m。

② 冲洗水泵的设计计算。水泵流量按冲洗强度和滤池面积计算。水泵扬程 H'(m) 按下式计算

$$H' = H_0' + h_1' + h_2 + h_3 + h_4 + h_5 \tag{2-72}$$

式中 H_0'——排水槽顶与清水池最低水位之差，m；

h_1'——从清水池到滤池的冲洗管道中总水头损失，m；

其余符号意义同前。

4）滤池反冲洗排水设备的设计。滤池反冲洗排水设备有洗砂排水槽和集水渠。反冲洗时，为了不影响反冲洗水流在滤池面积上的均匀分布，洗砂排水槽必须及时流畅地排走冲洗水，集水渠的水面不能干扰排水槽的出流。

① 洗砂排水槽的设计计算。底部呈三角形断面的洗砂排水槽如图2-47所示。通常设计始端深度为末端深度的一半。洗砂排水槽的排水流量 Q(L/s) 按下式计算

$$Q = qab \tag{2-73}$$

式中 q——反冲洗强度，L/(m^2·s)；

a——两洗砂排水槽间的中心距，m，通常为1.5~2.0m；

b——洗砂排水槽的长度，m，一般不大于6.0m。

槽底为三角形断面，断面模数 x(m) 按下式计算

$$x = \frac{1}{2}\sqrt{\frac{qab}{1000v}} \tag{2-74}$$

式中 x——排水槽断面模数，m，见图2-47；

v——排水槽出口流速，通常取0.6m/s。

槽底距砂面高度 H_d(m) 按下式计算

$$H_d = eL + 2.5x + \delta + 0.075 \tag{2-75}$$

式中 e——滤层最大膨胀率；

L——滤层厚度，m；

δ——槽底厚度，m。

② 集水渠的设计计算。洗砂排水槽底位于集水渠始端水面上，高度不小于0.05~0.2m，如图2-48所示。矩形集水渠渠底距排水槽底高度 H_e(m) 按下式计算

$$H_e = 1.73\left(\frac{Q_x^2}{gB^2}\right)^{\frac{1}{3}} \tag{2-76}$$

式中 B——集水渠宽度，m，通常不大于0.7m；

Q_x——滤池冲洗流量，m^3/s；

g——重力加速度，9.81m/s^2。

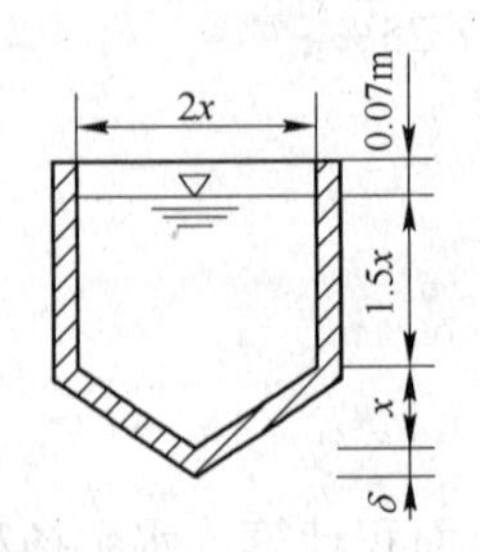

图 2-47 洗砂排水槽断面

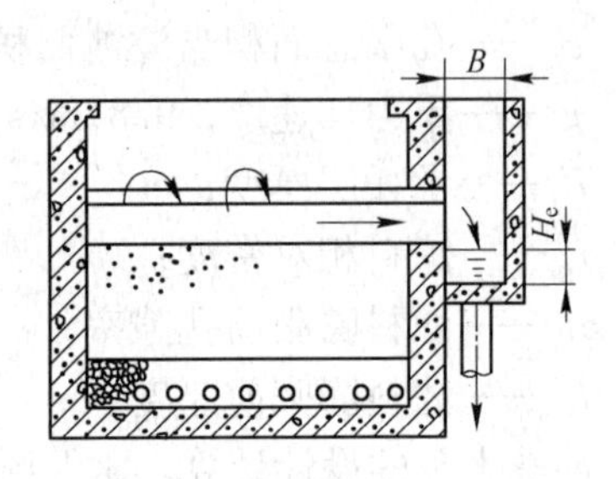

图 2-48 集水渠

2.5.4 其他类型滤池的结构与设计

2.5.4.1 虹吸滤池的构造与设计

A 虹吸滤池的构造

虹吸滤池的滤料组成和滤速选定与普通快速滤池相同，采用小阻力配水系统。所不同的是利用虹吸原理进水和排走反冲洗水，其构造与工作原理如图 2-49 所示。

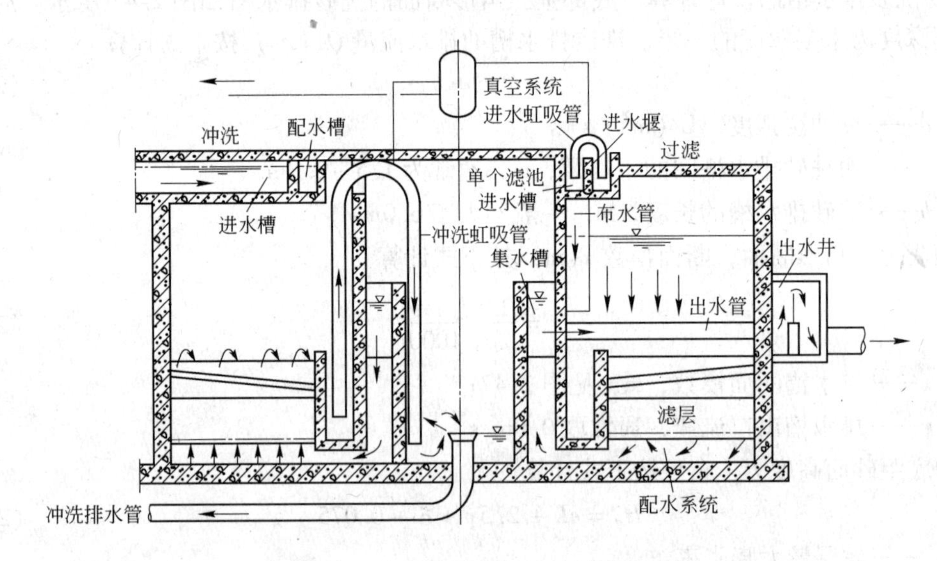

图 2-49 虹吸滤池的构造和工作原理图

虹吸滤池的右半部分表示过滤时的情况：经过澄清的水由进水槽流入滤池上部的配水槽，经虹吸管流入进水槽，再经过进水堰（调节各单元滤池的进水量）和布水管流入滤池。水经过滤层和配水系统流入集水槽，再由出水管流入出水井，由控制堰流出滤池。

滤池在过滤过程中水头损失不断增长，滤池内水位不断上升。当水位上升到预定高度（一般为 1.5 ~ 2.0m）时，则破坏了进水虹吸作用，停止进水，滤池即自动进行反冲洗。

虹吸滤池的左半部分表示冲洗时的情况：开启真空系统使冲洗虹吸管形成虹吸，将池内存水抽至滤池中部，由排水管排出。当滤池内水位低于集水槽的水位时，集水槽的水反向流过滤层，冲洗滤料，反洗水经排水槽排至虹吸管进口处抽走。当滤料冲洗干净后，破坏冲洗虹吸管的真空，启动进水虹吸管，滤池又进入过滤状态。

B 虹吸滤池的设计计算

虹吸滤池可设计成圆形、矩形和多边形。

（1）虹吸滤池分隔数及面积的计算。每座虹吸滤池有若干格组成，分隔数 n、滤池面积 A 可按下列公式计算

$$n \geqslant \frac{3.6q}{v} + 1 \tag{2-77}$$

$$A = A'n = \frac{24Q_c/23}{v} \tag{2-78}$$

其中

$$Q_c = 1.05Q_j \tag{2-79}$$

式中 n——分格数，通常取6～8个；

A——滤池总面积，m^2；

Q_c——滤池处理水量，m^3/h；

Q_j——净产水量，m^3/h；

v——设计滤速，m/h；

A'——单格面积，取 $A'<50m^2$；

q——反冲洗强度，$L/(m^2 \cdot s)$。

（2）进水虹吸管设计流速。取0.4～0.6m/s。

（3）排水虹吸管设计流速。取1.4～1.6m/s。

（4）滤池深度的计算。滤池的深度 H 按下式计算

$$H = H_1 + H_2 + H_3 + H_4 + H_5 + H_6 + H_7 + H_8 \tag{2-80}$$

式中 H_1——滤池底部空间高度，m，一般取0.3～0.5m；

H_2——配水系统结构高度，m；

H_3——承托层高度，m；

H_4——滤料层高度，m；

H_5——排水槽顶高出砂面距离，m；

H_6——排水槽顶与出水堰顶高差，m；

H_7——最大允许水头损失，m；

H_8——滤池超高，m，一般取0.2～0.3m。

（5）真空系统设计原则。真空系统包括真空设备（真空泵、水射器等）、真空罐、管道、闸门等；设计真空系统时应能在2～5min内使虹吸管投入工作。

2.5.4.2 重力式无阀滤池的构造与设计

A 重力式无阀滤池的构造与工作原理

无阀滤池是利用水力学原理，通过进出水的压差自动控制虹吸的产生和破坏，实现自动运行的滤池。它克服了普通快滤管道系统复杂、各种控制阀门多、操作步骤复杂及建造费用高的缺点。图2-50为重力式无阀滤池的结构示意图。其工作原理为：原水自进水管进入滤池后，自上而下穿过滤层，滤后水经连通管进入顶部贮水箱，待水箱充满后，过滤水由出水管排入清水池。随着过滤进行，水头损失逐渐增大，虹吸上升管内的水位逐渐上升（即过滤水头增大），当这个水位达到虹吸辅助管的管口处时，废水就从辅助管下落，

并抽吸虹吸管顶部的空气，在很短的时间内，虹吸管因出现负压而投入工作，滤池进入反冲洗阶段。贮水箱中的清水自下而上流过滤层，反冲洗水由虹吸管排入排水井。当贮水箱水位下降到虹吸破坏管口时，虹吸管吸进空气，虹吸破坏，反洗结束，滤池又恢复过滤状态。

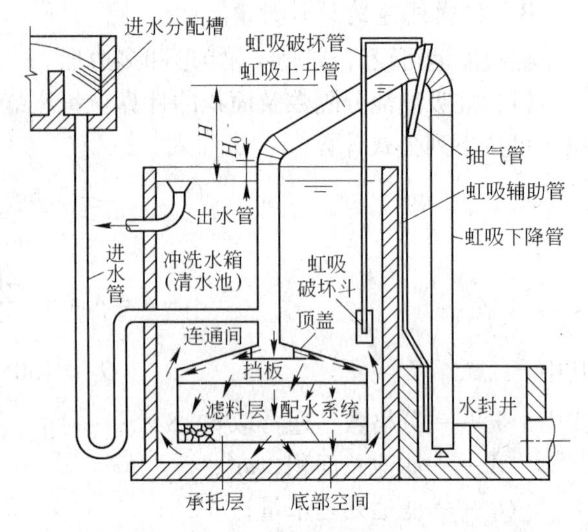

图 2-50　重力式无阀滤池的结构示意图

无阀滤池的主要特点是：全部是自动进行，操作方便，工作稳定可靠；在运转中滤层不会出现负水头；结构简单，材料节省，造价比普通快滤池低 30% ~ 50%，但滤料进出困难；因冲洗水箱位于滤池上部，使滤池总高度较大；滤池冲洗时，原水也由虹吸管排出，浪费了一部分澄清的原水，且反洗污水量大。

无阀滤池常用于中、小型给水工程，且进水悬浮物浓度宜在 100mg/L 以内，由于采用小阻力配水系统，所以单池面积不能太大。

B　无阀滤池的设计计算

（1）无阀滤池的面积与冲洗水箱高度的计算。无阀滤池的面积 A(m^2) 与冲洗水箱的高度 $H_冲$(m) 可按下式计算

$$A = \frac{\alpha Q}{v} \tag{2-81}$$

$$H_{冲} = \frac{60Aqt}{1000A'} \tag{2-82}$$

式中　A ——滤池的净面积，m^2；

A' ——冲洗水箱的净面积，m^2，$A' = A + A_2$，A_2 为连通渠及斜边壁厚面积；

Q ——设计水量，m^3/h；

v ——滤速，m/h；

α ——考虑反冲洗水量增加的百分数，%，一般取 5%；

q ——反冲洗强度，$L/(m^2 \cdot s)$；

t ——冲洗时间，min；

$H_冲$——冲洗水箱高度，m。

（2）进水系统的设计。当滤池采用双格组合时，为使配水均匀，要求进水分配箱两堰口标高厚度及粗糙度尽可能相同。

堰口标高按下式确定

堰口标高 = 虹吸辅助管管口标高 + 进水及虹吸上升管内各项水头损失之和 + 保证堰上自由出流的高度（10 ~ 15cm）　　(2-83)

为防止虹吸管工作时因进水中带入空气而可能产生提前破坏虹吸现象，宜采取以下措施：

1）在滤池即将冲洗前，进水分配箱应保持有一定水深，通常考虑箱底与滤池冲洗水箱相平。

2）进水管内流速通常采用0.5~0.7m/s。

3）为了安全起见，进水管U形存水弯的底部中心标高可放在排水井井底标高处。

2.5.4.3 移动冲洗罩滤池的构造与设计

A 移动冲洗罩滤池的构造

移动冲洗罩滤池的构造如图2-51所示，滤池被分隔成细长的隔间，过滤时水由上向下流过隔间。滤过水流出水位大体保持一定，随着过滤阻力增大，池内水位逐渐上升。当水位达到预定值时，将装有冲洗水泵和排水泵的移动罩移至该过滤格间，此时水泵把冲洗水由出水渠送至滤层下部，而冲洗排水通过覆盖于格间上部的细长形排水罩收集后，经中央排水泵排出池外。

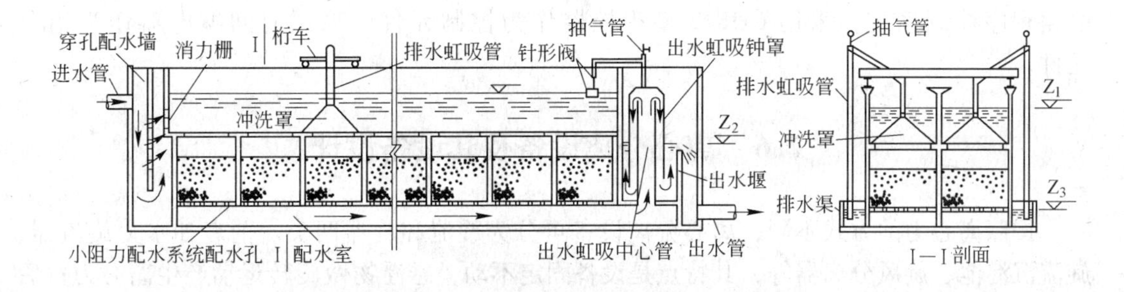

图2-51 移动冲洗罩滤池的结构示意图

反冲洗用水由其他滤格的滤后水提供，与虹吸滤池类似。滤池上部的可移动冲洗罩与无阀滤池的上半部相似。移动罩池的滤层厚度约为275mm，比普通滤池薄很多，但其滤料较细，所以去除效果与普通快滤池差不多，只是过滤持续时间较短。

移动冲洗罩滤池结构简单，节省大型阀门和冲洗水箱、水泵，但增加了移动罩及电动机设备，维修较复杂，适用于水量较大的水处理。在污水处理中，滤料若采用气水反冲洗不宜采用虹吸排水，而只能用泵吸排除反冲洗废水。

B 移动冲洗罩滤池的设计计算

（1）滤池总面积和分隔数的设计计算。滤池总面积$A(m^2)$和分隔数n按下式计算

$$A = 1.05\frac{Q}{\bar{v}} \tag{2-84a}$$

$$A' = \frac{A}{n} \tag{2-84b}$$

$$n < \frac{60T}{t+s} \tag{2-85}$$

式中 Q——净产水量，m^3/h；

$\bar{v}$——平均滤速，m/h；

A'——每一滤格净面积，m^2；

T——滤池过滤周期，h；

n——分格数；

t——各滤格的冲洗时间，min；

s——罩体移动和两滤格间运行时间，min。

（2）每一滤格反冲洗流量的计算。每一滤格反冲洗流量 $Q_{格}$（L/s）按下式计算

$$Q_{格} = A'q \tag{2-86}$$

式中 $Q_{格}$——每一滤格的反冲洗流量，L/s；

q——反冲洗强度，L/(m^2·s)。

（3）流速的选择。出水虹吸管流速一般采用0.9～1.3m/s；反冲洗虹吸管流速一般采用0.7～1.0m/s。

（4）冲洗泵的选择。冲洗泵一般可选用农业灌溉水泵、油浸式潜水泵或轴流泵等。

（5）出水虹吸管管顶高程的选择。出水虹吸管管顶高程是影响滤池稳定的一个控制因素。高程应控制在液面到液面以下10cm 范围内。

（6）自控系统。滤池一般配有自动控制系统。目前采用的自控系统有：PMOS 集成电路程序控制系统，采用 CHK-2 型程控器作为控制元件、采用时间继电器作为指令元件。

2.6 离心分离设备及其设备设计

按照离心力的方式不同，离心分离设备可分为旋流和旋器两类。前者如水力旋流器、旋流沉淀池、旋风分离器等，其特点是设备固定不动，悬浮物做旋转运动产生离心力；后者是指各种离心机，其特点是由高速旋转的转鼓带动悬浮物产生离心力。

2.6.1 水力旋流器的结构与设计

2.6.1.1 水力旋流器的结构与工作原理

水力旋流器有压力式和重力式两种，通常所说的水力旋流器是指压力式水力旋流器，重力旋流器又称为旋流沉淀池。

A 压力式水力旋流器的结构与工作原理

压力式水力旋流器上部呈圆筒形，下部是锥角为 θ 的截头圆锥体，进水管以渐收方式与圆筒以切向连接，如图 2-52 所示。含悬浮物的污水在水泵或其他外加压力的作用下，以6～10m/s 的流速从切线方向进入水力旋流器圆筒后，沿器壁形成向下做旋转运动的一次涡流，其中直径和密度较大的悬浮颗粒被甩向器壁，并在下旋水流推动和重力作用下沿器壁下滑，在锥底形成浓缩液连续排除（称为底流）。其余液流则向下旋流至一定程度后，便在愈来愈窄的锥壁反向压力作用下改变方向，由锥底向上做螺旋形运动，形成二次涡流，经溢流管进入溢流筒后，从出液管排出。另外，在水力旋流器中心还形成一束绕轴线分布的自下而上的负压空气涡流柱，见图 2-53。

B 重力式水力旋流器的结构与工作原理

重力式水力旋流器又称为水力旋流沉淀池，水力旋流沉淀池有周边旋流配水和中心筒旋流配水两种。用重力式水力旋流器处理污水时，污水是借助进出水的压力差在器内做旋转运动。在该种旋流器中固液分离，起决定性作用的是固体颗粒的重力。

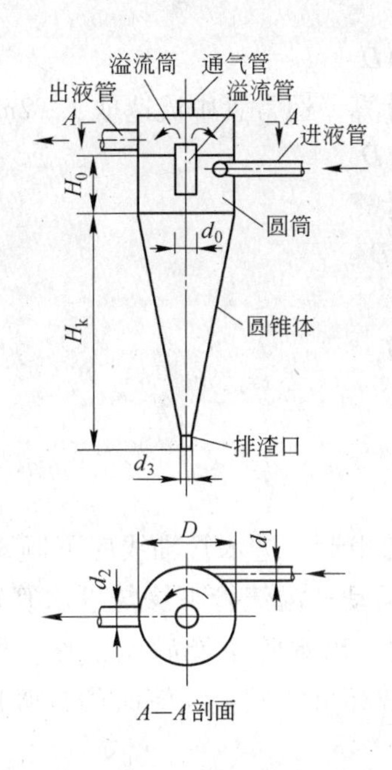

图 2-52　压力式水力旋流器的构造示意图

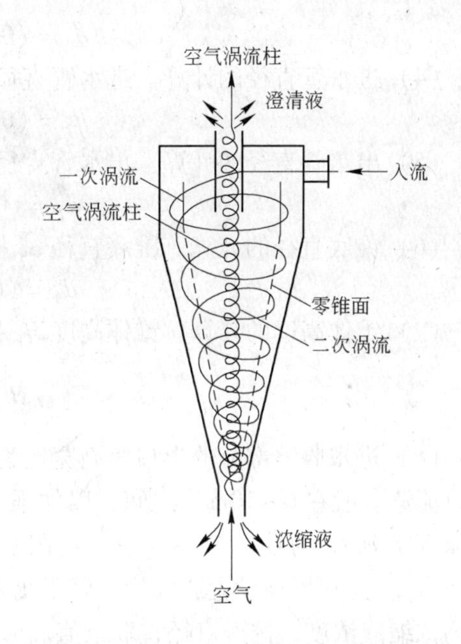

图 2-53　物料在水力旋流器内的流动情况

图 2-54 所示为重力式水力旋流器。污水利用进、出口的水位差压力，经进水管沿切线方向进入旋流器底部形成旋流，并以螺线形上升，在重力和离心力作用下，悬浮颗粒被甩向池壁并滑向池底集中，定期有抓斗卸出。上升的污水绕过挡油板，经溢流堰排至环形集水井，并由吸水泵输出，水中的浮油由吸油器经油泵抽入贮油槽，或直接送往回收设备。

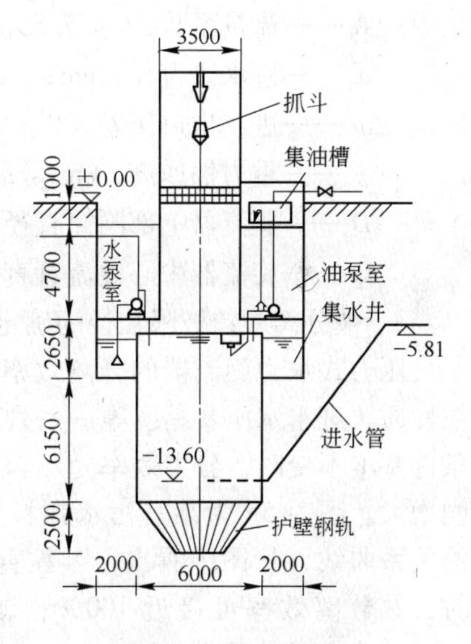

图 2-54　重力式水力旋流器结构示意图

2.6.1.2　水力旋流器的设计计算

A　压力式水力旋流器的设计计算

首先确定压力式水力旋流器各部分的结构尺寸，然后计算其处理水量和极限粒径，最后根据处理的水量确定所需设备的台数。

a　压力式水力旋流器各部分尺寸的确定

压力式水力旋流器各部分尺寸的相对关系对分离效果有决定性的影响，通常以圆筒直径 D 和锥体锥角 θ 作为基本尺寸，圆筒直径 D 通常为 500mm 左右，再按以下关系确定其他尺寸：

（1）水力旋流器圆筒高度的计算。圆筒高度 H_0 按下式计算

$$H_0 = 1.7D \tag{2-87}$$

（2）锥体锥角的选取。锥体锥角 θ 通常取 10° ~ 15°。

（3）中心溢流管直径的确定。中心溢流管直径 d_0 按下式计算

$$d_0 = (0.25 \sim 0.35)D \tag{2-88}$$

（4）进水管直径的计算。进水管直径 d_1 按下式计算，通常管中流速取 1～2m/s。

$$d_1 = (0.25 \sim 0.40)D \tag{2-89}$$

（5）出水管直径的计算。出水管直径 d_2 按下式计算

$$d_2 = (0.25 \sim 0.5)D \tag{2-90}$$

（6）锥底直径的计算。锥底直径 d_3 按下式计算

$$d_3 = (0.5 \sim 0.8)d_0 \tag{2-91}$$

（7）锥体高度的计算。锥体高度 H_k 按下式计算

$$H_k = \frac{D - d_3}{2\tan\theta} \tag{2-92}$$

（8）进水收缩部分的出口为高宽比为1.5～2.5的矩形，进水管轴线应下倾3°～5°，出口流速一般在6～10m/s之间，以加强水流的下旋运动；溢流管下缘与进水管轴线的距离以等于 $H_0/2$ 为佳；为保持空气柱内稳定的真空度，出水管不能满流工作，所以应使 $d_2 > d_0$，并在器顶设置通气管，以平衡器内压力和破坏可能发生满流时的虹吸作用；为提高浓缩液浓度，排渣口径宜取小值。

b　压力式水力旋流器处理水量的计算

水力旋流器处理水量 Q（L/min）按下式计算

$$Q = KDd_0\sqrt{\Delta pg} \tag{2-93}$$

式中　K——流量系数，$K = 5.5d_1/D$；

d_1——进水管直径，cm；

Δp——进、出口压差，Pa，一般取0.1～0.2Pa；

g——重力加速度，cm/s^2；

D——旋流器上部圆筒直径，cm；

d_0——旋流器中心溢流管直径，cm。

c　被分离颗粒极限粒径的确定

压力式水力旋流器的分离效率与设备结构、颗粒性质、进水水压及黏度等一系列因素有关。其他条件基本不变时，分离效率随颗粒直径的增大而急剧增大。图2-55为某一污水颗粒直径与分离效率的关系曲线，从图中看出，颗粒直径不小于20μm时，其分离效率可接近100%；颗粒直径为8μm时，其分离效率可接近50%。一般将分离效率为50%的颗粒直径称为极限直径，它是判别水力旋流器分离程度的主要参数之一。极限直径愈小，说明分离效果愈好，达到一定的分离效率时的处理水量也愈大。

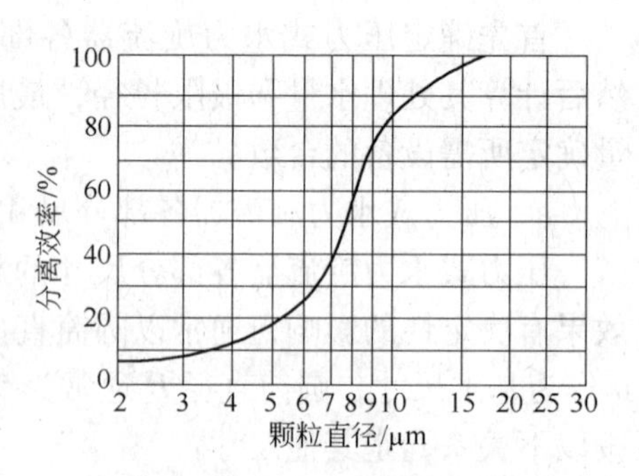

图2-55　颗粒直径与分离效率的关系曲线

由于悬浮颗粒的性质千差万别，计算极限直径的经验公式很多，计算结果相差亦很大。为了准确计算与评价，应对污水进行可行性试验。

B　重力式水力旋流器的设计计算

周边配水式水力旋流沉淀池的计算方法有经验公式计算法和表面负荷计算法两种。

a　经验公式计算法

水流上升速度 u（m/s）按下式计算

$$u = K_b(30.5 - 5\lg 0.134Q)(1 + 12\Delta E_s) \tag{2-94}$$

式中　Q——污水流量，m^3/h；

K_b——水量分配不均匀系数，取0.9；

E_s——SS去除效率，$\Delta E_s = 0.95 - E_s$。

求出 u 值后，按下式计算沉淀池的面积 $A(m^2)$

$$A = Q/u \tag{2-95}$$

再按图2-54的比例确定其余各部分结构尺寸。

b　表面负荷计算法

重力式水力旋流器的表面负荷大大低于压力式水力旋流器，取表面负荷 q 值为25～30$m^3/(m^2 \cdot h)$，再按下式计算沉淀池的面积 $A(m^2)$

$$A = \frac{Q}{q} \tag{2-96}$$

旋流沉淀池的有效水深（即进水管轴线到溢流堰顶的高度）H_0(m) 通常按停留时间为15～20min计算，也可按下式计算

$$H_0 = (0.8 \sim 1.2)D \tag{2-97}$$

式中　D——沉淀池直径，m。

缓冲高度，即进水管与沉渣面之间的距离，取0.8～1.0m，以免冲起沉砂；进水管口向下倾斜1°～5°，管嘴流速 $v = 0.9 \sim 1.1$m/s。

2.6.2　离心机的结构与设计

2.6.2.1　离心机的结构与工作原理

离心机是一种利用转鼓带动物料高速旋转产生离心力进行强化分离过程的分离设备。在污水处理领域中，离心机常用于污泥脱水和分离回收污水中的有用物质，如从洗羊毛污水中回收羊毛脂等。离心机的种类很多，按分离因数 K_c 大小，离心机分为低速离心机（K_c=1000～1500）、中速离心机（K_c=1500～3000）、高速离心机（$3000<K_c<50000$）和超速离心机（$K_c>50000$）。按几何形状可分为转筒离心机（有圆锥形、圆筒形、锥筒形）、盘式离心机和板式离心机。

A　过滤式离心机的构造与工作原理

图2-56为过滤式离心机的构造原理图。工作时将欲分离的液体注入转鼓中（间歇式）或流过转鼓（连续式），转鼓绕轴高速旋转，即产生分离作用。转鼓有两种：一种是壁上有孔并贴滤布，工作时液体在惯性作用下穿过滤布和壁上的小孔排出，而固体截流在滤布上，称为过滤式离心机；另一种是壁上无孔，工作时固体贴在转鼓内壁上，清液从紧靠转轴的孔隙或导管连续排出，称为沉降式离心机。离心机结构紧凑、效率高，但结构复杂，只适用于处理小批量的污水、污泥脱水和很难用一般过滤法处理的污水。

图2-57为三足式过滤式离心机的构造图。悬浮液从顶部加入，滤液受到离心力作用穿过过滤介质，在转鼓外收集，而固体颗粒则截留在过滤介质上，形成一定厚度的滤饼，由人工去除。该设备适应性强，结构简单，运转平稳，密封防爆。但是该设备间歇分离，生产能力低，劳动强度大，只是用于中小型生产。

三足式过滤式离心机适用于分离固相颗粒大于0.01mm的悬浮液，其参数范围为：转鼓直径为255～2000mm，主轴转速为500～3000r/min，分离因数为225～2100，转鼓容量为3.4～1800L。

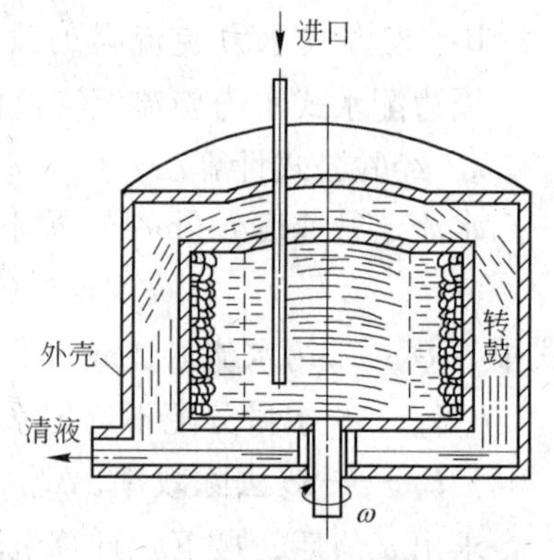

图2-56 过滤式离心机的构造原理图

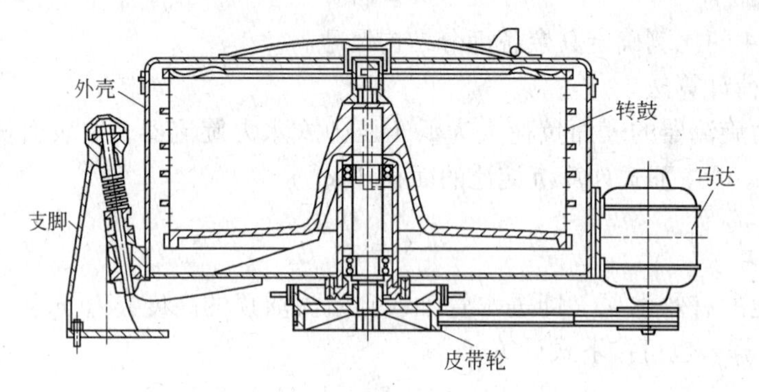

图2-57 三足式过滤式离心机的构造示意图

B 沉降式离心机的构造与工作原理

沉降式离心机转鼓壁上无孔，悬浮液中颗粒的直径很小而浓度不大，沉降在鼓壁上到一定厚度后将其取出，清液从鼓的上方开口溢流而出。沉降式离心机适用于不宜过滤的悬浮液，有卧螺沉降离心机、碟式沉降离心机和管式超速分离机等。

图2-58为逆流中心进料高速卧螺沉降离心机的结构图。该设备是悬浮液中固相与液相逆向流动，进料在转鼓的圆柱-圆锥交接处附近，颗粒停留的时间和沉淀过程较短，进料和螺旋推进器较快的转速有可能把已分离的固相颗粒扰动浮起。该设备的主要优点是：连续自动操作和长期运行，无滤网和滤布，维修方便，操作费用低，结构紧凑，易于密封，单机生产能力大，分离质量高，占地面积小，可将固相按颗粒大小进行分级，能分离

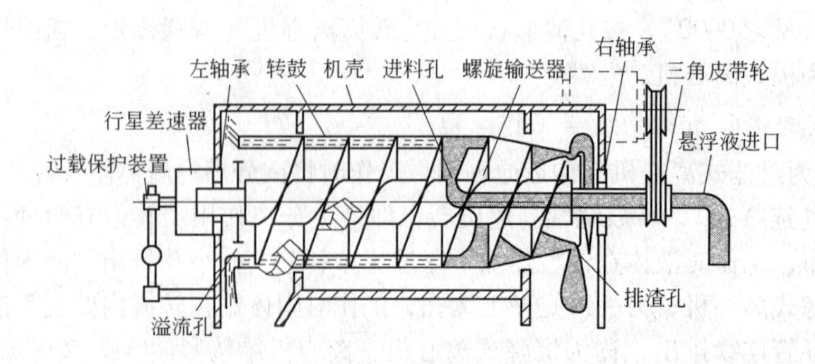

图2-58 逆流中心进料高速卧螺沉降离心机结构示意图

的固相颗粒范围较广（0.005～2mm），在颗粒大小不均匀的情况下也能正常分离，适应各种浓度悬浮液的分离（悬浮液容积浓度1%～5%），且浓度的波动不影响分离效果。其缺点是：沉渣的含湿量一般比过滤离心机稍高，大致与真空过滤机相等，沉渣的洗涤效果不好，结构复杂，造价较高。

2.6.2.2 离心机的设计计算

卧螺沉降离心机的主要技术参数有：转鼓直径 D 和有效长度 L、转鼓的半锥角 α、转差和扭矩等。

（1）转鼓直径 D 和有效长度 L 的确定。转鼓的直径越大，处理能力就越大；转鼓的长度越长，悬浮液在机内停留的时间越长，分离效果也越好。常用转鼓直径在160～1600mm之间，长径比在 $L/D=1\sim1.4$ 之间。

（2）转鼓半锥角 α 的确定。半锥角是锥体母线与轴线的夹角，锥角大则悬浮液受离心挤压力大，利于脱水。通常半锥角 $\alpha=8°\sim20°$。半锥角大，螺旋推料的扭矩也需增大，叶片的磨损也会增大，若磨损严重会降低脱水效果。因此，新型脱水机的螺旋外缘上都镶嵌耐磨合金，显著提高了使用寿命。

（3）转差和扭矩的确定。转差是转鼓与螺旋输送器的转速差。转差大，输渣量大，但也带来转鼓内流体搅动量大，悬浮液停留时间短，分离液中固相量增大，出渣湿度增大的问题。例如污泥浓缩与脱水时的转差以2～5r/min为宜（转差约占转鼓转速的0.2%～3%）。转差降低必然会使推料扭矩增大，一般卧螺沉降离心机的推料扭矩在3500～34000N·m之间。

差速器是卧螺沉降离心机的转鼓与螺旋输送器产生相互转差的关键部件，是离心机中最复杂、最重要、性能和质量要求最高的装置。

（4）转鼓的有效长度为沉降区和干燥区之和，沉降区长，则悬浮液停留时间长，分离液中固相带湿量少，但干燥区停留时间短，排渣中的含湿量高。应调节溢流阀挡板的高度以调节转鼓沉降区与干燥区的长度。

本章小结

本章讨论了以下几个问题：

（1）介绍了污水处理的筛滤截流法、重力分离法和离心分离法等物理法；详述了物理法污水预处理设备格栅、机械格栅除污机、沉砂池、调节池、隔油池的类型、结构特点、工作原理和设计计算。

（2）介绍了沉淀池的类型及适用条件，详述了平流式沉淀池、竖流式沉淀池和辐流式沉淀池的结构与工作原理，沉淀池的一般设计原则及参数选择，平流式沉淀池的结构设计与功能设计。

（3）介绍了气浮及其基本原理，详述了电解气浮设备、射流气浮设备、叶轮气浮设备、加压溶气气浮设备、溶气真空气浮设备的结构特点及平流式电解气浮设备、叶轮气浮设备、加压溶气气浮设备的设计计算。

（4）介绍了过滤分离机理和过滤效率的影响因素，详述了普通快滤池、虹吸滤池、重力式无阀滤池和移动冲洗罩滤池的结构、工作原理与设计。

（5）详细介绍了压力式和重力式水力旋流器的结构、工作原理及水力旋流器的设计计算；讨论了过滤式和沉降式离心机的构造、工作原理及其设计。

要求熟悉物理法污水处理技术及所用设备的结构与工作原理，掌握物理法污水处理相应设备的设计与计算。

思　考　题

2-1 简述污水物理处理法的概念。根据物理作用的不同，污水处理主要有哪些方法？

2-2 不溶态污染物的拦截机械设备包括哪几种？

2-3 简述格栅的构造与分类。格栅栅条的断面形状有哪几种？

2-4 简述机械格栅除污机的分类，链条回转式多耙格栅除污机的结构与工作原理，移动式格栅除污机的结构与工作原理，自清式格栅除污机的构造与工作原理，转筒式格栅除污机的构造与工作原理。

2-5 简述不同类型格栅除污机的适用范围及优缺点。

2-6 常用的沉砂池有哪几种？分别说明其结构和工作原理。沉砂池的设计原则是什么？

2-7 调节池在结构上分为哪几种，调节池有什么作用？

2-8 隔油池常用的类型主要有哪些？分别说明其结构与特点。

2-9 常用的沉淀池有哪些，说明各类沉淀池的优缺点及适用条件，沉淀池按其功能可分为哪几部分？

2-10 详述平流式沉淀池、竖流式沉淀池和辐流式沉淀池的结构与工作原理。沉淀池的一般设计原则是什么，沉淀池进水口布置形式有哪几种，沉淀池的溢流堰形式有哪几种，沉淀池集水渠布置形式有哪几种？

2-11 沉淀池的设计包括______与______设计。结构设计主要包括______、______和______结构设计。功能设计主要包括______、______和______的确定。

2-12 简述气浮的概念及其基本原理。电解气浮设备可分为哪两种？分别介绍其结构特点。

2-13 简述布气气浮设备的优缺点。布气气浮设备有______和______。说明射流气浮设备和叶轮气浮设备的结构特点。

2-14 根据气泡从水中析出时所处压力的不同，溶气气浮可分为______和______两种类型。

2-15 简述加压溶气气浮设备的结构特点和溶气真空气浮设备的结构特点。

2-16 加压溶气气浮设备主要包括______、______和______三部分。压力溶气罐有哪几种形式？

2-17 目前加压溶气气浮工艺的基本工艺流程有______、______和______三种。

2-18 简述喷淋式填料溶气罐结构及特点。国内常用的溶气释放器是______型、______型和______型溶气释放器，其主要特点是什么？

2-19 叙述平流式气浮池和竖流式气浮池的结构特点。气浮池的一般设计原则包括哪些内容？

2-20 按着过滤速度的不同，可分为______滤池（≤4m/s）、______滤池（4～10m/s）和______滤池（10～60m/s）三种；按作用力的不同，可分为______滤池（作用水头4～5m）和______滤池（作用水头15～25m）两种；按过滤时水的流向，可分为______、______、______和______滤池四种；按滤料层组成，可分为______、______和______滤池三种。

2-21 详细说明迁移机理、附着机理和脱落机理的内涵。过滤效率的影响因素有哪些？

2-22 详述普通快滤池的结构与工作原理。按所用滤料层数的不同滤池可分为______、______和______滤池。

2-23 滤料的选择应满足哪些要求，承托层的作用是什么？

2-24 详述虹吸滤池、重力式无阀滤池和移动冲洗罩滤池的构造和工作原理。

2-25 按照离心力的方式不同，离心分离设备可分为______和______两类。有何特点？

2-26 水力旋流器有______和______两种。分别介绍它们的结构与工作原理。

2-27 过滤式离心机分为______和______两种，分别介绍它们的构造与工作原理。简述沉降式离心机的构造与工作原理。

2-28 卧螺沉降离心机的主要技术参数有：______、______、______、______和______等。

3　化学法污水处理技术与设备

[学习指南]

本章主要学习化学法污水处理技术与设备，了解混凝剂调制与投加设备、混合与搅拌设备、电解槽、臭氧氧化设备和氯氧化设备的结构、特点、工作原理，掌握溶液池、反应设备、澄清池、电解槽和臭氧氧化设备的设计与计算。

3.1　概　　论

化学法是污水处理的基本方法之一。它是利用化学反应作用处理污水中的溶解物质或胶体物质，可以用来去除污水中的金属离子、细小的胶体有机物、无机物、植物营养素(N、P)、乳化油、色度、溴、味、酸、碱等，对于污水的深度处理也有着重要作用。化学法主要包括中和法、混凝法和氧化还原法等。

（1）中和法。中和法主要用来处理含酸、碱污水。污水中的酸度在3%以上应回收，如利用金属酸洗污水制硫酸亚铁、化肥等。酸度在3%以下的应中和除去，主要用工厂排出的碱性污水（渣），如电石渣、锅炉灰，或者石灰类碱性物和滤料。

含碱度的污水常用废无机酸（如硫酸、盐酸）、酸性废气（如CO_2、SO_2烟道气）或者酸性污水处理，达到以废治废的目的。

（2）混凝（或絮凝）法。混凝（或絮凝）法是处理水体污染物的重要方法之一，它是指向污水中投加药剂，进行污水与药剂的混合，从而使污水中的胶体物质产生凝聚和絮凝，这一综合过程称为混凝。混凝通常包括混合、胶体脱稳与凝聚，以及沉淀分离等过程。在某种程度上，混凝与絮凝是可等同的。混合设备是完成混凝过程的重要设备，反应设备的任务是将混合后产生的细小絮体逐渐絮凝成大絮体以便于沉淀，澄清池的功能是将絮凝反应过程与澄清分离过程综合于一体。

1）定义。凝聚是通过双电层作用而使胶体颗粒相互聚结的过程。为使胶体颗粒沉淀就必须使微粒相互碰撞而黏合起来，也就是要消除或降低ξ电位。由于天然水中胶体大都带负电荷，因此需向水中投入大量带正离子的混凝剂，当大量的正离子进入胶粒吸附层时，扩散层就会消失，ξ电位趋于零。这样就消除了胶体微粒之间的静电排斥，而使微粒聚结。这种通过投入大量正离子电解质的方法，使得胶体微粒相互聚结的作用称为双电层作用。根据这个机理，使水中胶体颗粒相互聚结的过程称为凝聚。换言之，凝聚就是向污水中加入$Al_2(SO_4)_3$、$FeSO_4 \cdot 7H_2O$、$AlK(SO_4)_2 \cdot 12H_2O$、$FeCl_3 \cdot 6H_2O$等絮凝剂，以中和污水中带负电荷的胶体微粒，使胶体微粒变为不稳定状态，从而达到沉淀的目的。

絮凝是通过高分子物质的吸附作用而使胶体颗粒相互黏结的过程。高分子混凝剂溶于水后，会产生水解和缩聚反应而形成高聚合物，这种高聚合物的结构是线型结构，线的一端拉着一个胶体颗粒，另一端拉着另一个胶体颗粒，在相距较远的两个微粒之间起着黏结架桥作用，使得微粒逐步变大，变成大颗粒的絮凝体。因此，这种由于高分子物质的吸附架桥而使微颗粒相互黏结的过程，就称为絮凝。换言之，絮凝是向污水中投加高分子物质絮凝剂，帮助已经中和的胶体微粒进一步凝聚，使其更快地凝成较大的絮凝物，从而加速沉淀。

2）混凝剂。在污水处理中，能使污水中的胶体颗粒相互黏结和聚结的物质，称为混凝剂。混凝处理中常用的混凝剂见表3-1。

表3-1　常用的混凝剂分类

分　类			混　凝　剂
无机类	低分子	无机盐类	硫酸铝、硫酸铁、硫酸亚铁、铝酸钠、氯化铁、氯化铝
		碱类	碳酸钠、氢氧化钠、氧化钙
		金属电解产物	氢氧化铝、氢氧化铁
	高分子	阳离子型	聚合氯化铝、聚合硫酸铝
		阴离子型	活性硅酸
有机类	表面活性剂	阴离子型	月桂酸钠、硬脂酸钠、油酸钠、松香酸钠、十二烷基苯、磺酸钠
		阳离子型	十二烷胺醋酸、十八烷胺醋酸、松香胺醋酸、烷基三甲基氯化铵
	低聚合度高分子	阴离子型	藻朊酸钠、羧甲基纤维素钠盐
		阳离子型	水溶性苯胺树脂盐酸盐、聚乙烯亚胺
		非离子型	淀粉、水溶性脲醛树脂
		两性型	动物胶、蛋白质
	高聚合度高分子	阴离子型	聚丙烯酸钠、水解聚丙烯酰胺、磺化聚丙烯酰胺
		阳离子型	聚乙烯吡啶盐、乙烯吡啶共聚物
		非离子型	聚丙烯酰胺、聚氯乙烯

3）混凝过程中的混凝机理。

① 吸附作用。由于混凝剂特别是高分子物质，形成胶体时有较大的活性表面，在污水中起着吸附架桥作用，吸附污水中的胶体杂质，而使污水中微粒相互黏结成大颗粒，然后用沉淀的方法去除胶体物质。

② 中和作用。混凝剂在污水中产生大量的高电荷的正离子，天然水中的胶体物大都带负电，使它们相互中和，消除胶体微粒之间的静电斥力，且能长成大颗粒，借自重沉降而去除。

③ 表面接触作用。絮凝过程是以微粒作为核心在其表面进行的，使微粒表面相接触，并黏结成大颗粒，通过沉淀而去除。

④ 过滤作用。絮凝在水中沉降的过程，犹如一个过滤网下降，包裹着其他微粒一起沉降。

4）助凝。在污水处理中，有时使用单一混凝剂不能取得良好的效果，需要投加辅助药剂以提高混凝效果，这种辅助药剂称为助凝剂。常用的助凝剂分为两类：

① 调节或改善混凝条件的助凝剂。如 CaO、$Ca(OH)_2$、Na_2CO_3、$NaHCO_3$ 等碱性物质，可以提高水的pH值。用 Cl_2 作为氧化剂，可以去除有机物对混凝剂的干扰，并将 Fe^{2+}

氧化为 Fe^{3+}。此外还有 MgO 等。

② 改善絮凝体结构的高分子助凝剂。如聚丙烯酰胺（简称 PAA）、骨胶、海藻酸钠、活性硅酸、Na_2O、$3SiO_2 \cdot xH_2O$ 等。

（3）氧化还原法。氧化还原法在污水处理中占有重要地位。氧化可使污水中部分有机物分解，具有消毒杀菌作用；还原还可能使高价有毒离子转化为无毒离子。

1）常用氧化还原剂。常用氧化剂有 O、O_2、O_3、Cl_2、HNO_3、H_2SO_4、$K_2Cr_2O_7$、$KMnO_4$、H_2O_2、$KClO_3$ 等，常用还原剂有 Fe、Zn、Al、C、Fe(Ⅱ)、H_2SO_3、$NaBH_4$、CO、H_2S 等。

2）氯化机理。污水的氯化机理是使 Cl_2 发生歧化反应，形成 $HClO_3$ 强氧化剂。其作用是能够消毒，降低 BOD，消除或减少色度和气味。

化学法进行污水处理所用的设备主要有：混凝设备、酸碱中和设备、氧化还原和消毒设备、电解槽等。下面将对化学法污水处理设备进行详细介绍。

3.2　混凝法污水处理设备的设计

混凝法与其他方法比较，其优点是设备简单、维护操作易于掌握、处理效果好、间歇或连续运行均可；其缺点是需要不断地向污水中投药，经常性运行费用较高，沉渣量大，且沉渣脱水较困难。为了完成混凝沉淀过程，必须设置：（1）配置和投加混凝剂的设备；（2）使混凝剂与原水迅速混合的设备；（3）使细小矾花不断增大的反应设备。

3.2.1　混凝剂的投配方法及设备设计

混凝剂的投配方法分干投法和湿投法两大类。干投法是将经破碎易于溶解的粉末混凝剂直接投入到被处理的污水中。该法占地面积小，但对混凝剂的粒度要求较严，投配量较难控制，对机械设备的要求较高，劳动强度大，劳动条件较差，因此目前用得较少。湿投法是将混凝剂配置成一定浓度的溶液，再按处理水量多少投加到被处理的污水中，因此需要有一套溶药和投药设备。因干投法用得较少，所以下面仅介绍湿投法及其设备。

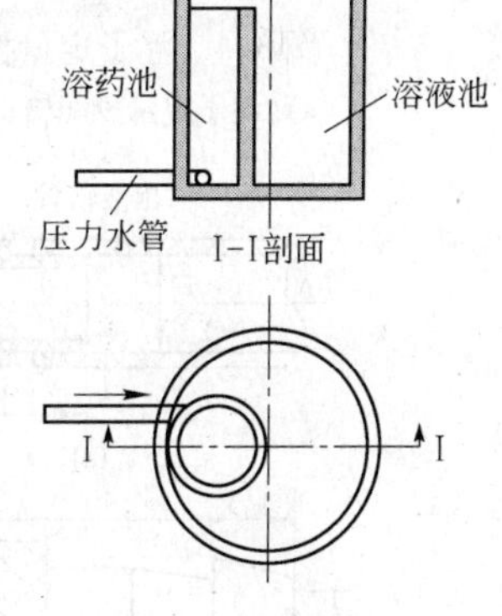

图 3-1　混凝剂的水力调制装置

3.2.1.1　混凝剂调制方法及其设备

在溶药池内将固体药剂溶解成浓溶液，可采用水力、压缩空气或机械等方式进行搅拌，如图 3-1～图 3-3 所示。通常投药量小时用水力搅拌，投药量大时用机械搅拌。药剂在溶药池的溶液浓度一般为 10%～20%，有机高分子混凝剂溶液的浓度一般为 0.5%～1.0%。溶药池体积通常为溶液池体积的 0.2～0.3 倍，设备及管道应考虑防腐。

3.2.1.2　混凝剂的投加设备

混凝剂的投加设备简称投药设备，它包括计量和投加两部分。常用的计量设备除转子流量计、计量泵、加氯机定型产品外，还有浮子或浮球阀计量、孔口计量、三角堰计量、虹吸计量等专用计量设备；常用投加设备包括重力投加、水泵投加、虹吸定量投加和水射器投加等。

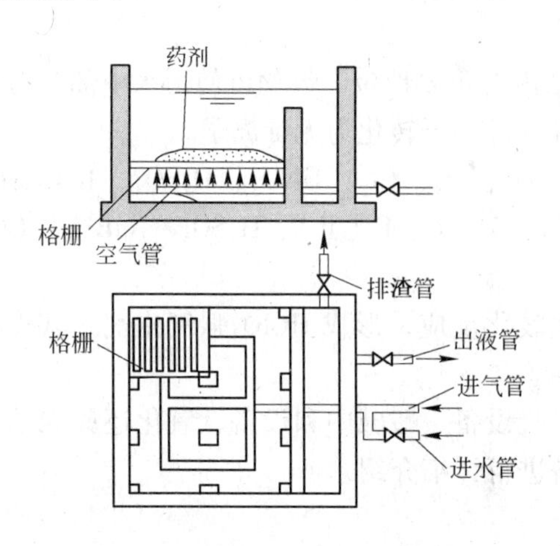

图 3-2　混凝剂的压缩空气调制装置

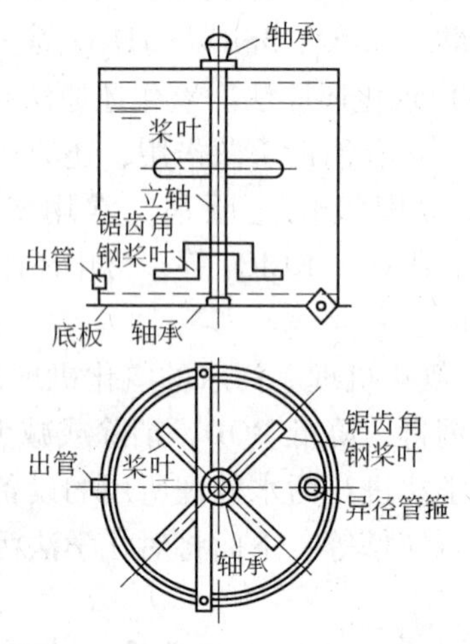

图 3-3　混凝剂的机械调制装置

（1）计量设备。计量设备主要有浮子或浮球阀计量装置（见图 3-4 及图 3-5）、孔口式计量装置（见图 3-6 及图 3-7）、三角堰计量设备、虹吸计量设备等几种，也可采用转子流量计、电磁流量计等。其中孔口计量适用于溶液池恒液位的情况，利用孔口在恒定浸没深度下的稳定出流量来计量，流量的大小可通过改变孔口面积来调节。

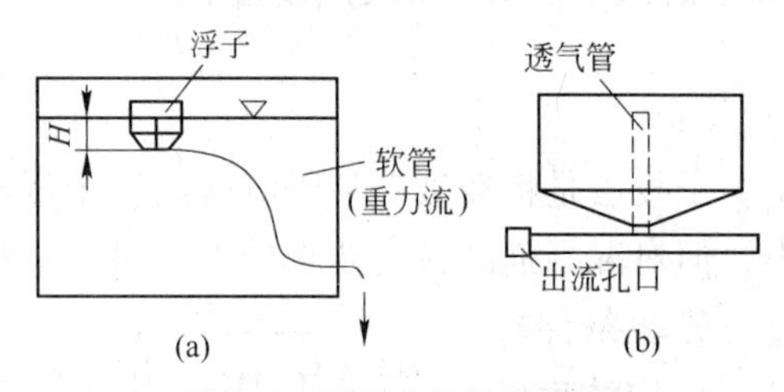

图 3-4　浮子定量控制装置

（a）浮子定量投配槽；（b）浮子

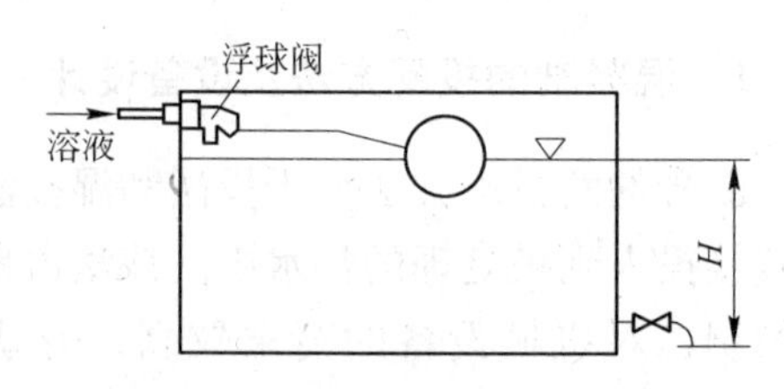

图 3-5　浮球阀定量控制装置

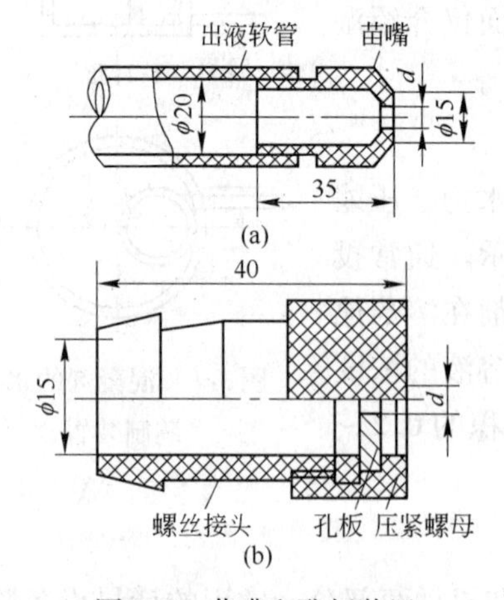

图 3-6　苗嘴和孔板装置

（a）苗嘴装置；（b）孔板装置

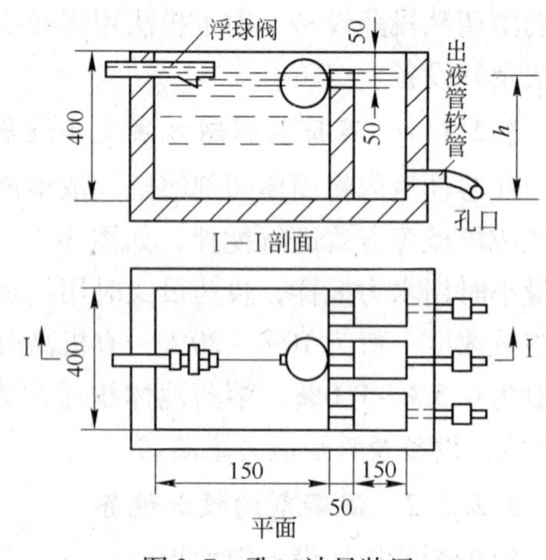

图 3-7　孔口计量装置

（2）投加方式及设备。重力投加设备包括溶液槽、提升泵、高位溶液箱、投药箱、计量设备等。溶液池是依靠高位水头直接将混凝剂溶液投入管道中。水泵投加是采用计量加药泵将药液投入压力管道中。水射器投加具有设备简单、使用方便、工作可靠的特点，但由于水射器满足不了所需抽提输液量的要求，有效动压头和射流排出压力受到限制。虹吸定量投加装置利用变更虹吸关进、出口高度差 H 来控制投配量。典型投加设备如图 3-8 ~ 图 3-10 所示。

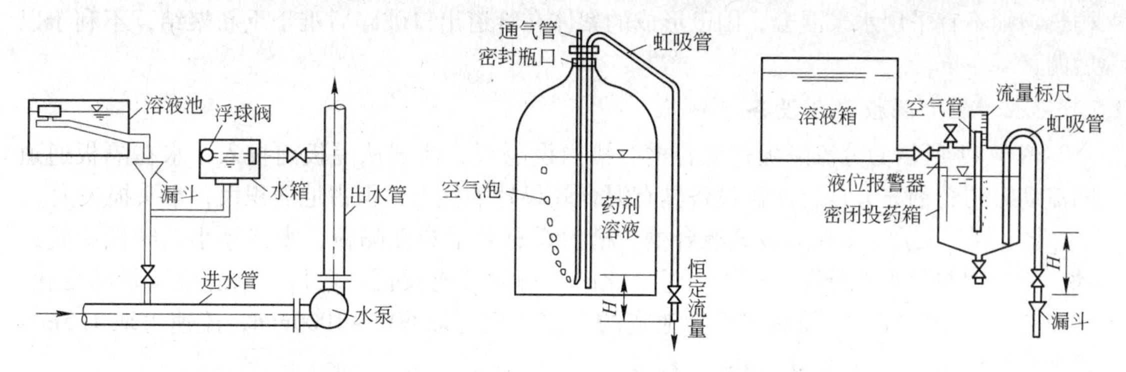

图 3-8　泵前重力投加系统

图 3-9　虹吸定量投加装置

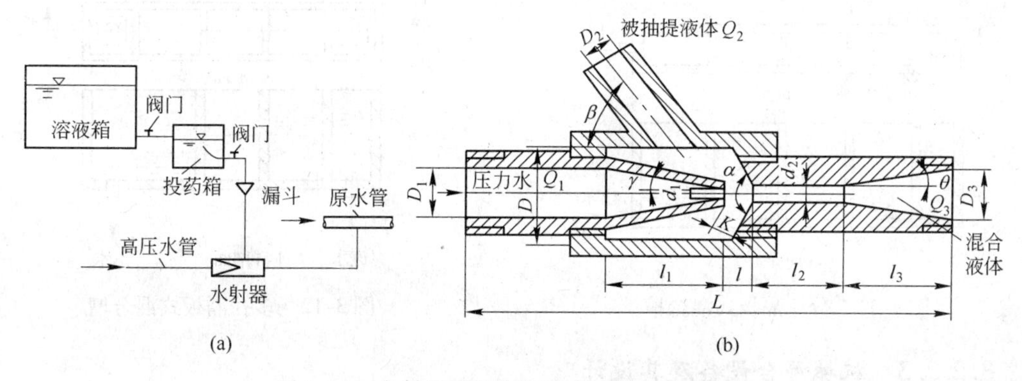

图 3-10　水射器投加流程及水射器结构示意图

（a）水射器投加流程；（b）水射器结构

3.2.1.3　溶液池的设计计算

溶液池应采用两个交替使用，其单个溶液池的体积 $V(\mathrm{m^3})$ 可按下式计算

$$V = \frac{24 \times 100aQ}{1000 \times 1000cn} \tag{3-1}$$

式中　a——混凝剂最大使用量，mg/L；

Q——处理水量，$\mathrm{m^3/h}$；

c——溶液浓度,%，以药剂固体质量分数计算，一般取 10% ~20%；

n——每昼夜配置溶液的次数，一般为 2~6 次，手工操作时不宜多于 3 次。

3.2.2　混合与搅拌设备

混合设备是完成凝聚过程的重要设备。它能保证在较短的时间内将药剂扩散到整个水体，并使水体产生强烈紊动，为药剂在水中的水解和聚合创造良好的条件。通常混合时间约为 2min 左右，混合时的流速应在 1.5m/s 以上，常用的混合方式有水泵混合、隔板混合和机械混合。

3.2.2.1　水泵混合

把药剂加于水泵中的吸水管或吸水喇叭处，利用水泵叶轮的高速转动使混合快速而剧烈，达到良好的混合效果，不用另建混合设备，但需在水泵内侧、吸入管和排放管内壁衬以耐酸、耐腐蚀材料。同时还要注意进水管处的密封，以防水泵气蚀。如果泵房远离处理构筑物则不宜采用水泵混合，因已形成的絮体在管道出口破碎后难于重新聚结，不利于以后的絮凝。

3.2.2.2　隔板混合设备

图3-11所示为分流隔板式混合槽。槽内设隔板，药剂从隔板前投入，水在隔板通道间流动时与药剂充分混合。该设备具有混合效果好的优点，但占地面积大，水头损失大。

图3-12所示为多孔隔板式混合槽。槽内设有若干穿孔隔板，水流经小孔时做旋转运动，使药剂与原水充分混合。当流量变化时，可调整淹没孔口数目，以适应流量的变化。缺点是水头损失较大。隔板间距为池宽的2倍，也可取600～1000mm，流速可取1.5m/s以上，混合时间一般为10～30s。

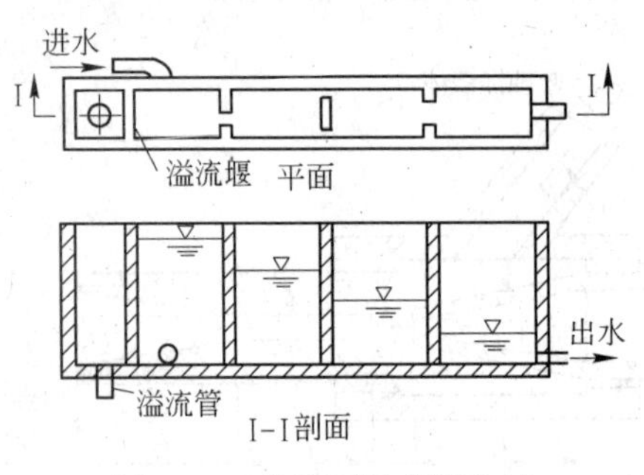

图3-11　分流隔板式混合槽

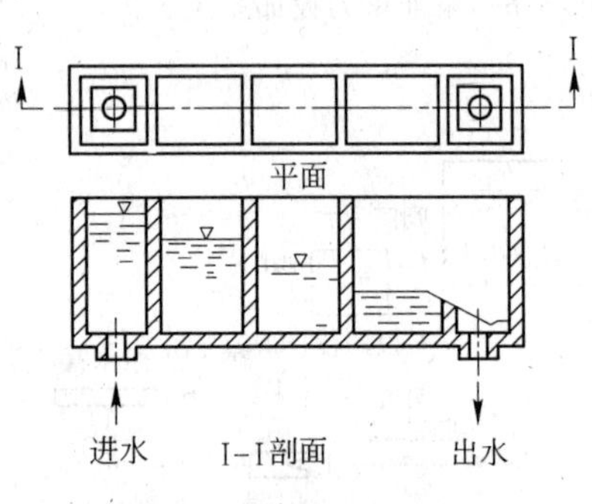

图3-12　多孔隔板式混合槽

3.2.2.3　机械混合设备及其设计

浆板式机械搅拌混合槽如图3-13所示，它结构简单，加工制造容易。混合槽可采用圆形或方形水池，高H约为3～5m，叶片转动圆周速度为1.5m/s以上，停留时间约10～15s。为加强混合效果，可在内壁设四块固定挡板以加强混合效果，每款挡板宽b取（1/10～1/12）D（D为混合槽内径），其上、下缘距静止液面和池底均为$D/4$。

池内一般带两叶的平板搅拌器，搅拌器距池底取（0.5～0.75）D_0（D_0为桨板直径）。

当$H:D \leqslant 1.2 \sim 1.3$时，搅拌器设一层桨板；

当$H:D > 1.2 \sim 1.3$时，搅拌器设二层桨板；

如$H:D$的值很大时，则可多设几层桨板。每层间距为（1.0～1.5）D_0，相邻两层桨

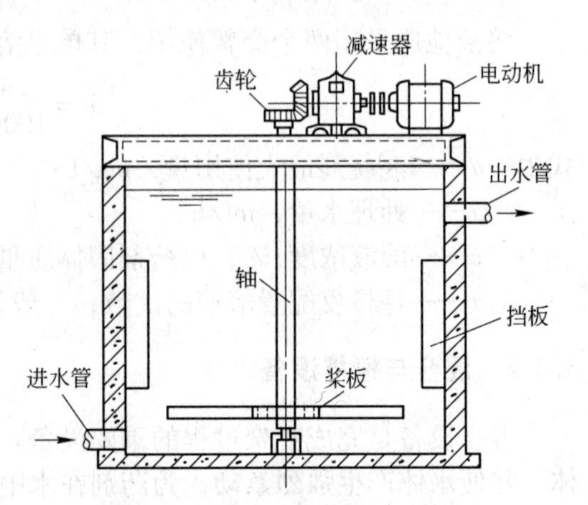

图3-13　浆板式机械搅拌混合槽

板呈90°交叉安装。

搅拌器桨板直径 $D_0=(1/3\sim2/3)D$；搅拌器桨板宽度 $B=(0.2\sim0.25)D_0$。

机械搅拌混合槽的主要优点是混合效果好且不受水量变化的影响，适用于各种规模的处理厂，缺点是增加了机械设备，相应地增加了维修工作量。

3.2.3 反应设备

根据搅拌方式反应设备可分为水力搅拌反应池和机械搅拌反应池两大类。水力搅拌反应池又有往复式隔板反应池、回转式隔板反应池、涡流式反应池等形式。

3.2.3.1 反应设备的结构特点

(1) 水力搅拌反应池的结构特点。水力搅拌反应池分为隔板反应池和涡流式反应池。隔板反应池又分为往复式隔板反应池和回转式隔板反应池。

1) 隔板反应池的结构特点。隔板反应池主要有往复式和回转式两种，如图3-14及图3-15所示。往复式隔板反应池是在一个矩形水池内设置许多隔板，水流沿两隔板之间的廊道往复前进。隔板间距（廊道宽度）自进水端至出水端逐渐增加，从而使水流速逐渐减小，以避免逐渐增大的絮体在水流剪力下破碎。通过水流在廊道间往返流动，造成颗粒碰撞聚集，水流的能量消耗来自反应池内的水位差。

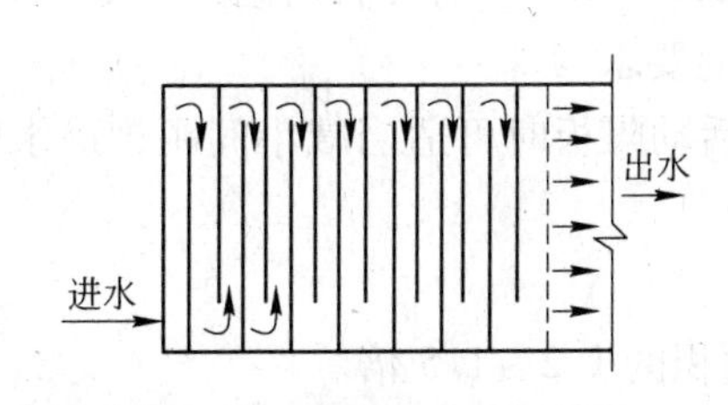

图3-14 往复式隔板反应池

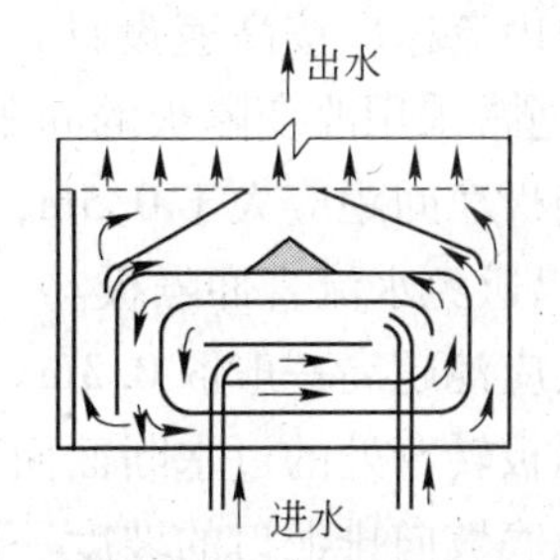

图3-15 回转式隔板反应池

往复式隔板反应池在水流转弯处180°急剧转弯，能量消耗大，虽会增加颗粒碰撞几率，但也易使絮体破碎，对絮体成长不利，为减少不必要的能量消耗，于是将180°转弯改为90°转弯，形成回转式反应池，如图3-15所示。为便于与沉淀池配合，水流从反应池中央进入，逐渐转向外侧。廊道内水流断面自中央至外侧逐渐增大，原理与往复式相同。

2) 涡流式反应池的结构特点。涡流式反应池的结构如图3-16所示。池体下半部为圆锥形，水从锥底部流入，形成涡流，边扩散边上升，随着锥体面积的逐渐扩大，上升速度逐渐由大变小，有利于絮凝体的形成。

(2) 机械搅拌反应池的结构特点。机械搅拌反应池是将反应池用隔板分为2~4格，每一格装一搅拌叶轮。机械搅拌反应池根据转轴位置的不同可分为水平轴式和垂直轴式两种。垂直轴式应用较广，水平轴式因操作和维修不便而较少使用。垂直轴式机械搅拌反应池结构如图3-17所示。

3.2.3.2 反应设备的设计

A 水力搅拌反应池的设计

a 隔板反应池的设计

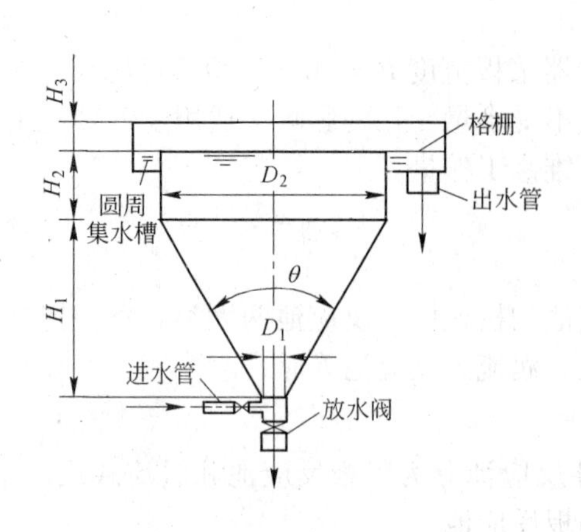

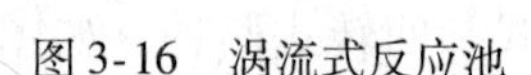
图 3-16　涡流式反应池

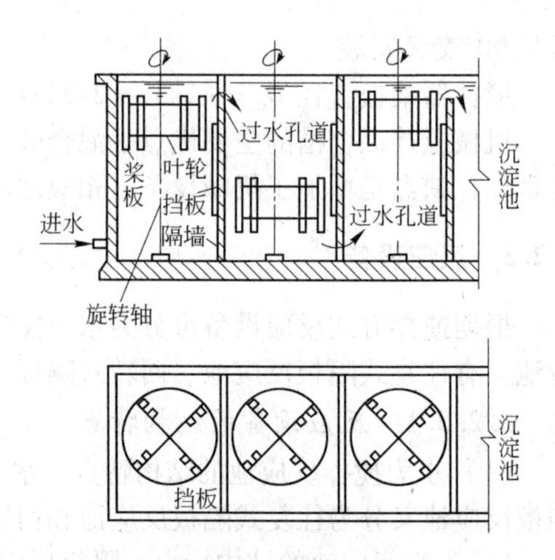

图 3-17　垂直轴式机械搅拌反应池

（1）隔板反应池的设计参数及要点。隔板反应池的设计参数及要点如下：

1）池数一般不少于两座，反应时间为 20 ~ 30min、色度高、难沉淀的细颗粒较多时宜采用高值。

2）池内流速应按高速设计，进口流速一般为 0.5 ~ 0.6m/s，出口流速一般为 0.2 ~ 0.3m/s，通常采用改变隔板的间距以达到改变流速的要求。

3）隔板净间距应大于 0.5m，小型反应池采用活动隔板时可适当减小间距，进水管口应设挡板以避免水流直冲隔板。

4）反应池超高一般取 0.3m。

5）隔板转弯处的过水断面面积应为廊道断面面积的 1.2 ~ 1.5 倍。

6）池底坡向排泥口的坡度一般取 2% ~3%，排泥管直径不小于 150mm。

（2）隔板反应池的设计计算

1）反应池容积的设计计算。反应池容积 $V(\mathrm{m}^3)$ 按下式计算

$$V = \frac{Qt}{60} \tag{3-2}$$

式中　Q——设计处理水量，m^3/h；

t——反应时间，min。

2）反应池长度的设计计算。反应池的长度 $L(\mathrm{m})$ 按下式计算

$$L = \frac{V}{BH} \tag{3-3}$$

式中　V——反应池的容积，m^3；

B——反应池的宽度，m；

H——有效水深，m。

3）隔板间距的设计计算。隔板间距 $b(\mathrm{m})$ 按下式计算

$$b = \frac{Q}{3600vH} \tag{3-4}$$

式中　v——隔板间距水流速度，m/s；

其他符号意义同前。

4）反应池内水头损失计算。隔板反应池廊道宽度通常分为几段，每段内又有几个转弯，亦即几个廊道，每段内的廊道宽度相等，流速也相同。如果按段计算，每段内的总水头损失 h_i(m) 按下式计算

$$h_i = m_i\left(\xi \frac{v_{it}^2}{2g} + \frac{f^2 v_i^2}{R_i^{4/3}} l_i\right) \tag{3-5}$$

式中 f——廊道内池壁及池底粗糙系数，经水泥砂浆粉刷后，可取 $f = 0.014$；

v_i——第 i 段廊道内水流速度，m/s；

R_i——第 i 段廊道内水力半径，m；

l_i——第 i 段廊道长度，m；

ξ——局部阻力系数，180°转弯的往复隔板取 3，90°转弯的回转隔板取 1；

v_{it}——第 i 个转弯处水流速度，m/s；

g——重力加速度，9.81m/s^2；

m_i——第 i 段的水流转弯次数。

反应池内总水头损失 h(m) 为

$$h = \sum h_i \tag{3-6}$$

整个反应池的总水头损失应为各段水头损失之和。回转式隔板反应池则按圈分段，计算方法与往复式相同，只是 ξ 值不同。

5）反应池总的平均速度梯度。反应池总的平均速度梯度 $\overline{G}$（s^{-1}）按下式计算

$$\overline{G} = \sqrt{\frac{\rho g h}{\mu t}} \tag{3-7}$$

式中 ρ——水的密度，1000kg/m^3；

μ——水的动力黏度，Pa·s；

h——每段廊道内的总水头损失，m；

t——反应时间，s。

b 涡流式反应池的设计

涡流式反应池的设计参数及要点如下：

（1）池数不少于两座，反应时间为 6～10min，底部锥角呈 30°～45°，超高取 0.3m。

（2）入口处流速取 0.7m/s，上侧圆柱部分上升流速取 0.04～0.06m/s。

（3）每米工作高度的水头损失控制在 0.02～0.05m。

（4）可在周边设集水槽收集处理水，也可采用淹没式穿孔管收集处理水。

B 机械搅拌反应池的设计

a 机械搅拌反应池的设计参数及要点

机械搅拌反应池的设计参数及要点如下：

（1）机械搅拌反应池池数一般不少于两座。

（2）每座池一般设 3～4 台搅拌器，各搅拌器之间用隔墙分开以防水短路，垂直搅拌轴设于池中间。

（3）搅拌叶轮上桨板中心处的线速度自第一挡 0.5～0.6m/s 逐渐减小至 0.2～0.3m/s。

（4）垂直轴式搅拌器的上桨板顶端应设于池子水面下0.3m处，下桨板底端设于距池底0.3~0.5m处，桨板外缘与池侧壁间距不大于0.25m。

（5）桨板宽度与长度之比 $b/L = 1/10 \sim 1/15$，桨板宽度一般采用0.1~0.3m，每台搅拌器上桨板总面积宜为水流截面积的10%~20%（不宜超过25%），以免池水随桨板同步旋转，减弱絮凝效果。水流截面积是指与桨板转动方向垂直的截面积。

（6）所有搅拌轴及叶轮等机械设备应采取防腐措施。轴承和轴架宜设于池外，以免进入泥沙造成轴承磨损和轴折断。

b 机械搅拌反应池的设计计算

（1）反应池容积的设计计算。机械搅拌反应池容积 V 可按式（3-2）计算，反应时间 t 一般取20~30min。

（2）搅拌器功率的计算。搅拌功率的大小取决于旋转时各桨板的线速度和桨板面积。如图3-18所示，当桨板旋转时，水流对桨板的阻力就是桨板施于水的推力。在桨板微元面积 dA 上的水流阻力 dF_i(N) 为

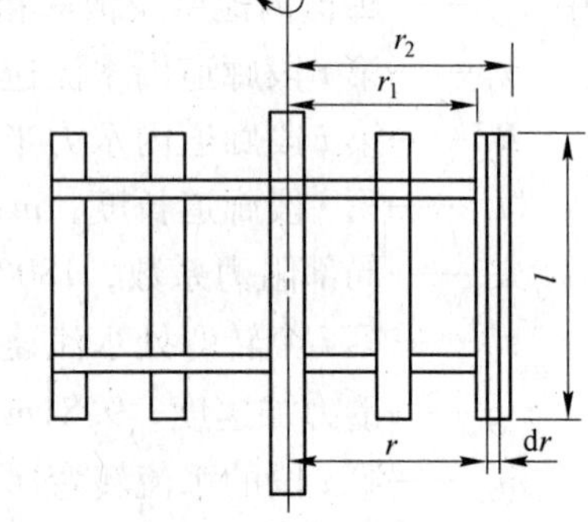

图3-18 桨板功率计算图

$$dF_i = C_D \rho \frac{v_x^2}{2} dA \tag{3-8}$$

式中 C_D——取决于桨板宽长比的阻力系数，由于桨板宽长比 $b/L < 1$ 时的阻力系数为1.1，而水处理中桨板宽长比通常满足 $b/L < 1$ 的条件，故取 $C_D = 1.1$；

v_x——水流与桨板的相对速度，m/s；

ρ——水的密度，kg/m^3。

阻力 dF_i 在单位时间内所做的功即为桨板克服水的阻力所消耗的功率 dP_i(W)，即

$$dP_i = dF_i v_x = C_D \rho \frac{v_x^3}{2} dA = \frac{C_D \rho}{2} v_x^3 l dr = \frac{C_D \rho}{2} \omega_x^3 r^3 l dr \tag{3-9}$$

其中

$$\omega_x = \frac{v_z}{r_z} \tag{3-10}$$

式中 l——桨板长度，m；

r——桨板旋转半径，m；

ω_x——桨板相对于水的旋转角速度，rad/s；

v_z——桨板中心点相对水的旋转线速度，m/s；

r_z——桨板中心点的旋转半径，m。

将式（3-9）积分可得

$$P_i = \frac{C_D \rho}{8} l \omega_x^3 (r_2^4 - r_1^4) \tag{3-11}$$

由于桨板外缘旋转半径 r_2 与内缘旋转半径 r_1 的关系为 $r_1 = r_2 - b$，（b 为桨板宽度）；一块桨板的面积 $A = bl$，桨板外缘旋转线速度 $v_{i2} = r_2 \omega_x$。将上述关系代入式（3-11），则得

$$P_i = \frac{C_D \rho}{8} K_i A_i v_{i2}^3 \tag{3-12}$$

其中

$$K_i = 4 + 4\frac{b}{r_2} - 6\left(\frac{b}{r_2}\right)^2 - \left(\frac{b}{r_2}\right)^3 \tag{3-13}$$

式中 P_i——叶轮外侧 i（$i=1，2，3，\cdots$）浆板作用于水流的功率，W；

A_i——i 浆板面积，m^2；

v_{i2}——i 浆板外缘相对于水流的旋转线速度，m/s；

b——i 浆板宽度，m；

r_2——i 浆板外缘旋转半径，m；

K_i——宽径比系数，取决于浆板宽度和外缘旋转半径之比，可按式（3-13）计算，也可按图 3-19 查出。

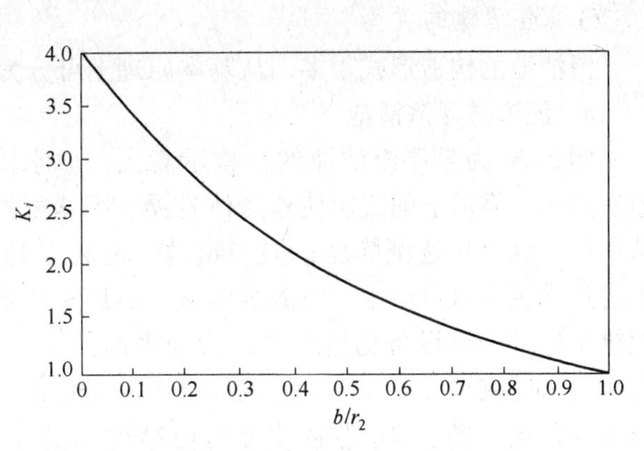

图 3-19 K_i 与 b/r_2 的关系曲线

设计中相对线速度可采用 0.75 倍的旋转线速度，即 i 浆板外缘线速度 $v_i=v_{i2}/0.75$，水的密度 $\rho=1000kg/m^3$，将以上数据代入式（3-12），可得

$$P_i = 58K_iA_iv_i^3 \tag{3-14}$$

对于旋转轴上任何一块浆板，都可按式（3-14）计算功率，设叶轮内侧浆板以 j 符号记，则一根轴上内、外侧全部浆板功率之和 P 为

$$P = m_iP_i + m_jP_j = 58(m_iK_iA_iv_i^3 + m_jK_jA_jv_j^3) \tag{3-15}$$

式中 m_i——外侧浆板数；

m_j——内侧浆板数。

电动机功率 P_D(kW) 按下式计算

$$P_D = \frac{P}{1000\eta_1\eta_2} \tag{3-16}$$

式中 η_1——搅拌设备总机械效率，$\eta_1=0.75$；

η_2——传动效率，$\eta_2=0.6\sim0.95$。

（3）$\overline{G}$ 及 $\overline{G}t$ 值的核算。当每台搅拌器的功率求出后，分别计算各池子的速度梯度 G_i。

$$G_i = \sqrt{\frac{3P_i}{\mu V}} \tag{3-17}$$

式中 V——3 格池子的有效容积，每格容积为 V/3；

μ——水的动力黏度，Pa·s。

下标为搅拌器或池格编号。

整个反应池的平均速度梯度 $\overline{G}$ 按下式计算

$$\overline{G} = \sqrt{\frac{\sum P_i}{\mu V}} \tag{3-18}$$

速度梯度 $\overline{G}$ 与反应时间 t 的乘积 $\overline{G}t$ 可间接表示整个反应时间内颗粒碰撞的总次数，可用来控制反应效果。当原水浓度低，平均 $\overline{G}$ 值较小或处理要求较高时，可适当延长反应时间，以提高 $\overline{G}t$ 值，改善反应效果。一般平均 $\overline{G}$ 值约在 $20\sim70s^{-1}$ 之间为宜，$\overline{G}t$ 值应控制在

$1\times(10^4\sim10^3)$ 之间。

3.2.4 澄清设备

3.2.4.1 澄清池的类型及工作特征

A 澄清池的类型

澄清池的构造形式很多，从基本原理上可分为泥渣悬浮型和泥渣循环型两大类。

a 泥渣悬浮澄清池

图 3-20 为悬浮澄清池的结构示意图，原水由池底进入，靠向上的流速使絮凝体悬浮。因絮凝拦截作用，悬浮层逐渐膨胀，但当超过一定高度时，则通过排泥窗口自动排入泥渣浓缩室，经压实后定期排出池外。该设备构造简单，能处理高浊度水。但对进水量或水温较敏感，处理效果不够稳定，目前较少采用。图 3-21 为脉冲澄清池结构示意图。进水通过配水井，向池内脉冲式间歇进水。在脉冲作用下，池内悬浮层一直周期性地处于膨胀和压缩状态，进行一上一下的运动。该澄清池的优点是混合充分，布水较均匀，且池深较浅，便于平流式沉淀池改建。其缺点是需要一套真空设备，水头损失大，周期较难控制，另外对水质、水温变化适应性差。脉冲澄清池适用于大、中、小型水厂。

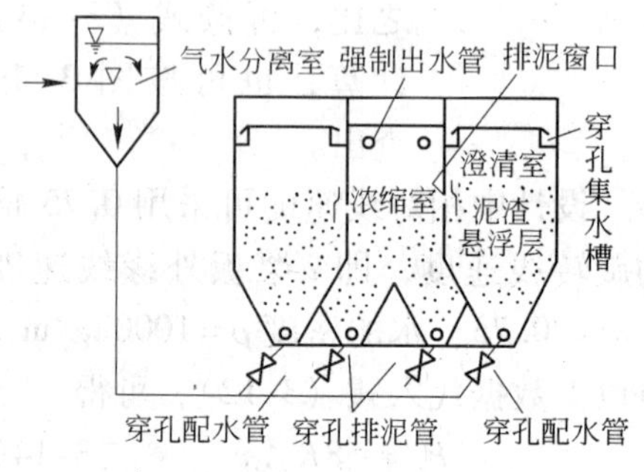

图 3-20 悬浮澄清池的结构示意图

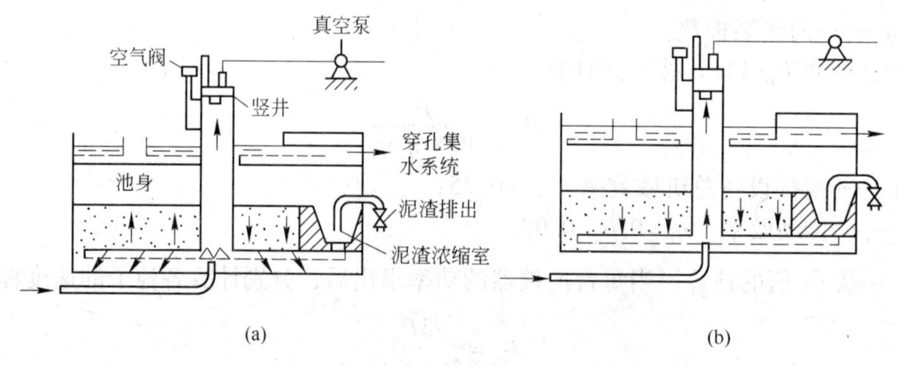

图 3-21 脉冲澄清池结构示意图

（a）竖井排空期；（b）竖井弃水期

b 泥渣循环澄清池

泥渣循环澄清池有机械加速澄清池和水力循环加速澄清池。图 3-22 为机械加速澄清池的结构示意图，该装置将混合、絮凝反应及沉淀功能综合为一体。池中心有一个转动搅拌机，可使池内液体形成两种循环流动，一是由提升叶轮下部的桨叶在一次混合及反应区内完成机械絮凝，使经过加药混凝产生的微絮粒与回流中的原有矾花碰撞接触而吸附；二是由提升叶轮将一次混合及反应区内形成絮粒的水体，提升到二次混合即反应区内，再经折流到澄清区进行分离，清水上升，泥渣从澄清区下部再流回到一次混合及反应区。泥浆回流量为进水量的 3 ~5 倍，可通过调节叶轮开启度来控制。为保持池内悬浮物浓度稳定，

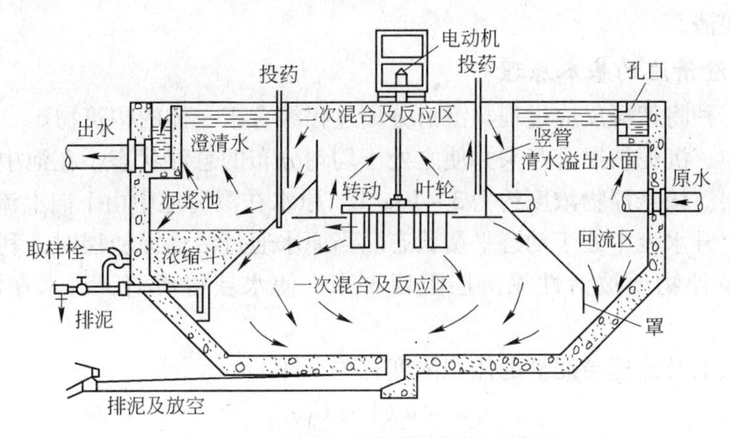

图 3-22 机械加速澄清池结构示意图

需排出多余的污泥，所以在池内设有 1～3 个泥渣浓缩斗。当池直径较大或进水含砂量较高时，需设置机械刮泥机。该池的优点是效率较高且比较稳定，对原水的浊度、温度和处理水量的变化适应性较强，操作运行比较方便，应用广泛。

图 3-23 为水力循环加速澄清池结构示意图。原水由底部进入池内，经喷嘴喷出。喷嘴上面为混合室、喉管和第一反应室。喷嘴和混合室组成一个射流器，喷嘴高速水流将池子锥形底部含有大量絮凝体的水吸进混合室，与进水掺和后，经第一反应室喇叭口溢流进入第二反应室。吸进去的流量称为回流，为进口流量的 2～4 倍。第一反应室和第二反应室构成一个悬浮层区，第二反应室的出水进入分离室，相当于进水量的清水向上流向出口，剩余流量则向下流动，经喷嘴吸入与进水混合，再重复上述水流过程。该池运行管理比较方便，无需设机械搅拌设备，锥底角度大，排泥效果好。但反应时间较短，造成运行上不够稳定，不适用于处理大水量。

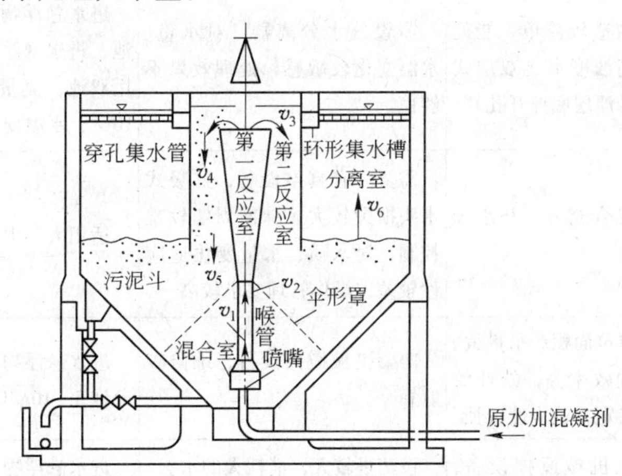

图 3-23 水力循环加速澄清池结构示意图

B 澄清池的工作特征

澄清池的工作效率取决于泥渣悬浮层的活性与稳定。泥渣悬浮层是在澄清池中加入较多的混凝剂，并适当降低负荷，经过一定时间运行后逐步形成的。为使泥渣悬浮层始终保持絮凝活性，必须让泥渣层处于新陈代谢的状态，即一方面形成新的活性泥渣，另一方面排除老化了的泥渣。

3.2.4.2 澄清池的基本原理

澄清池是一种将絮凝反应过程与澄清分离过程综合于一体的构筑物。

在澄清池中，沉泥被提升起来并使之处于均匀分布的悬浮状态，在池中形成高浓度稳定的活性泥渣层。该悬浮物浓度约为3~10g/L。原水在澄清池中由下向上流动，泥渣层由于重力作用在上升水流中处于动态平衡状态。当原水通过活性泥渣层时，利用接触絮凝原理，原水中的悬浮物便被活性泥渣层阻留下来，使水获得澄清，清水在澄清池上部被收集。

泥渣悬浮层上升流速与泥渣的体积浓度有关，即

$$u' = u(1 - C_V)^m \tag{3-19}$$

式中 u'——泥渣悬浮层上升流速；

u——分散颗粒沉降速度；

C_V——体积浓度；

m——系数，无机颗粒 $m=3$，絮凝颗粒 $m=4$。

正确选用上升流速，保持良好的泥渣悬浮层，是澄清池取得较好处理效果的基本条件。

3.2.4.3 澄清池的设计计算

A 澄清池的池型选择

各种澄清池的池型选择见表3-2。

表3-2 各种澄清池的优缺点及适用条件

类 型	优 点	缺 点	适用条件
悬浮澄清池（无穿孔装置）	构造较简单，能处理高浊度水（双层式加悬浮层底部开孔）	需设气水分离器，对水量、水温变化较敏感，处理效果不够稳定	进水悬浮物含量小于3g/L时宜用单池，进水悬浮物含量为3~10g/L时宜用双池，流量变化一般每小时不大于10%，水温变化每小时不大于1℃
脉冲澄清池	混合充分，补水较充分	需要一套真空设备，虹吸式水头损失较大，脉冲周期较难控制，对水质、水量变化适应性较差，操作管理要求较高	适用大、中、小型水厂
机械加速澄清池	单位面积产水量大，处理效率高，处理效果稳定，适应性较强	需要机械搅拌设备，维修较麻烦	进水悬浮物含量小于5.0g/L，短时间允许5~10g/L，适用大、中型水厂
水力循环加速澄清池	无机械搅拌设备，构筑物较简单	投药量较大，消耗大的水头，对水质、水温变化适应性差	进水悬浮物含量小于2.0g/L，短时间允许5g/L，适用中、小型水厂

B 机械加速澄清池的设计参数

澄清池中各部分是互相牵制、互相影响的，设计计算往往不能一次完成，需在设计过程中做相应的调整。

(1) 原水进水管和配水槽的设计参数。原水进水管流速通常在1m/s左右，进水管接

入环形配水槽后向两侧环形配水槽配水，配水槽断面设计流量按原水流量的1/2计算。配水槽和缝隙的流速均为0.4m/s左右。

（2）反应室的设计参数。水在池中的总停留时间通常为1.2～1.5h。第一、第二反应室停留时间一般控制在20～30min。第二反应室计算流量为出水量的3～5倍（考虑回流）。第一反应室、第二反应室（包括导流室）和分离室的容积比一般控制在2∶1∶7。第二反应室和导流室的流速一般为40～60mm/s。

（3）分离室的设计参数。分离室内清水上升流速一般为0.8～1.1mm/s。当处理低温、低浊度水时可采用0.7～0.9mm/s。清水区高度为1.5～2.0m。

（4）集水槽的设计参数。集水方式可选用淹没孔集水槽或三角堰集水槽。孔径为20～30mm，过孔流速为0.6m/s，集水槽中流速为0.4～0.6m/s，出水管流速为1.0m/s左右。穿孔集水槽设计流量应考虑超载系数β，其取值为1.2～1.5。

（5）泥渣浓缩室的设计参数。根据澄清池的大小，可设泥渣浓缩斗1～3个，泥渣斗容积约为澄清池容积的1%～4%，小型池可只用底部排泥。进水悬浮物含量大于1g/L或池径不小于24m时，应设排泥装置。搅拌一般采用搅拌叶轮搅拌，叶轮提升流量为进水流量的3～5倍。叶轮直径为第二反应室内径的0.7～0.8倍。叶轮外缘线速度为0.5～1.0m/s。

3.3 电解法污水处理设备的设计

3.3.1 电解法污水处理机理及其影响因素

电解质溶液在直流电流作用下，在阳、阴两极上分别发生氧化反应和还原反应的过程称为电解。电解法在污水处理中有广阔的应用范围和前景，现已发展成为一种重要的污水处理方法。其主要优点是功能多样化，即兼有去污、脱色、祛味等作用，化学试剂用量少，调节方便灵活，设备紧凑，使用方便等。其缺点是电耗较大，电极污染和损耗，大规模使用时投资较高。

3.3.1.1 电解法污水处理机理

电解过程是利用电能变成化学能来进行化学处理，通常在常温、常压条件下进行。电解法污水处理机理可归纳为以下四种：

（1）电极表面处理过程。污水中的溶解性污染物通过阳极氧化或阴极还原后，生成不可溶的沉淀物或从有毒化合物变成无毒的物质，例如含氰的污水在碱性条件下进入电解槽电解，先是氰粒子被氧化为氰酸根离子，然后氰酸根离子水解产生氨与碳酸根离子，同时氰酸根离子继续电解，被氧化为CO_2和N_2。

（2）电凝聚处理过程。铁或铝制阳极由于电解反应形成氢氧化铁或氢氧化铝等不溶于水的金属氢氧化物活性凝聚体。氢氧化亚铁对污水中的污染物进行饱和凝聚，使污水得到净化。

（3）电解浮选过程。采用不溶性材料组成的阴、阳电极对污水进行电解。当电压达到水的分解电压时，产生的初态氧和氢对污染物能起氧化或还原作用，同时，在阳极处产生的氧气泡和阴极处产生的氢气泡吸附污水中的絮凝物，发生上浮过程，去除污染物，使污水得到净化。

（4）电解氧化还原过程。利用电极在电解过程中生成氧化或还原产物，与污水中的污染物发生化学反应，产生沉淀物以去除，使污水得到净化。

此外，还可通过阴极电解还原法去除污水中的有害离子，如用锌板作阴极、铜板作阳极，使含汞污水中的汞离子还原为金属汞。

3.3.1.2 电解过程的影响因素

（1）电极材料的影响。电极的材料对电解过程有很大影响，如电极材料选择不当能使电解效率降低，电能消耗增加。常用的电极材料有铁、铝、石墨、碳等。电浮选用的阳极可采用氧化钛和氧化铝等。电凝聚用溶解性阳极常选用铁。

（2）槽电压的影响。电解所消耗的电能与电压有关，污水的分解电压只能通过实验的方法来确定。若以气浮为主，则槽电压必须高于水的分解电压，同时要考虑阴极上 O_2 的过电位及阳极上 H_2 的过电位。

（3）电流密度的影响。电流密度即单位极板面积上通过的电流数量，以 A/dm^2 表示。极板上的电流密度与极板的材料、污水成分、电解槽中污水的流体力学状态、两极的极化状况都有关系，它直接影响到电解处理污水的经济效果。污水中污染物浓度大时，可适当提高电流密度；污水中污染物浓度小时，可适当降低电流密度。当污水浓度一定时，电流密度越大，则电压越高，处理速度加快，但电能耗量增加；电流密度过大，电压过高，将影响电极使用寿命。电流密度小时，电压降低，电能耗量减少，但处理速度缓慢，所需电解槽容积增大。适宜的电流密度由实验确定。

（4）pH 值的影响。污水的 pH 值对于电解过程操作很重要。含铬污水电解处理时，pH 值低，则处理速度快，电耗少。但 pH 值低，不利于三价铬的沉淀，因此需要控制 pH 值在 4～6.5 范围。含氰污水电解处理则要求在碱性条件下进行，以防止氰化氢的挥发。氢离子浓度越高，要求 pH 值越大。在采用电凝聚过程时，需控制进水 pH 值在 5～6，才能使金属阳极溶解，产生活性凝聚体。进水 pH 值过高易使阳极发生钝化，放电不均匀，并停止金属溶解过程。

（5）搅拌作用的影响。搅拌作用是促进离子对流与扩散，减少电极附近浓差极化现象，并能起清洁电极表面的作用，防止沉淀物在电解槽中沉降。搅拌对电解历时和电能消耗影响较大，通常采用压缩空气搅拌。

（6）极化影响。影响电极表面出现极化的因素很多，如浓度、产物的黏附、电流密度和温度等。极化现象会严重影响处理效果和方法的经济实用性。

3.3.2 电解槽

3.3.2.1 电解槽的类型

电解槽是利用直流电进行溶液的氧化还原反应，污水中的污染物在阳极被氧化，在阴极被还原，或者与电极反应产物作用，转化为无害成分被分离除去。利用电解可以处理各种离子状态的污染物，如 CN^-、AsO_2^-、Cr^{6+}、Cd^{2+}、Pb^{2+}、Hg^{2+} 等；各种无机和有机耗氧物质，如硫化物、氨、酚、油和有色物质等以及致病微生物。电解法能够一次除去多种污染物，例如，氰化镀铜污水经过电解处理，CN^- 在阳极被氧化后的同时，Cu^{2+} 在阴极被还原沉积。

电解槽按槽内的水流方向可分为回流式与翻腾式两种。按电极与电源母线连接方式可分为单极式与双极式。

单电极回流式电解槽如图 3-24 所示。槽中多组阴、阳电极交替排列，构成许多折流式水流通道。电极板与总水流方向垂直，水流在极板间做折流运动，所以水流的流线长，接触时间长，死角少，离子扩散与对流能力好，阳极钝化现象也较缓慢。但是，这种槽型的施工、检修和更换极板比较困难。

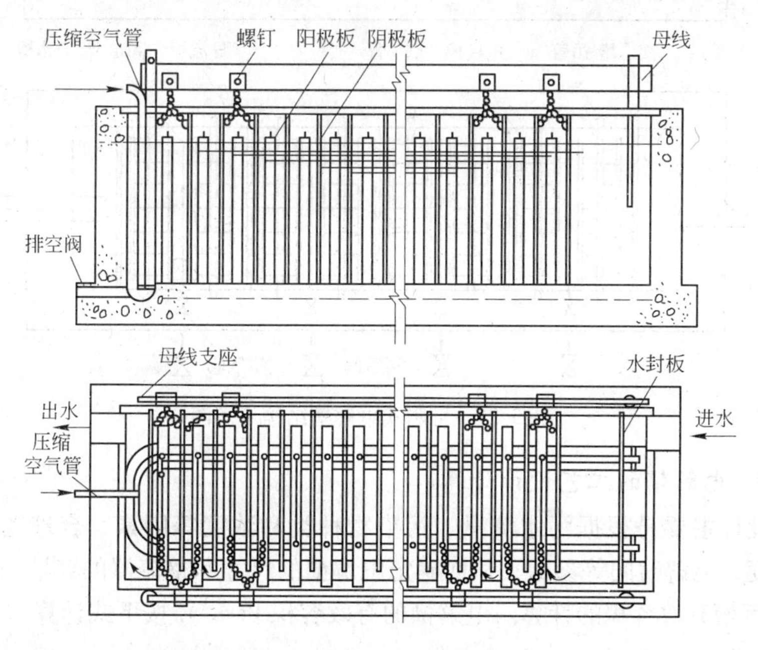

图 3-24 单电极回流式电解槽结构示意图

翻腾式电解槽如图 3-25 所示。槽中水流方向与极板面平行，水流在槽中极板间做上下翻腾流动。这种槽型电极利用率较高，施工、检修、更换极板都很方便。极板分组悬挂于槽中，极板（主要是阳极板）在电解消耗过程中不会引起变形，可避免极板与极板、极板与槽壁互相接触，从而减少了漏电现象，实际生产中多采用这种槽型。

电解槽电源的整流设备应根据电解所需的总电流和总电压进行选择。电解所需的电压和电流，既取决于电解反应，也取决于电极与电源的连接方式。

对于单极式电解槽，当电极串联后，可采用高电压、小电流的电源设备；若电极并联，则要采用低电压、大电流的电源设备。采用双极式电解槽，仅两端的极板为单电极，与电源相联。中间的极板都是感应双电极，即极板的一面为阳极，另一面为阴极。双极式电解槽的槽电压取决于相邻两单电极的电位差和电极对的数目。电流强度取决于电流密度以及一个单电极（阴极或阳极）的表面积，与双电极的数目无关。因此，可采用高电压、小电流的电源设备，以减少投资。另外，在单极式电解槽中，有可能由于极板腐蚀不均匀等原因造成相邻两极板接触，引起短路事故。在双极式电解槽中极板腐蚀较均匀，即使相邻两极板接触，变为一个双电极，也不会发生短路现象。因此采用双极式电极可缩小极板间距，提高极板有效利用率，降低造价和运行费用。

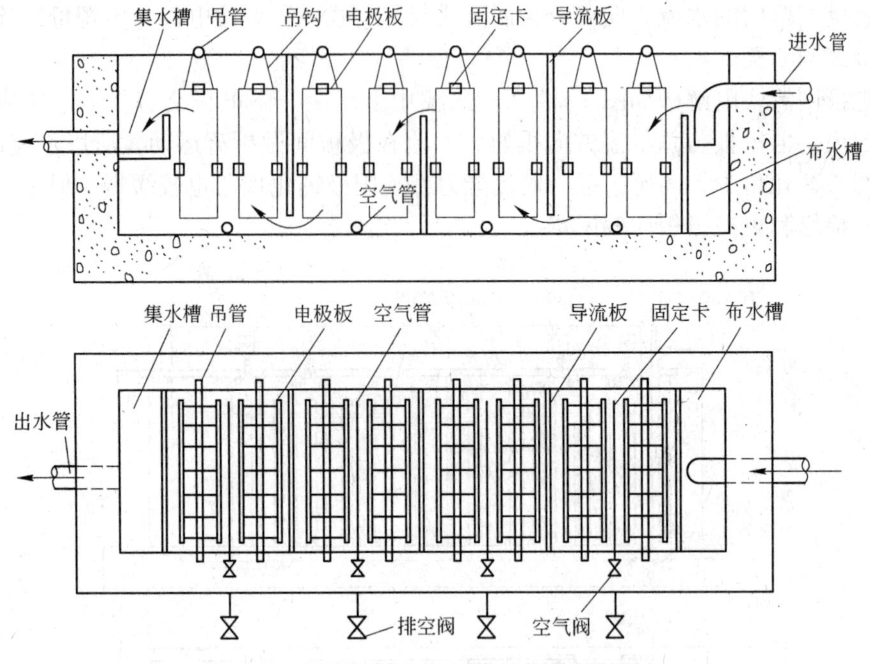

图 3-25 翻腾式电解槽结构示意图

3.3.2.2 电解槽的工艺设计计算

电解槽设计主要是根据污水流量、污染物种类和浓度等因素，合理选定极水比、极距、电流密度、电解时间等参数，从而确定电解槽的尺寸和整流器的容量。

（1）电解槽有效容积的计算。电解槽的有效容积 $V(m^3)$ 按下式计算

$$V=\frac{Qt}{60} \tag{3-20}$$

式中 Q ——污水设计流量，m^3/h；

t ——操作时间，min。

对于连续式操作，t 即为电解时间，一般为 20 ~ 30min。对于间歇式操作，t 为轮换周期，包括注水时间、沉淀排空时间和电解时间，一般为 2 ~ 4h。

（2）阳极面积的计算。阳极面积 A 可由选定的极水比和已求出的电解槽有效容积 V 推得，也可由选定的电流密度 i 和总电流 I 推得。

（3）电流的计算。电流 I 应根据污水情况和要求的处理程度由试验确定。对于含 Cr^{6+} 污水，电流 I（A）也可由下式计算

$$I=\frac{KQc}{S} \tag{3-21}$$

式中 K ——每克 Cr^{6+} 还原成 Cr^{3+} 所需的电量，A · h/g，一般为 4.5 A · h/g 左右；

c ——污水含 Cr^{6+} 浓度，mg/L；

S——电极串联数，在数值上等于串联极板减 1。

（4）电压的计算。电解槽的槽电压 U(V) 等于极间电压 U_1 和导线上的电压降 U_2 之和，即

$$U = SU_1 + U_2 \tag{3-22}$$

式中　U_1——极间电压，V，一般为3～7.5V，应由试验确定；

U_2——导线上的电压降，V，一般为1～2V。

选择整流设备时，电流和电压值应分别比按式（3-21）、式（3-22）计算的值大30%～40%，用以补偿极板的钝化和腐蚀等因素引起的整流器效率降低。

（5）电能消耗的计算。电能 P（kW·h/m^3）消耗按下式计算

$$P = \frac{IU}{1000Qe} \tag{3-23}$$

式中　e——整流器效率，一般取0.8左右；

其余符号意义同前。

最后对设计的电解槽进行核算，使

$$A_{实际} > A_{计算}，I_{实际} > I_{计算}，t_{实际} > t_{计算}$$

除此之外，设计时还应考虑以下问题：

1）电解槽长宽比取（5～6）:1，深宽比取（1～1.5）:1。电解槽进出水端要求设有配水和稳流装置，以利于均匀布水并维持良好的流态。

2）空气搅拌可减小浓差极化，防止槽内积泥，但增加 Fe^{2+} 的氧化，降低电解效率。因此空气量要适当，一般每立方米污水需空气量0.1～0.3m^3/min。空气入池前要除油。

3）极板间距应适当，一般约为30～40mm。间距过大则电压要求高，电耗大；间距过小不仅安装不便，而且极板材料消耗量高，所以极板间距应综合考虑由多种因素确定。

4）耗铁量主要与电解时间、pH值、盐浓度和阳极电位等有关，此外还与实际操作条件有关。如 i 太高、t 太短，均会使耗铁量增加。电解槽停用时，要放入清水浸泡，否则会使极板氧化加剧，增加耗铁量。

5）阳极在氧化剂和电流的作用下，会形成一层致密的不活泼而又不溶解的钝化膜，使电阻和电耗增加。可以通过投加适量NaCl、增加水流速度、采用机械去膜以及电极定期（如2d）换向等方法防止钝化。

6）冰冻地区的电解槽应设在室内，其他地区可设在棚内。

3.4　氧化还原和消毒设备的设计

在水处理技术和水质控制中，可以应用氧化还原过程来转化杂质，消毒灭菌，使水质达到一定要求。这种处理过程的目的就是使有害或有毒物质经过氧化还原后转化为无害或无毒的形态，或使杂质转化为容易从水中分离去除的形态。

3.4.1　几种典型的氧化设备

3.4.1.1　臭氧氧化设备

A　臭氧发生器

臭氧的制备方法有无声放电法、放射法、紫外线放射法、等离子射流法和电解法等，污水处理中常用图3-26所示的无声放电法，在两个高压电极之间覆以厚度均匀的介电体（一般采用玻璃），当两极接通高压交流电（一般为1～2万伏）时，电极间发生无声放电。

臭氧发生器通常由多组放电发生单元组成，有管式和板式两类。管式有立管式和卧管

式两种；板式有奥托板式和劳泽板式两种。目前管式使用较为广泛。要用冷却水对发生器中电能损耗转化的热能进行冷却，冷却水温一般在30℃以下，每千克臭氧用量为2～5m³。卧管式臭氧发生器如图3-27所示。

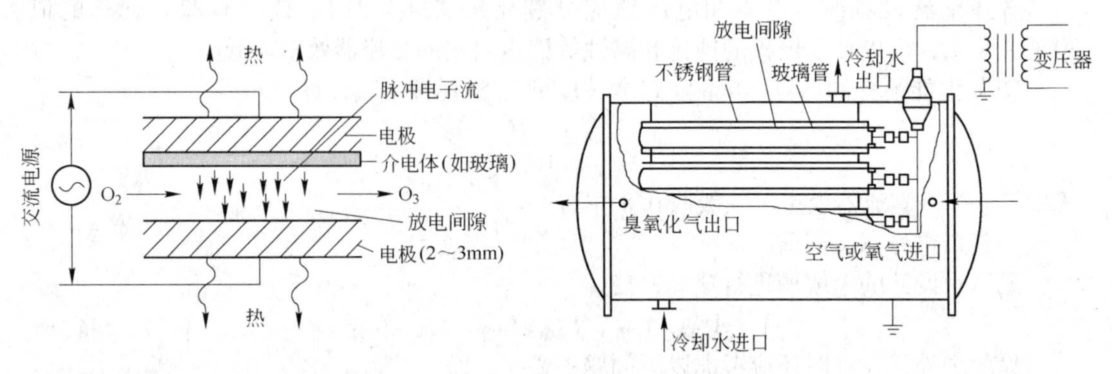

图3-26 无声放电法生产臭氧的原理图　　图3-27 卧管式臭氧发生器

国产臭氧发生器的特性见表3-3。

表3-3 国产臭氧发生器的特性

项　目	型　号		
	LCF型	XY型	QHW型
结构形式	立管式	卧管式（内玻璃）	卧管式（外玻璃）
介电管	ϕ25×1.5×1000玻璃管	ϕ46×2×1250玻璃管石墨内涂层	ϕ46×4×1000玻璃管
冷却方式	水冷	水冷	水冷
空气干燥方式	无热变压吸附	无热变压吸附	无热变压吸附
工作电压/kV	9～11	12～15	12～15
电源频率/Hz	50	50	50
供气气源压力/kPa	588～784	588～784	588～784
臭氧压力/kPa	0～58.8	39.2～78.4	39.2～78.4
供气露点/℃	-40	-40	-40
臭氧产量/$g \cdot h^{-1}$	5～1000	5～2000	5～1000
耗电/$kW \cdot h \cdot kg^{-1}$	15～20	16～22	14～18

B　臭氧接触反应设备

应根据臭氧分子在水中的扩散速度和与污染物的反应速度来选择接触反应设备的形式。根据臭氧化空气与水的接触方式，臭氧接触反应设备主要分为气泡式、水膜式、水滴式、机械搅拌式、喷射式等多种，这里主要介绍气泡式、水膜式和水滴式臭氧接触反应器。

a　气泡式臭氧接触反应器

气泡式臭氧接触反应器是一种用于受化学反应控制的气-液接触反应设备，是目前我国污水处理中应用最多的一种。根据反应器内产生气泡装置的不同，气泡式反应器可分为多孔扩散式、表面曝气式和塔板式三种。

(1) 多孔扩散式反应器。臭氧化空气通过设在反应器底部的多孔扩散装置分散成微小气泡后进入水中。多孔扩散装置有穿孔管、穿孔板和微孔滤板等。根据气和水的流动方向不同又可分为同向流和异向流两种。最早应用的一种同向流反应器如图3-28所示。

其缺点是底部臭氧浓度大，原水杂质的浓度也大，大部分臭氧被易于氧化的杂质消耗掉，而上部臭氧浓度小，此处的杂质较难氧化。臭氧利用率较低，一般为75%。当臭氧用于消毒时，宜采用同向流反应器，这样可使大量臭氧及早与细菌接触，以免大部分臭氧氧化其他杂质而影响消毒效果。

异向流反应器如图3-29所示。该反应器使低浓度的臭氧与杂质浓度高的水相接触，臭氧的利用率可达80%。目前我国多采用这种反应器。

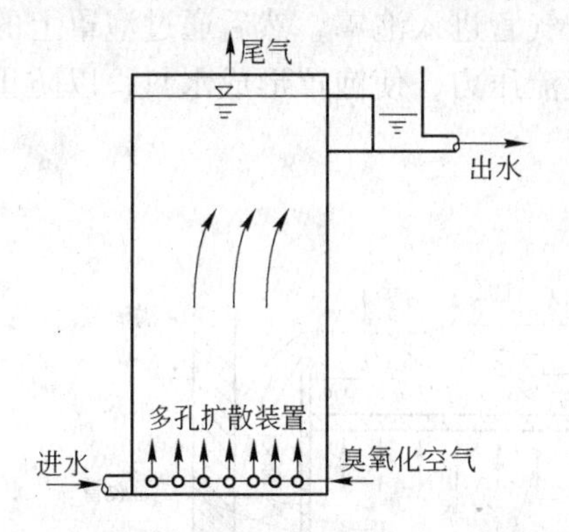

图3-28　同向流多孔扩散式反应器

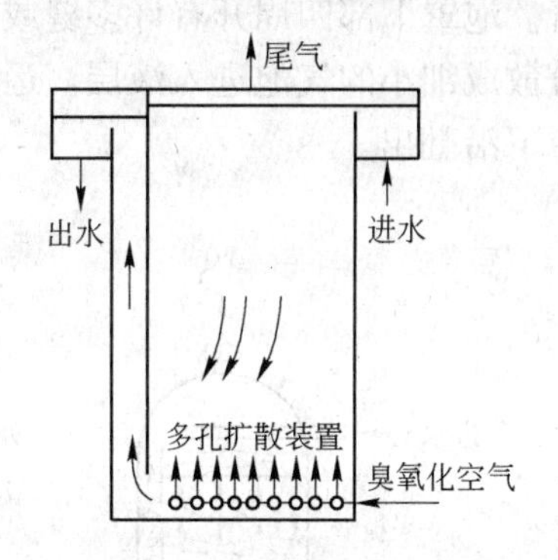

图3-29　异向流多孔扩散式反应器

上述两种反应器均可设多格串联，以提高臭氧的利用率。

图3-30为承压式异向流反应器。反应器增设了降流和升流管，反应器底部压力增大可提高臭氧在水中的溶解度，从而提高臭氧的利用率。反应器第一格设布气管，第二格不设布气管，利用第一格出水中的臭氧进行反应。和水充分接触后的剩余溶解臭氧聚集在两格互相连通空间的水面上，达到一定压力后引到降流管中，对原水进行预处理，以进一步提高臭氧的利用率。降流管的有效水深为10～12m，流速应小于150mm/s。各格有效水深为2m，流速为13mm/s，接触时间为2.5min，臭氧的利用率可达90%以上。

（2）表面曝气式反应器。在反应器内安装曝气叶轮，如图3-31所示。臭氧化空气沿液面流动，高速旋转的叶轮使水剧烈搅动而卷入臭氧化空气，气液界面不断更新使臭氧溶于水中。这种反应器适用于加注臭氧量较低的场合，缺点是能耗较大。

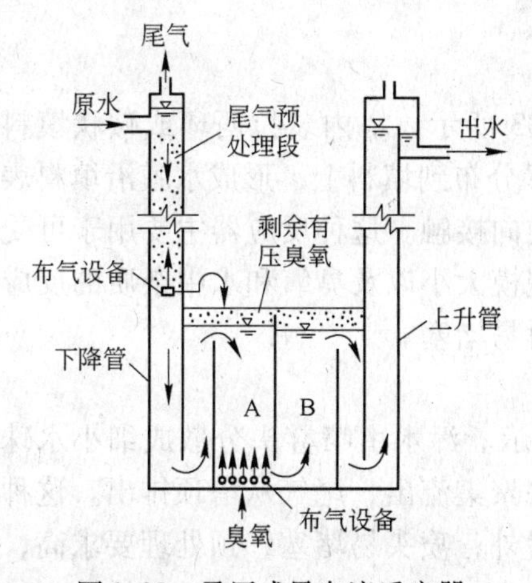

图3-30　承压式异向流反应器

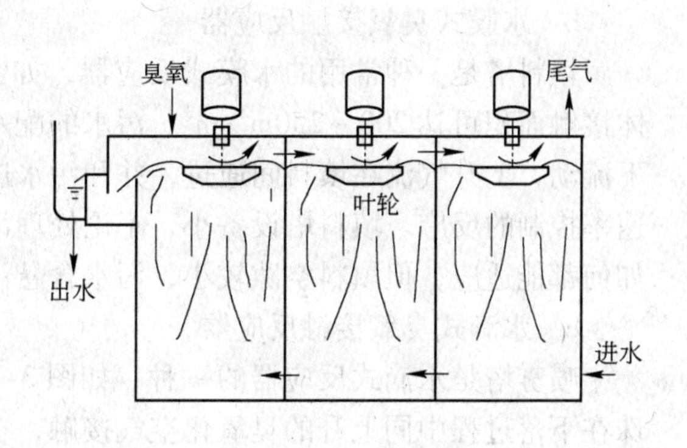

图3-31　表面曝气式反应器

(3) 塔板式反应器。塔板式反应器有筛板塔和泡罩塔，如图 3-32 所示。塔内设多层塔板，每层塔板上设溢流堰和降液管，水在塔板上翻过溢流堰，经降液管流到下层塔板。塔板上开许多筛孔的称为筛板塔。上升的气流通过筛孔，被分散成细小的股流，在板上水层中形成气泡与水接触后逸出液面，然后再与上层液体接触。板上的溢流堰使板上水层维持一定深度，以便降液管出口淹没在液层中形成水封，防止气流沿降液管上升。运行时应维持一定的气流压力，以阻止污水经筛板下漏。塔板上的短管作为气流上升的通道，称为升气管。泡罩下部四周开有许多缝或孔，气流经升气管进入泡罩，然后通过泡罩上的缝或孔，分散成细小的气泡进入液层。运行时应控制气流压力，使泡罩形成水封，以防止气流从泡罩下沿翻出。

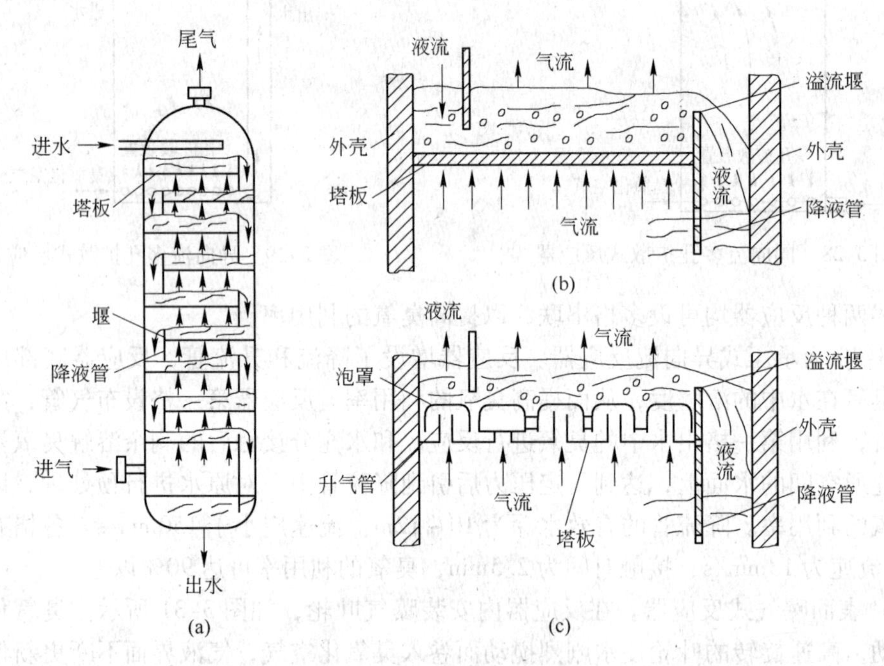

图 3-32 筛板塔和泡罩塔
(a) 板式吸收塔；(b) 筛板；(c) 泡罩

b 水膜式臭氧接触反应器

填料塔是一种常用的水膜式反应器，如图 3-33 所示。塔内装拉西环或鞍状填料，液体接触面积可达 200 ~ 250m^2/m^3。污水的配水装置分布到填料上，形成水膜沿填料表面向下流动，上升气流在填料间通过，并和污水进行逆向接触。这种反应器主要用于可受传质速率控制的反应。填料塔设备小，不论处理污水规模大小以及臭氧和水中杂质的反应快慢如何都能适应，但填料空隙较小，污水含悬浮物时易堵塞。

c 水滴式臭氧接触反应器

喷雾塔是水滴式反应器的一种，如图 3-34 所示。污水由喷雾头分散成细小水珠，水珠在下落过程中同上升的臭氧化空气接触，在塔底聚集流出，尾气从塔顶排出。这种设备结构简单，造价低，但对臭氧的吸收能力也低，另外，喷头易堵塞，预处理要求高，适用于受传质速率控制的反应。

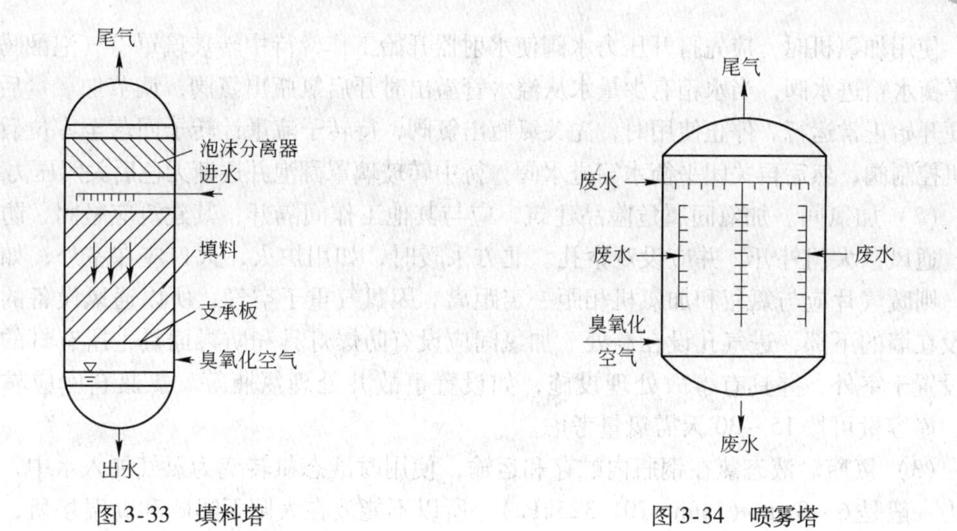

图 3-33 填料塔　　　　图 3-34 喷雾塔

3.4.1.2 氯氧化设备

氯氧化处理工艺的主要设备有反应池和投药设备。反应池可按污水量的水力停留时间设计；投药设备包括调节 pH 值的药剂（如碱液和酸液）投加设备、氯的投加设备、氯气吸收装置等。氯的投加设备视所用的氯氧化剂而异，常用的氯氧化剂有液氯和漂白粉。

（1）加氯机。加氯机种类繁多，工作原理基本相同，ZJ 型转子加氯机如图 3-35 所示。加氯机适用于城镇给水、污水处理厂以及其他水处理工程中投加液氯点，用来均匀地将氯气加入水中。来自氯瓶的氯气首先进入旋风分离器，再通过弹簧膜阀和控制阀进入转子流量计和中转玻璃罩，经水射器与压力水混合，溶解于水后被输送到加氯点。

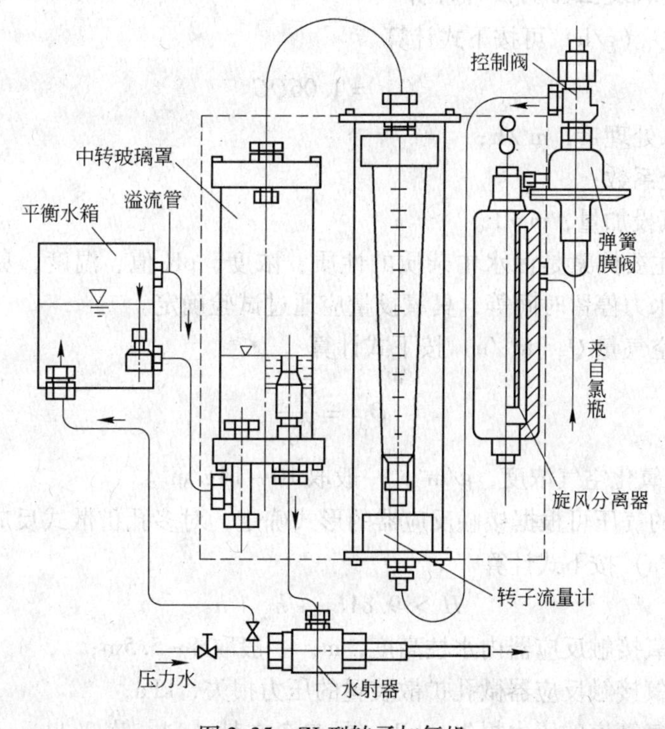

图 3-35 ZJ 型转子加氯机

使用加氯机时，应先打开压力水阀使水射器开始工作，待中转玻璃罩有气泡翻腾后再开启平衡水箱进水阀，当水箱有少量水从溢水管溢出时开启氯瓶出氯阀，调节加氯量后，加氯机便开始正常运行。停止使用时，先关氯瓶出氯阀，待转子流量计转子回落至零位后关闭加氯机控制阀，然后再关闭平衡水箱进水阀，待中转玻璃罩翻泡并逐渐无色后关闭压力水阀。

（2）加氯间。加氯间属危险品建筑，应与其他工作间隔开，其建筑应坚固、防火、保温、通风，大门外开，并应设观察孔。北方采暖时，如用炉火，火口应在室外；如用暖气片，则暖气片应与氯瓶和加氯机相距一定距离。因氯气重于空气，所以通风设备的排气孔应设在墙的下部，进气孔设在高处。加氯间应设有防爆灯具和防毒面具，所有灯的开关均应设置于室外，并具有事故处理设施，如设置事故井处理氯瓶等。氯瓶仓库应靠近加氯间，库容量可按15~30天需氯量考虑。

（3）氯瓶。液态氯在钢瓶内贮存和运输，使用时液态氯转变为氯气加入水中，氯瓶内压力一般是6~8atm（1atm=101.325kPa），所以不能放在太阳下曝晒和高温场所，以免气化时压力过大发生爆炸。卧式氯瓶有两个出氯口，使用时务必使两个出氯口的连线垂直于水平面。上出氯口为气态氯，下出氯口为液态氯。立式氯瓶在投氯量较小时使用，竖直安装，出氯口朝上。

（4）漂白粉投加装置。如采用漂白粉作为氧化剂，需配成溶液加注。配制时先加水调成糊状，然后再加水配制成1%~2%（以有效氯计）浓度的溶液。如投加到过滤后的水中，溶液应澄清4~24h再用，如投入浑水，则不必澄清。

3.4.2 臭氧氧化设备的设计计算

3.4.2.1 臭氧发生器的设计计算

臭氧需要量Q_{O_3}(g/h)可按下式计算

$$Q_{O_3} = 1.06QC \tag{3-24}$$

式中 Q——污水处理量，m^3/h；

1.06——安全系数；

C——臭氧投加量，mg/L。

影响臭氧的主要因素是污水中杂质的性质、浓度、pH值、温度、臭氧的浓度、臭氧反应器的类型和水力停留时间等，臭氧投量应通过试验确定。

臭氧化干燥空气量$Q_{干}$(m^3/h)按下式计算

$$Q_{干} = \frac{Q_{O_3}}{C_{O_3}} \tag{3-25}$$

式中 C_{O_3}——臭氧化空气浓度，g/m^3，一般取10~14g/m^3。

臭氧发生器的气压可根据接触反应器的形式确定，对多孔扩散式反应器，臭氧发生器的工作压力H(kPa)按下式计算

$$H > 9.81h_1 + h_2 + h_3 \tag{3-26}$$

式中 h_1——臭氧接触反应器内水柱高度，m，一般取4~5.5m；

h_2——臭氧接触反应器微孔扩散装置的压力损失，kPa；

h_3——输气管道的压力损失，kPa，见参考文献［14］表2-11。

求出 Q_{O_3}、$Q_{干}$ 和 H 后，可根据产品样本选择臭氧发生器的型号及台数，并设 50% 的备用台数。

3.4.2.2 臭氧接触反应器的设计计算

各种臭氧接触反应装置各有其设计计算的特点，因根据臭氧和水中杂质反应的类型选择适宜的臭氧接触反应器。以污水处理系统中广泛采用的鼓泡塔为例介绍其设计计算。

污水从鼓泡塔顶进入，经喷淋装置向下喷淋，从塔底出水。臭氧则从塔底的微孔扩散装置进入，呈微小气泡状态上升而从塔顶排出。气水逆流接触完成处理过程。鼓泡塔可设计成多级串联运行。当设计成双级时，通常前一级投加需臭氧量的 60%，后一级为 40%。鼓泡塔内可不设填料，也可加设填料以加强传质过程。

（1）臭氧接触反应器容积的计算。臭氧接触反应器的容积 $V(m^3)$ 按下式计算

$$V = \frac{Qt}{60} \tag{3-27}$$

式中 Q——处理污水流量，m^3/h；

t——水力停留时间，min，一般取 5～10min。

（2）塔体截面面积的计算。塔体截面的面积 $S(m^2)$ 按下式计算

$$S = \frac{Qt}{60H_s} \tag{3-28}$$

式中 H_s——塔内有效水深，一般取 4～5.5m。

（3）塔径的计算。塔的直径 $D(m)$ 按下式计算

$$D = \sqrt{\frac{4S}{\pi}} \tag{3-29}$$

（4）塔总高度的计算。塔的总高度 $H_z(m)$ 按下式计算

$$H_z = (1.25 \sim 1.35)H_s \tag{3-30}$$

（5）塔径高比的计算。塔的直径与高度之比 K 按下式计算

$$K = \frac{D}{H_z} \tag{3-31}$$

径高比一般采用 1∶(3～4)。如计算的 $D>1.5m$ 时，为使塔不致过高，可将其适当分成几个直径较小的塔，或设计成接触池。

接触反应装置的主要设计参数，见表 3-4。

表 3-4 接触反应装置的主要设计参数

处理要求	每升水臭氧投加量/mg	去除效率/%	接触时间/min
杀菌及灭活病毒	1～3	90～99	数秒至 10～15min，按所用接触装置类型而定
除臭、除味	1～2.5	80	>1
脱色	2.5～3.5	80～90	>5
除铁、除锰	0.5～2	90	>1
COD	1～3	40	>5
CN^-	2～4	90	>3
ABS	2～3	95	>10
酚	1～3	95	>10

本 章 小 结

本章讨论了以下几个问题：

（1）介绍了污水处理的中和法、混凝法和氧化还原法以及凝聚、絮凝、絮凝剂、混凝、混凝剂、混凝机理等概念与内容。

（2）详细介绍了混凝剂调制设备、混凝剂的投加设备、隔板混合设备、桨板式机械搅拌混合设备、水力搅拌反应池（隔板反应池、涡流式反应池）、机械搅拌反应池、泥渣悬浮澄清池和泥渣循环澄清池的结构特点，详述了溶液池、隔板反应池、涡流式反应池、机械搅拌反应池和澄清池的设计与计算。

（3）介绍了电解法污水处理机理及电解过程的影响因素，详述了单电极回流式电解槽和翻腾式电解槽的结构、特点与电解槽的设计计算。

（4）介绍了臭氧发生器、臭氧接触反应设备（气泡式臭氧接触反应器、水膜式臭氧接触反应器、水滴式臭氧接触反应器）、氯氧化设备（转子加氯机）的结构特点，详述了臭氧发生器和臭氧接触反应器的设计计算。

要求熟悉化学法污水处理技术及所用设备的结构与工作原理，掌握化学法污水处理相应设备的设计与计算。

思 考 题

3-1 污水处理的化学法主要包括________、________和________等。

3-2 简述混凝和混凝剂的定义。混凝通常包括________、________与________，以及________等过程。常用的混凝剂有哪几类？

3-3 详述混凝过程中的混凝机理。

3-4 什么是助凝剂，常用的助凝剂分为哪两类？

3-5 氧化还原法常用的氧化剂有哪些，常用的还原剂有哪些？

3-6 化学法进行污水处理所用的设备主要有：________、________、________、________和________等。

3-7 混凝剂的投配方法分________和________两大类。

3-8 混凝剂调制装置有________、________和________。

3-9 混凝剂的投加设备简称投药设备，它包括________和________两部分。常用的计量设备有哪些，常用投加设备包括哪些？

3-10 常用的混合方式有哪三种？

3-11 分流隔板式混合槽和多孔隔板式混合槽各有什么特点，桨板式机械搅拌混合槽的结构与特点是什么？

3-12 根据搅拌方式反应设备可分为________和________两大类，水力搅拌反应池又有________、________、________等形式。

3-13 详述水力搅拌反应池和机械搅拌反应池的结构特点。水力搅拌反应池分为哪两种反应池？隔板反应池又分为哪两种形式的反应池？详述隔板反应池和涡流式反应池的结构特点。

3-14 详述隔板反应池和涡流式反应池的设计参数及要点。机械搅拌反应池的设计参数及要点包括哪些内容?

3-15 澄清池的构造形式很多，从基本原理上澄清池可分为哪两大类？分别介绍其结构。澄清池的工作特征是什么？介绍各种澄清池的优缺点及适用条件。

3-16 用电解法进行污水处理其优缺点是什么？说明电解法污水处理机理。电解过程的影响因素都有哪些?

3-17 介绍电解槽的类型及其结构特点。

3-18 臭氧发生器通常由多组放电发生单元组成，有________和________两类。管式有________和________两种；板式有________和________两种。

3-19 根据臭氧化空气与水的接触方式，臭氧接触反应设备主要分为________、________、________、________和________等。

3-20 根据反应器内产生气泡装置的不同，气泡式反应器可分为________、________和________三种。

3-21 根据气和水的流动方向不同多孔扩散式反应器可分为________和________两种。

3-22 简述承压式异向流反应器的结构与特点。

3-23 简述水膜式臭氧接触反应器和水滴式臭氧接触反应器的结构特点。

3-24 氯氧化设备有________和________。简述ZJ型转子加氯机的结构特点。

4　物化法污水处理技术与设备

[学习指南]

本章主要学习物化法污水处理技术与设备，了解吸附、萃取、离子交换、膜分离、吹脱法、汽提法、蒸发法、结晶法等物化法污水处理技术与设备的结构、特点与工作原理，掌握吸附设备、萃取设备、离子交换设备、膜分离（电渗析、反渗透、超滤）设备和吹脱、汽提、蒸发和结晶设备的设计计算。

4.1　吸附设备

4.1.1　吸附的内涵与类型

吸附净化是利用某些多孔性固体具有能够从流体混合物中选择性地在其表面上聚集一定组分的能力，使混合物中各组分得以分离。用来实现吸附分离操作的设备称为吸附设备。吸附设备是分离和纯化气体与气体、气体与液体、液体与液体混合物的重要操作单元之一。

由于吸附作用可以进行得相当完全，所以能有效地清除用一般手段难以处理的气体或液体中的低浓度污染物。在环境工程中，吸附净化常用于废气、污水的净化处理，如回收废气中的有机污染物、治理烟道中的硫氧化物和一氧化碳，以及污水的脱色和脱臭等。

根据吸附剂表面与吸附质之间作用力的不同，吸附可分为物理吸附和化学吸附两大类。物理吸附是指由于吸附剂与吸附质之间的分子间力的作用所产生的吸附，也称范德华吸附。化学吸附的实质是一种发生在固体颗粒表面的化学反应。两种吸附特征的比较见表4-1。实际的吸附过程通常是几种吸附综合作用的结果，但由于吸附质、吸附剂及其他因素的影响，可能某种吸附是主要的。例如有的吸附在低温时主要是物理吸附，在高温时则是化学吸附。

表 4-1　物理吸附与化学吸附的比较

项　目	物理吸附	化学吸附
作用力	分子引力（范德华力）	剩余化学键力
选择性	一般无选择性	有选择性
吸附层	单分子或多分子层均可	只能形成单分子层
吸附热	较小，一般在41.9kJ/mol以内	较大，一般在83.7～418.7kJ/mol之间
吸附速率	快，几乎不要活化能	慢，需要一定的活化能
可逆性	较易解吸	化合键力时，吸附不可逆
温度	放热过程，低温有利于吸附	温度升高，吸附速度增加

4.1.2 吸附的基本理论

4.1.2.1 吸附平衡与吸附速率

A 吸附平衡

在一定条件下，当流体与吸附剂充分接触后，流体中的吸附质将被吸附剂吸附，该过程称为吸附过程。随着吸附过程的进行，吸附质在吸附剂表面上的数量逐渐增加，一部分已被吸附的吸附质，由于热运动的结果而脱离吸附剂的表面，回到混合气体中去，该过程称为解吸过程。在一定温度下，当吸附速度与解吸速度相等（即达到吸附平衡）时，流体中吸附质的浓度（或分压）称为平衡浓度（平衡分压），而吸附剂对吸附质的吸附量为平衡吸附量。吸附量是吸附平衡时单位质量吸附剂上所吸附的吸附质的质量，它表示吸附剂吸附能力的大小。一定体积和一定浓度的吸附质溶液中，投加一定的吸附剂，经搅拌混合直至吸附平衡，测定溶液中残余的吸附质浓度，则吸附量为

$$q = \frac{V(c_0 - c^*)}{m_j} \tag{4-1}$$

式中 V——溶液体积，L；

c_0，c^*——吸附质的初始浓度与平衡浓度，kg/L；

m_j——吸附剂投加量，kg。

平衡吸附量与平衡浓度之间的关系即为平衡关系，通常用吸附等温线或吸附等温式来表示。

a 吸附等温线

吸附过程中出现5种吸附等温线类型，如图4-1所示，其形状的差异是由于吸附剂和吸附质分子间的作用力不同而造成的。Ⅰ型表示吸附剂毛细孔的孔径比吸附质分子尺寸略大时的单分子层吸附；Ⅱ型表示完成单层吸附后再形成多分子层吸附；Ⅲ型表示吸附气体量不断随组分分压增加而增加直至相对饱和值趋于1为止；类型Ⅳ为类型Ⅱ的变形，能形成有限的多层吸附；类型Ⅴ偶见于分子互相吸引效应很大的情况。

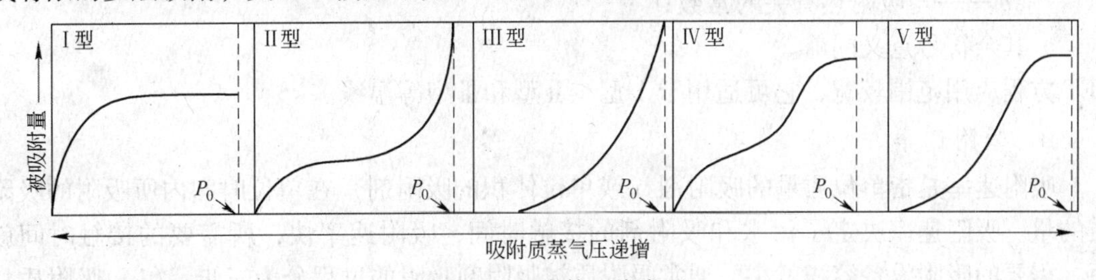

图4-1 吸附等温线类型

b 吸附等温方程式

在等温条件下的吸附平衡，由于各学者对平衡现象的描述采用不同的假设和模型，因而导出多种经验方程式，即为吸附等温方程式。在污水处理中最常用的吸附等温方程式有弗罗德里希（Freundlich）吸附等温方程式、朗格缪尔（Langmuir）吸附等温方程式、BET方程。

(1) 弗罗德里希（Freundlich）吸附等温方程式。此模型方程为指数函数型的经验公

式，方程为

$$q = \frac{m_z}{m_j} = Kp^{\frac{1}{n}} \tag{4-2}$$

式中 q——单位吸附剂在吸附平衡时的饱和吸附量，kg 吸附质/kg 吸附剂；

p——吸附质的平衡分压，kPa；

K，n——经验常数，随着温度的变化而变化，在一定温度下对一定体系而言是常数；

m_z——吸附质的量，kg；

m_j——吸附剂的量，kg。

该方程描述了在等温条件下，吸附量和压力的指数分数成正比。压力增大，吸附量也随之增大，但当压力增大到一定程度后，吸附量不再变化。通常认为在中压范围内能很好地符合试验数据。

（2）朗格缪尔（Langmuir）吸附等温方程式。Langmuir 吸附模型是一个理想模型，指恒温条件下均一表面上的单层可逆吸附平衡，方程为

$$q = \frac{K'pq_m}{1 + K'p} \tag{4-3}$$

式中 q_m——吸附剂表面单分子层盖满时的最大吸附量，kg 吸附质/kg 吸附剂；

K'——吸附平衡常数；

其余符号意义同前。

朗格缪尔（Langmuir）吸附等温方程式符合Ⅰ型等温线和Ⅱ型等温线的低压部分。

（3）BET 方程。勃劳纳尔（Brunauer）、埃米特（Emmett）、泰勒（Teller）三人联合建立的 BET 方程能更好地适应吸附的实际情况，该方程为

$$q = \frac{q_m bp}{(p_0 - p)\left[1 + (b - 1)\dfrac{p}{p_0}\right]} \tag{4-4}$$

式中 p_0——同温度下该气体的液相饱和蒸气压，Pa；

b——与吸附热有关的常数；

其余符号意义同前。

BET 方程应用范围较宽，它可适用于Ⅰ型、Ⅱ型和Ⅲ型等温线。

B 吸附速率

吸附速率是指单位质量的吸附剂（或单位体积的吸附剂）在单位时间内所吸附的吸附质的量。吸附速率决定了污水和吸附剂的接触时间，吸附速率快，所需要的接触时间就短，需要的吸附设备容积就小。通常吸附质被吸附剂吸附的过程分为三步：（1）吸附质从气流主体穿过颗粒层周围气膜扩散至吸附剂颗粒的外表面，称为外扩散过程；（2）吸附质从吸附剂颗粒的外表面通过颗粒上的微孔扩散进入颗粒内部，达到颗粒的内表面，称为内扩散过程；（3）在吸附剂内表面上的吸附质被吸附剂吸附，称为表面吸附过程。解吸时则是逆向进行，首先进行吸附质的解吸，经内扩散传递至外表面，再从外表面扩散至流动相主体，完成解吸。

对于物理吸附，通常吸附表面上的吸附过程进行得很快，所以决定吸附过程速率的是内扩散过程和外扩散过程。

C 影响吸附的因素

吸附能力与吸附速度是衡量吸附过程的主要指标。固体吸附剂吸附能力的大小可用吸附量来衡量。在污水处理中，吸附速度决定了污水需要与吸附剂接触的时间，吸附速度快，则所需要的接触时间就短，吸附设备的容积就小。多孔性吸附剂的吸附过程基本上分为颗粒外部扩散、孔隙扩散、吸附反应三个阶段，吸附速度主要取决于外部扩散速度和孔隙扩散速度。

4.1.2.2 吸附剂的种类和性能

污水处理中采用的吸附剂种类有很多，常用的有活性炭、活性炭纤维、磺化煤、焦炭、木炭、泥煤、高岭土、硅藻土、硅胶、炉渣、木屑、活性铝及其他合成吸附剂等。工业用吸附剂的基本特征及活性炭的基本性能与用途，见表4-2和表4-3。

表4-2 工业用吸附剂的基本特征

项目	炭分子筛	活性炭	沸石分子筛	硅胶	铝凝胶
密度/$g \cdot cm^{-3}$	1.9~2.0	2.0~2.2	2.0~2.5	2.2~2.3	3.0~3.3
颗粒密度/$g \cdot cm^{-3}$	0.9~1.1	0.6~1.0	0.9~1.3	0.8~1.3	0.9~1.9
装填密度/$g \cdot cm^{-3}$	0.55~0.65	0.35~0.60	0.6~0.75	0.5~0.75	0.5~1.0
空隙率/%	35~41	33~45	32~40	40~45	40~45
空隙容积/$cm^3 \cdot g^{-1}$	0.5~0.6	0.5~1.1	0.4~0.6	0.3~0.8	0.3~0.8
比表面积/$m^2 \cdot g^{-1}$	450~550	700~1500	400~750	200~600	150~350
平均孔径/nm	0.4~0.7	1.2~2.0	—	2~12	4~15

表4-3 活性炭的基本性能与用途

活性炭形状	原料	活化法	粒度大小/目	空隙率/%	气孔率/%	充填密度/$g \cdot cm^{-3}$	比表面积/$m^2 \cdot g^{-1}$	溶剂吸附量/%	用途
粉末	木材	药品	—	—	—	—	700~1500	—	净水，液相脱水、脱臭、精制
	木材	气体	—	—	—	—	800~1500	—	
	其他	气体	—	—	—	—	750~1350	—	
破碎状	果壳	气体	4/8，8/32	38~45	50~60	0.38~0.55	900~1500	33~50	气体精制净化，溶剂回收
	煤	气体	8/32，10/40	38~45	50~70	0.35~0.55	900~1350	30~45	
球状	煤	气体	8/20，8/32	35~42	50~65	0.40~0.58	850~1250	30~40	液体脱色、溶剂回收
	石油	气体	20/36	33~40	50~65	0.45~0.62	900~1350	33~45	
成型	果壳	气体	4/6，6/8	38~45	52~65	0.38~0.48	900~1500	33~48	溶剂回收，气体精制、净化
	其他	气体	4/6，6/8	38~45	52~65	0.38~0.48	900~1350	30~45	
纤维状	其他	气体	—	—	—	—	1000~2000	33~50	溶剂回收，净水

4.1.2.3 吸附剂的解吸再生

吸附剂的再生方法有加热再生、化学氧化再生、药剂再生和生物再生等方法。在选择再生方法时，主要考虑三方面的因素：吸附质的理化性质、吸附机理和吸附质的回收价值。吸附剂再生方法分类见表4-4。

表 4-4 吸附剂再生方法分类

种类		处理温度/℃	主要条件
加热再生	加热脱附	100~200	水蒸气、惰性气体
	高温加热再生	750~950	水蒸气、燃烧气体、CO_2
药剂再生	无机药剂	常温~80	HCl、H_2SO_4、NaOH、氧化剂
	有机药剂（萃取）	常温~80	有机溶剂（苯、丙酮、甲醇等）
生物再生		常温	好氧菌、厌氧菌
湿式氧化分解		180~220	O_2、空气、氧化剂
电解氧化		常温	O_2

A 加热再生

加热再生就是采用加热的方法来改变吸附平衡关系，以达到脱附和分解的目的，这是比较常用的再生方法，几乎各种吸附剂都可以用加热再生法恢复吸附能力。根据吸附剂的容量在等压下随温度升高而降低的特点，用升高吸附剂温度的方法，使吸附质脱附再生。不同的吸附过程需要不同的温度，吸附作用越强，解吸时需加热的温度越高。用于加热再生的设备有立式多段炉、转炉、立式移动床、流化床炉以及电加热炉等。电加热装置包括直流加热再生、微波再生和高频脉冲放电再生。

a 立式多段炉

立式多段炉是目前采用最广的一种直接燃烧加热的再生炉，如图 4-2 所示。炉外壳用钢板制成圆角型，内衬耐火砖，内部分隔成 4~8 段炉床，各段有 2~4 个搅拌耙，中心轴带动搅拌耙旋转，使活性炭自上段向下段移动。图中所示的再生炉为 6 段，第 1、2 段为干燥段，通过加热到 100~150℃将吸附在活性炭细孔中的水分（含水率将近 40%~50%）蒸发出来，同时被活性炭吸附的部分低沸点有机物也随之挥发出来，另一部分被炭化，留在活性炭的细孔中；干燥过程所需热量约为再生总热量的 50%。第 3、4 段用于炭化，继续升温加热到 700℃，被吸附的低沸点有机物全部挥发脱附；高沸点有机物一部分成为低沸点有机物得以挥发脱附，另一部分被炭化，残留在活性炭微孔中。第 5、6 段为活化段，将炭化留在活性炭微孔中的残留炭通入活化气体（如水蒸气、二氧化碳及氧）进行气化，达到重新造孔的目的。活化温度一般为 700~1000℃，活化过程中还必须控制再生装置中氧的含量，一般控制在 1% 以下，以减少活性炭损失。加热再生法再生一次损耗炭约 5%~10%。

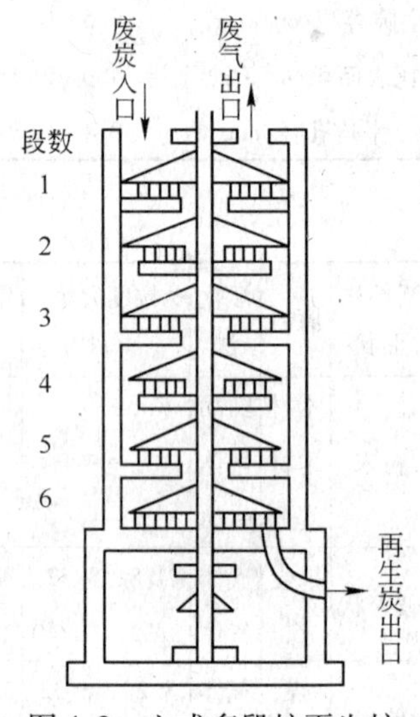

图 4-2 立式多段炉再生炉

b 转炉

转炉为一卧式转筒，从进料端（高）到出料端（低）炉体倾斜，炭在炉内的停留时间靠倾斜度及炉体转速来控制。在炉体活化区设有水蒸气进口，进料端设有尾气排出口。加热方式有内热式、外热式及内热外热并用三种形式。内热转炉再生损失大，炉体内衬耐火材料即可；外热式再生损失小，但炉体需用耐高温不锈钢制造。转炉结构简单，操作容易，但占地面积大，热效率低，适用于小规模再生。

B 化学氧化再生

化学氧化再生的方法有很多，可分为以下几种：湿式氧化法、电解氧化法及臭氧氧化法等。

（1）湿式氧化法。湿式氧化法是在较高的温度和压力下用空气中的氧来氧化污水溶液和悬浮的有机物及还原性无机物的一种方法。湿式氧化法基本流程如图4-3所示。它具有应用范围广、处理效率高、二次污染低、氧化速率快、装置小、可回收能量和有用物质等优点。湿式氧化法多用于粉状活性炭的再生。

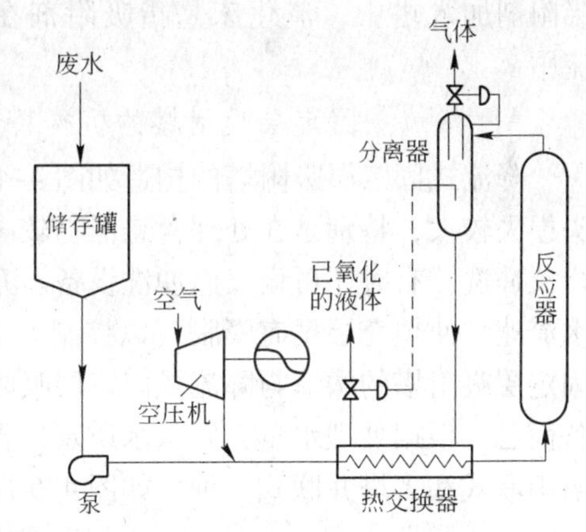

图4-3 湿式氧化法基本流程

（2）电解氧化法。电解氧化法是将炭作为阳极进行水的电解，在活性炭表面产生氧气将吸附质氧化分解。

（3）臭氧氧化法。臭氧氧化法是利用强氧化剂臭氧，将吸附在活性炭上的有机物加以分解。由于经济指标等原因，此法实际应用不多。

C 其他方法

（1）药剂再生。药剂再生是利用药剂将被吸附剂吸附的物质解析出来。常用的溶剂有无机酸（HCl、H_2SO_4）、碱和有机溶剂（苯、丙酮、甲醇、乙醇、卤代烷烃）等。药剂再生时，吸附剂损失较小，再生可以在吸附塔中进行，不需要另设再生设备，而且有利于回收有用物质。其缺点是再生效率低，再生不易完全，随着再生次数的增加，吸附性能明显降低。

（2）生物再生。生物再生就是利用生物的作用，将被活性炭吸附的有机物加以氧化分解。在再生周期长、处理水量不大的情况下，可采用生物再生法，也可采用在活性炭的吸附过程中，同时向炭床鼓入空气，以供炭粒上生长的微生物生长繁殖和分解有机物的需要，饱和周期将成倍延长。

（3）溶剂萃取。溶剂萃取就是选择合适的溶剂，使吸附质在该溶剂中的溶解性能远大于吸附剂对吸附质的吸附作用，从而将吸附质溶解下来。例如，活性炭吸附SO_2后，用水洗涤，再进行适当的干燥便可恢复吸附能力。

（4）降压或真空解吸再生。气体吸附过程与压力有关，压力升高时有利于吸附，压力降低时解吸占优。因此，通过降低操作压力可使吸附剂得到再生，若吸附在较高压力下进行，则降低压力可使被吸附的物质脱离吸附剂进行解吸；若吸附在常压下进行，可采用抽真空的方法进行解吸。工业上利用这一特点采用变压吸附工艺，来达到分离混合物及吸附剂再生的目的。

4.1.3 吸附设备及其设计

4.1.3.1 吸附设备的结构特点

吸附的操作方式有间歇式和连续式。间歇式是先将污水和吸附剂放在吸附池内搅拌

30min 左右，然后静置沉淀，排出澄清液，主要用于小量污水的处理和实验研究。连续式吸附按操作运行方式可分为固定床、移动床和流化床，按污水在吸附塔中的流向可分为降流式和升流式。固定床是吸附剂固定装填在吸附塔（或柱）中，在污水处理中常用；移动床连续吸附是指在操作过程中定期将接近饱和的吸附剂从吸附塔排出，并同时将等量的新吸附剂加入塔中；流化床是指吸附剂在吸附塔内处于膨胀状态，悬浮于由下而上的水流中。

A 降流式固定层吸附塔的机构特点

降流式固定层吸附塔的构造如图 4-4 所示，该吸附塔的出水水质好，但经吸附剂的水头损失较大，特别是在处理含悬浮物较多的污水时，为防止悬浮物堵塞吸附层，须定期进行反冲洗，有时还可设表面冲洗设备。升流式固定层吸附塔在水头增大时，可适当提高进水流速，使填充层稍有膨胀（以控制上下层不相互混合为度）而达到自清的目的。升流式固定层吸附塔的构造与降流式固定层吸附塔的构造基本相同，只不过是省去了上部冲洗设备而已。根据处理水量，原水水质及处理后的水质要求，固定层吸附塔可分为单塔式、多塔串联式和多塔并联式三种，如图 4-5 所示。

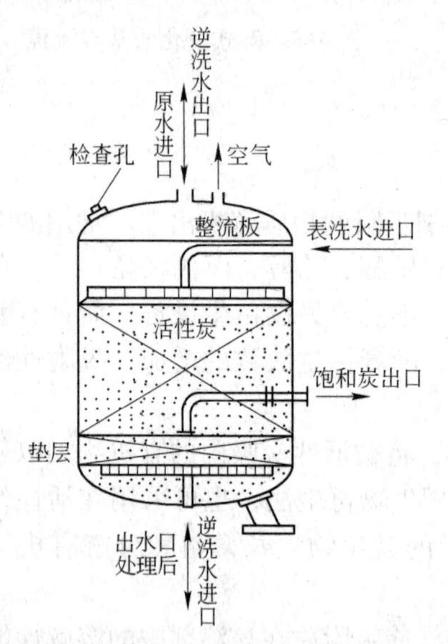

图 4-4 降流式固定层吸附塔构造示意图

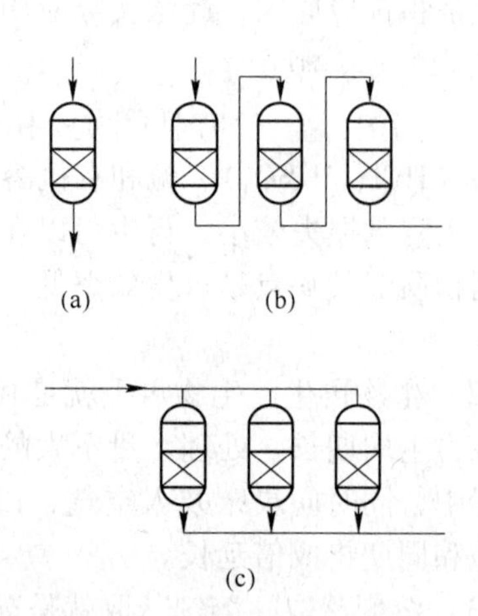

图 4-5 固定层吸附塔的操作示意图

（a）单塔式；（b）多塔串联式；（c）多塔并联式

B 移动床吸附塔的结构特点

相对固定床，移动床能充分利用吸附剂的吸附容量，水头损失小。由于采用升流式，污水由塔底流入，从塔顶流出，被截流的悬浮物可随饱和的吸附剂间歇地从塔底排出，所以不需要反冲设备。但这种操作方式上下层之间不能相互混合，其构造如图 4-6 所示。移动床吸附操作对进水中悬浮物有一定的要求（一般小于 30mg/L），所以吸附操作的预处理很重要。

移动床运行操作方式如图 4-7 所示，原水从吸附塔底部流入与吸附剂逆流接触，处理后的水从塔顶流出，再生后的吸附剂由塔顶加入，接近吸附饱和的吸附剂由塔顶间歇排出。

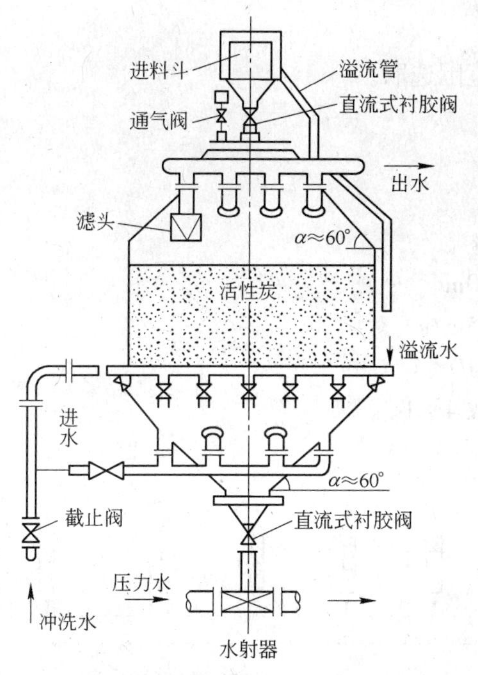

图 4-6 移动床吸附塔的构造示意图

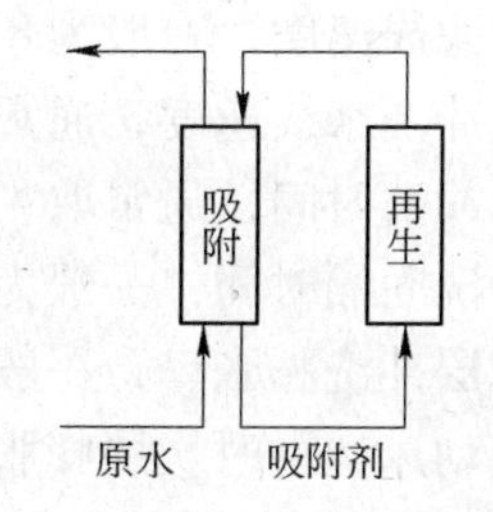

图 4-7 移动床运行操作示意图

C 流化床

流化床吸附装置不同于固定床和移动床的地方在于吸附剂在塔内处于膨胀状态，这种设备适用于处理悬浮物含量较大的污水。

4.1.3.2 吸附设备的设计

A 吸附设备的选择

吸附设备的类型应针对处理对象、处理模型进行必要的条件实验，根据实验结果，结合使用地点的具体情况，通过技术分析，选择最为合适的吸附设备。目前使用较多的活性炭吸附设备是固定床及间歇式移动床，它们的特点见表 4-5。

表 4-5 吸附设备特点比较

比较项目		床型	
		固定床	移动床
设计条件	空塔线流速/$m \cdot h^{-1}$	0 ~ 2.0	0 ~ 5.0
	空塔体积流速/$L \cdot h^{-1}$	5 ~ 10	10 ~ 30
吸附过程	吸附容量/kgCOD · kg 炭$^{-1}$	0.2 ~ 0.25	较前者低
	活性炭必要量	多	少
	活性炭损失量	少	多
再生过程	排炭方式	间歇式	间歇式或连续式
	再生损失	少	多
	再生炉运转率	低	高
处理费用	—	处理规模大时高	处理规模大时低

B 吸附设备的设计

a 吸附设备设计的主要参考数据

吸附设备设计的主要数据应按水质、活性炭品种及试验来确定。活性炭用于深度处理时，以下数据可供设计时参考：

（1）固定床炭层厚度，一般取 1.5 ~ 2.0m。

（2）粉末炭投加的炭浆浓度，一般为 40%。

（3）粉末炭与水接触时间，一般为 20 ~ 30min。

（4）过滤线速度，一般为 8～20m/h。

（5）反冲洗水线速度，通常在 28～32m/h 范围选取。

（6）反冲洗时间，通常取 4～10min。

（7）冲洗间隔时间，一般为 72～144h。

（8）滤层冲洗膨胀率，一般为 30%～50%。

（9）流动床运行时炭层膨胀率，一般为 10%。

（10）多层流动床每层炭高，可取 0.75～1.0m。

（11）水力输炭管道流速，一般取 0.75～1.5m/s。

（12）水力输炭水量与炭量体积比，一般为 10∶1。

（13）气动输炭质量比（炭∶空气），通常取 4∶1。

b　固定床吸附的工作规律——穿透曲线

固定床吸附的整个工作过程如图 4-8 所示。从理论上看，当吸附质浓度为 c_0 的污水自上方进入吸附柱后，首先与第一层吸附剂接触；降低了浓度的污水接着进入第二层吸附剂，其浓度进一步降低。污水依次往下流，当流到某一深度时，其中的吸附质全部被吸附，该层出水中吸附质的浓度 $c=0$，在此深度以下的吸附剂暂未发挥作用。由于污水连续不断地流过吸附剂层，随运行时间的增加，上部吸附剂层中的吸附质浓度将逐渐增高，到某一时刻就达到饱和，从而就失去吸附能力。实际发挥吸附作用的吸附剂层高度 δ 称为吸附带，随着运行时间的推移，吸附带逐渐下移，上部饱和区高度不断增加，而下部新鲜吸附剂层高度则不断减小。当运行到某一时刻，吸附带 δ 的前沿达到柱内吸附剂层的下端，这时出水浓度不再保持 $c=0$，开始出现污染物质，这一时刻称为吸附柱工作的穿透点。而后如污水仍继续通过，吸附带仍将往下移动，直到吸附带上端达到吸附剂层的下端。这时全部吸附剂都达到饱和，出水浓度与进水浓度相等，即 $c_e=c_0$，吸附柱就全部丧失工作能力。在实际操作中不可能 $c_e=c_0$，而是两者保持一个很小的差值，一般为 $c_e=(0.90\sim0.95)c_0$，这一点称为吸附剂吸附容量的耗竭点 c_x。另外，根据对出水水质的要求规定出一个出水含污染物质的浓度允许值 $c_b=(0.05\sim0.1)c_0$，当运行达到这一规定的允许值 c_b 时，即吸附已达到穿透点，吸附柱应停止工作进行吸附剂的更换或再生。

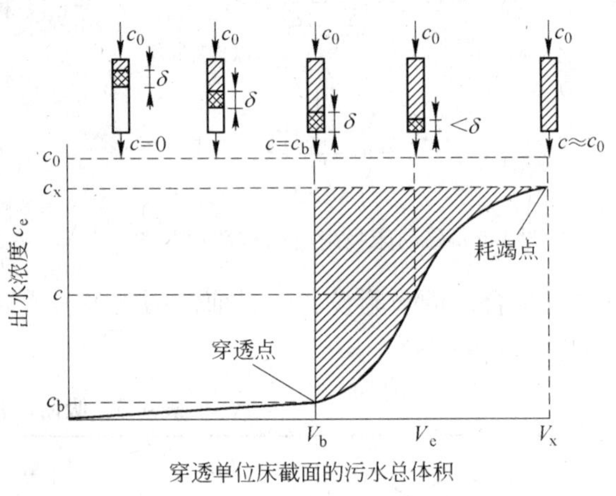

图 4-8　固定床吸附的工作过程

由图 4-8 可看出，如果只用单柱吸附操作，处理水量只有 V_b（处理水量的体积，m^3）；如果采用多柱串联操作，使活性炭的吸附量达到饱和，则多柱的处理水量可增到 V_x，通水倍数 n 可由 V_b/m 增加到 V_x/m（m 为吸附剂的质量，kg）。

（1）通水倍数的计算。吸附达到平衡时，通水倍数 n 按下式计算

$$n=\frac{\sum V}{m} \tag{4-5}$$

式中 $\sum V$——处理水量的体积，m^3；

m——串联柱子中吸附剂总量，kg。

（2）接触时间的计算。当选定通水速度时，测出串联柱子装填活性炭总高度 H，水与活性炭的接触时间 t 可按下式计算

$$t = \frac{H}{v_x} \tag{4-6}$$

式中 H——串联的几个柱子中活性炭的装填总高度，m；

v_x——水的空塔线速度，m/h，一般取 5～10 m/h。

c 吸附设备高径比的确定

当进水水质一定时，流速越大，所需的炭层也越高，吸附设备的高径比 H/D 通常取 2～6 为宜。

d 吸附设备面积的计算

吸附设备的面积 $S(m^2)$ 可根据单位时间内处理水量 $Q(m^3/h)$ 及空塔线速度 $v_x(m/h)$ 来计算

$$S = \frac{Q}{v_x} \tag{4-7}$$

4.2 萃取原理及其设备设计

4.2.1 萃取原理

向污水中投加一种与水互不相溶，但能良好溶解污染物的溶剂（萃取剂），由于污染物在该溶剂中的溶解度大于在水中的溶解度，因而大部分污染物转到溶剂相。然后分离污水和溶剂，可使污水得到净化。将溶剂与其他污染物分离可使溶剂再生，分离的污染物也可回收利用。

萃取过程就是利用溶液中的溶质在原溶剂中溶解度与在新加入溶剂（萃取剂）中溶解度的差异，将溶剂从溶液中进行分离。如图 4-9 所示，原料液中含有溶质 A 和原溶剂 B，为使 A 和 B 尽可能地分离完全，需合理选择一种溶剂即萃取剂 S。萃取过程的基本条件是萃取剂 S 应对混合液中的溶质有尽可能大的溶解度而与原溶剂互不相溶或部分互溶。所以当萃取剂 S 与原料充分混合并静置分离后就成为两个液相，其中一个以萃取剂 S 和溶质 A 为主的相称为萃取相 E，而另一个以原溶剂为主的相为萃余相 R。当萃取相 E 和萃余相 R 达到相平衡时，则为一个理论级。经过一个或多个理论级处理，就可使 A 和 B 得到较好的分离。再经蒸馏、蒸发等办法就可得到产品 A 并回收萃取剂 S。被萃物为溶液时称为液液萃取，被萃物为固体时称为固液萃取（浸取）。

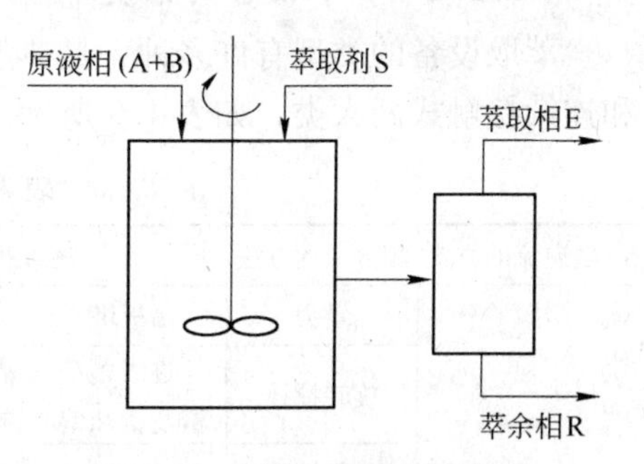

图 4-9 萃取过程原理示意图

萃取效果和所需费用主要取决于所用的萃取剂，选取萃取剂主要考虑：（1）萃取能力大；（2）分离性能好；（3）化学稳定性好；（4）易获取，价格便宜；（5）容易再生和回收溶质。

4.2.2　萃取工艺

污水处理中萃取工艺过程如图 4-10 所示，整个过程包括混合、分离和回收三道工序：(1) 混合。混合就是把萃取剂 S 与污水进行充分接触，使溶质从污水中转移到萃取剂中去。(2) 分离。分离就是使萃取相 E 与萃余相 R 分别分离。(3) 回收。回收就是分别从两相中回收萃取剂 S 和溶质 A。

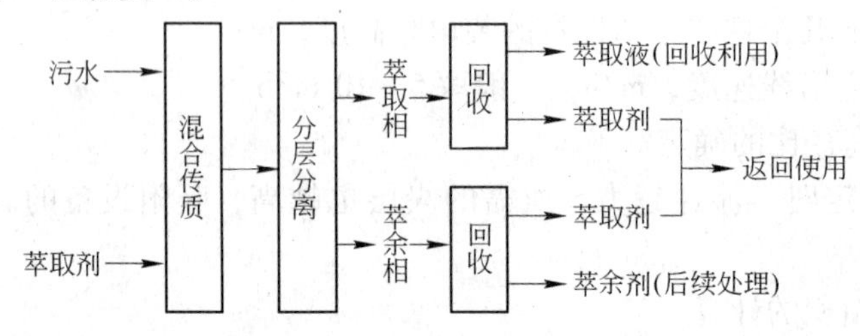

图 4-10　萃取工艺过程示意图

根据萃取剂与污水接触方式的不同，萃取操作有间歇式和连续式两种。根据两相接触次数的不同，萃取流程可分为单级萃取和多级萃取两种，多级萃取又分为“错流”与“逆流”两种。最常用的是多级逆流萃取流程，该过程将多次萃取操作串联起来，实现污水与萃取剂 S 的逆流操作。在萃取过程中，污水和萃取剂 S 分别由第一级与最后一级加入，萃取相 E 和萃余相 R 逆向流动，逐级接触传质，最终萃取相 E 由进水端排出，萃余相 R 从萃取剂 S 加入端排出。多级逆流萃取只在最后一级使用新的萃取剂 S，其余各级都是与后一级使用过的萃取剂 S 接触，因此能够充分利用萃取剂的萃取能力，充分体现出逆流萃取传质推动力大、分离程度高和萃取剂用量少的特点。

4.2.3　萃取设备及其选择

4.2.3.1　萃取设备的分类

萃取设备的类型有许多种，最典型的分类方式是按两液相的接触方式分为逐级接触式和连续接触式两大类，如表 4-6 所示。

表 4-6　萃取设备的分类

产生逆流的方式	相分散的方法	逐级接触式	连续接触式
重力	重力	筛板塔	喷淋塔、填料塔、挡板塔
	旋转搅拌	逐级混合澄清槽、立式混合澄清槽和偏心转盘塔（ARDC）	转盘塔、带搅拌的填料萃取塔、带搅拌的挡板萃取塔、带搅拌的多孔板萃取塔等
	往复搅拌	—	往复筛板塔
	机械振动	—	振动筛板塔、带溢流口的振动筛板塔、反向振动筛板塔
	脉冲	空气脉冲混合澄清槽	脉冲填料塔、脉冲筛板塔、控制循环脉冲筛板塔
	其他	—	静态混合器、超声波萃取器、管道萃取器、参数泵萃取器
离心力	离心力	圆桶式单级离心萃取机、LX-168N 型多级离心萃取机	波德（POD）式离心萃取器

4.2.3.2 萃取设备的结构与工作原理

A 逐级接触式萃取设备的结构与工作原理

逐级接触式萃取设备可用于间歇操作和连续操作。目前最常用的逐级接触式萃取设备有筛板萃取塔和混合澄清槽。

a 筛板萃取塔的结构与工作原理

筛板萃取塔的结构如图4-11所示，塔内有一系列筛板，轻、重两相依据密度差，在重力作用下，进行分散和逆向流动。若以重相为分散相，则重相穿过塔板上的筛孔，分散成液滴落入连续的轻相中进行传质，穿过轻液层的重相液滴逐渐凝聚，并聚集于下层筛板的上侧，轻相则连续地从筛板下侧横向流过，从升液管进入上层塔板，如图4-11(a)所示。若以轻相为分散相，则其通过塔板上的筛孔而被分散成细小的液滴，与塔板上的连续相（重相）充分接触进行传质，穿过连续相的轻相液滴逐渐凝聚，并聚集于上层筛板的下侧，由于密度差，轻相经筛孔重新分散，液滴表面得到更新，上升再集聚，如此重复流至塔顶分层后引出，重相则横向流过塔板，在塔板上与分散相液滴接触传质后，由降液管流至下一层塔板，如图4-11(b)所示。

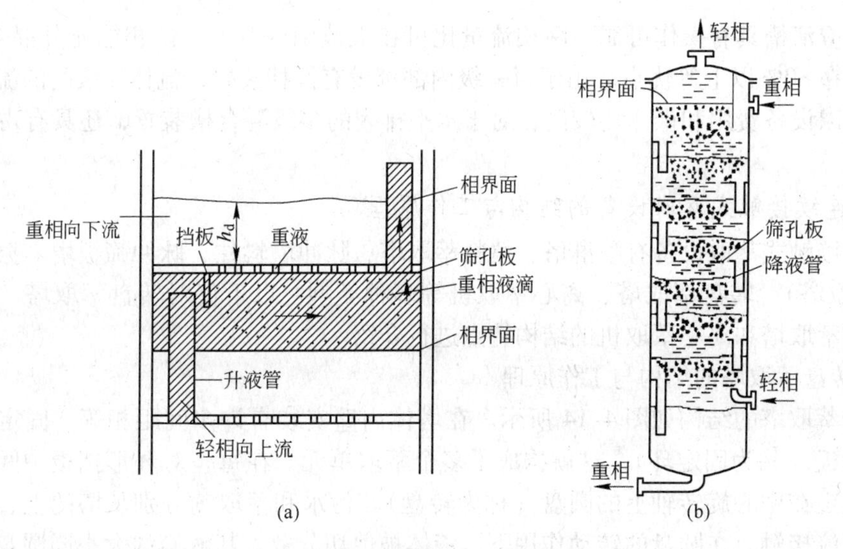

图4-11 筛板萃取塔的结构示意图
（a）以重相为分散相；（b）以轻相为分散相

筛板的孔径较小，通常为3～8mm，对于界面张力稍高的物系，宜取较小孔径，以生成较小的液滴。筛孔大都按正三角形排列，孔间距常取为3～4倍孔径，板间距为150～600mm之间，工业规模的筛板萃取塔间距以300mm左右为宜。

因塔板的存在，筛板萃取塔减小了轴向返混；又因分散相的多次分散和聚集，使液滴表面不断更新，传质效率比填料塔高，而且筛板萃取塔具有结构简单、生产能力大、对界面张力较低的物系萃取效率较高，而对界面张力较高的物系萃取效率则很低等特点。

b 混合澄清槽的结构与工作原理

混合澄清槽的某一级流程示意图如图4-12所示。混合澄清槽由混合器和澄清槽两部分组成，混合器内设有搅拌装置，使其中一相破碎成液滴而分散于另一相中，以加大相际接触面积并提高传质速率。搅拌类型可以是机械搅拌，也可以采用气动搅拌或借助于其本身流动的动能进行搅动。两相在混合器中停留一段时间后流入澄清槽，在澄清槽中轻、重两相依据密度差分离成萃取相和萃余相。工程中混合澄清槽可单机使用，也可多级组合使用。混合澄清槽的单元装置如图 4-13 所示。

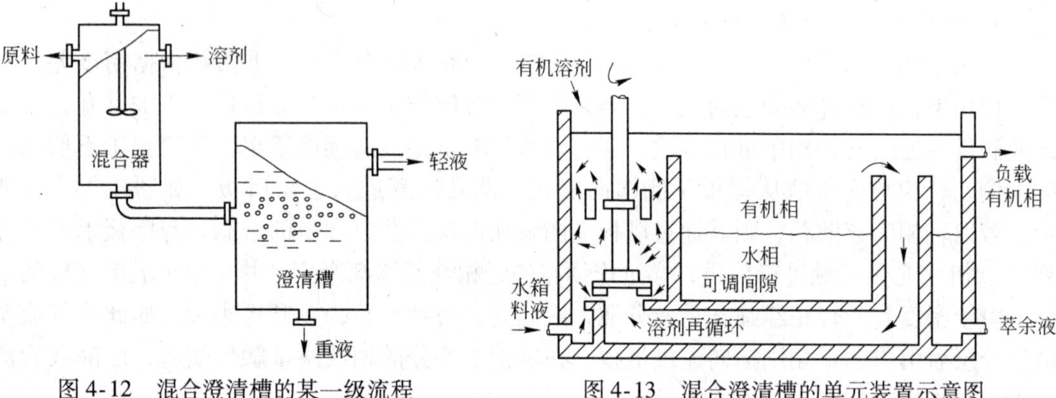

图 4-12　混合澄清槽的某一级流程

图 4-13　混合澄清槽的单元装置示意图

混合澄清槽具有操作可靠、两相流量比可在大范围内改变、两相能充分混合与分离、单级效率在 80% 以上等优点。由于每一级内部都设有搅拌装置，流体在级间的流动需用泵输送，所以设备费用和操作均较高，对于水平排列的多级混合槽装置，还具有占地面积大的缺点。

B　连续接触式萃取设备的结构与工作原理

连续接触式萃取设备有喷淋塔、填料萃取塔、脉冲填料柱、脉冲筛板塔、振动筛板塔（Karr 萃取塔）、转盘萃取塔、离心萃取机等多种类型。以下仅对转盘萃取塔、脉冲筛板塔、填料萃取塔和离心萃取机的结构特点进行介绍。

a　转盘萃取塔的结构与工作原理

转盘萃取塔的结构如图 4-14 所示。在塔体内壁安装有许多间距相等、固定在塔体上的环形挡板（称为固定环），这就构成了多个萃取单元。在每一对环形挡板中间位置，均有一块固定在中心旋转轴上的圆盘（称为转盘）。污水和萃取剂分别从塔的上、下部切线引入，逆流接触，在圆盘的转动作用下，液体被剪切分散，其液滴的大小同圆盘直径与转速有关，调整转速，可得到最佳的萃取条件，为了消除旋转液流对上下分离段的扰动，在萃取段两端各设一个流动格子板。

转盘萃取塔的主要结构参数范围：塔径与转盘直径之比为 1.5～3；塔径与环形板内径之比为 1.3～1.6；环形板内径与转盘直径之比为 1.15～1.5；塔径与盘间距之比为 2～8mm。通常认为，凡是溶质不难于萃取，在萃取要求不太高而处理量又较大的情况下，采用转盘萃取塔较为有利。

b　往复叶片式脉冲筛板萃取塔的结构与工作原理

如图 4-15 所示，往复叶片式脉冲筛板塔分为三段：上分离段、萃取段和下分离段。在萃取段内有一纵轴，轴上装有若干块钻有圆孔的圆盘形筛板，纵轴由塔顶的偏心轮装置带动，做上下往复运动，既强化了传质，又防止了返混，上下两分离段断面较大，轻重两液相靠密度差在此段平稳分层，轻液（萃取相）由塔顶流出，重液（萃余相）则从塔底经倒U形管流出，倒U形管上部与塔顶部相连，以维持塔内一定的液面。

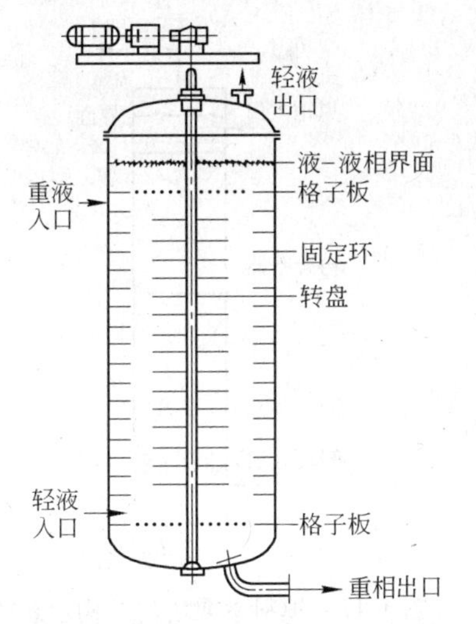

图4-14　转盘萃取塔的结构示意图

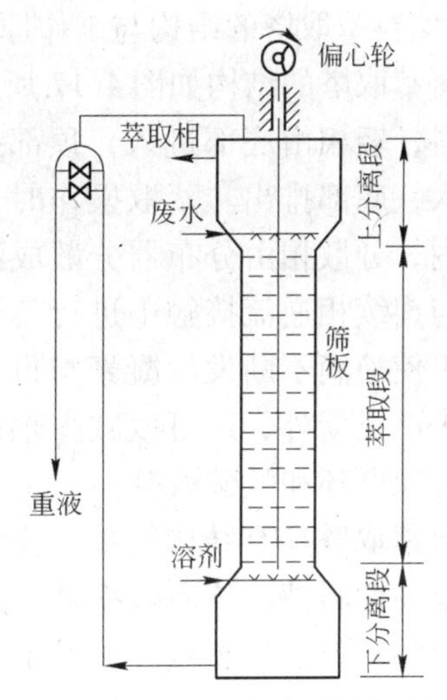

图4-15　往复叶片式脉冲筛板萃取塔结构示意图

筛板脉动强度是影响萃取效率的主要因素，其值等于脉动幅度和频率乘积的两倍。脉动强度太小，两相混合不良，而脉动强度太大，易造成乳化。根据试验，脉动幅度以4～8mm，频率以125～500次/min为宜，这样可获得3000～5000mm/min的脉动强度。筛板间距一般采用150～600mm，筛孔为5～15mm，开孔率为10%～25%，筛板与塔壁的间距为5～10mm。筛板数、塔径、塔高通常根据试验或生产实践资料选定。筛板一般为15～20块，由筛板数和板间距可推算出萃取塔的高度。萃取段塔径取决于空塔流速。

c　离心萃取机的结构与工作原理

离心萃取机借助转鼓高速旋转所产生的离心力，使密度差很小的轻重两相快速分离。离心萃取机的类型较多，按两相接触方式可分为逐级接触式和连续接触式两类。逐级接触式离心萃取机相当于离心分离器内加上搅拌装置，形成单级或多级的离心萃取系统，两相的作用过程与混合澄清槽相似。而在连续接触式离心萃取器中，两相接触方式则与连续逆流萃取塔类似。

离心萃取机的结构如图4-16所示，它的外形为圆形卧式转鼓，转鼓有许多层同心圆筒，每层都有许多孔口相通，轻液由外层的同心圆筒进入，重液由内层的同心圆筒进入。转鼓以1500～5000r/min的高速旋转产生离心力，使重液由里向外，轻液由外向里流动，进行连续的逆流接触，最后由上层排出萃取相。萃取剂的再生也同样可用离心萃取机完成。

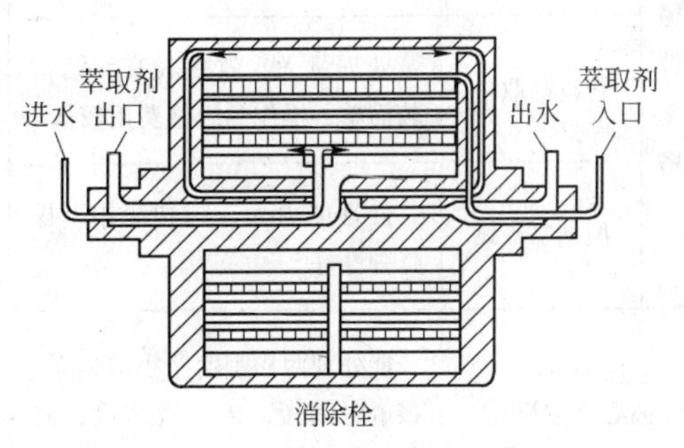

图4-16　离心萃取机的结构示意图

离心萃取机具有效率高、设备体积小、生产强度高、物料停留时间短、分离效果好、特别是用于液体的密度差很小，易产生乳化的液-液萃取更为有利等优点。但其缺点是结构复杂、制造困难、操作费用高、电耗大。所以，对于两相密度差小，要求停留时间短并且处理量不大的场合宜采取此种设备。

d 填料萃取塔的结构与工作原理

填料萃取塔的结构如图4-17所示，塔内有适当的填料，轻相由底部进入，顶部排出；重相由顶部进入，底部排出。萃取操作时，连续相充满整个塔内，分散相由分布器分散成液滴进入填料层，在与连续相逆流接触中进行传质。料层的作用除了可使液滴不断发生凝聚与再分散，以促进液滴的表面更新外，还可以减少轴向返混。常用的填料有拉西环和弧鞍填料。

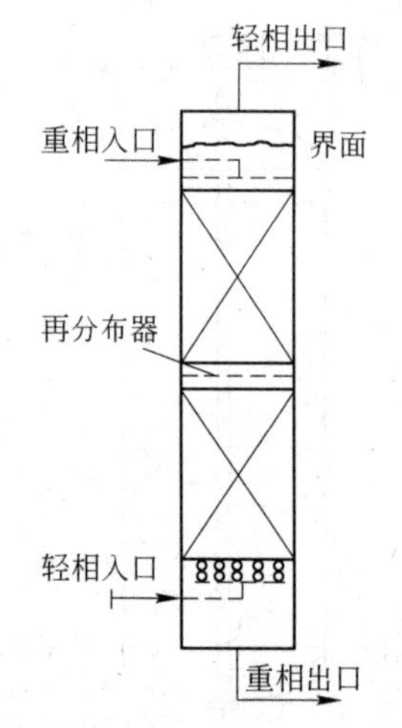

图4-17 填料萃取塔的结构示意图

填料萃取塔具有结构简单、操作方便、适合于处理腐蚀性料液、传质效率低、不适合处理有固体悬浮物的料液等特点。该设备一般用于所需理论级数较少的场合。

几种萃取设备的优缺点及应用范围，见表4-7。

表4-7 几种萃取设备的优缺点及应用范围

<table>
<tr><th colspan="2">设备分类</th><th>优 点</th><th>缺 点</th><th>应用领域</th></tr>
<tr><td colspan="2">混合澄清槽</td><td>两相接触好，级效率高，处理能力大，操作弹性好，在很宽的范围内均可稳定操作，扩大设计方法比较可靠</td><td>滞留量大，需要的厂房面积大，投资较大，级间可能需要用泵输送流体</td><td>核化工、湿法冶金、化肥工业</td></tr>
<tr><td colspan="2">无机械搅拌的萃取塔</td><td>结构最简单，设备费用低，操作与维护费用低，容易处理腐蚀性料液</td><td>传质效率低，需要高的厂房，对密度差小的体系处理能力低，不能处理流动比很高的情况</td><td>石油化工、化学工业</td></tr>
<tr><td rowspan="3">机械搅拌的萃取塔</td><td>脉冲萃取塔</td><td>柱内无运动部件，工作可靠，处理能力大</td><td rowspan="3">对密度差小的体系处理能力较低，不能处理流动比很高的情况，处理易乳化的体系有困难，扩大设计方法比较复杂</td><td>核化工、湿法冶金、石油化工</td></tr>
<tr><td>转盘萃取塔</td><td>处理量大，效率较高，结构较简单，操作和维修费用较低</td><td>湿法冶金、石油化工、制药工业</td></tr>
<tr><td>振动筛板塔</td><td>处理能力大，结构简单，操作弹性好</td><td>石油化工、制药工业、湿法冶金、化学工业</td></tr>
<tr><td colspan="2">离心萃取机</td><td>能处理两相密度差小的体系，接触时间短，传质效率高，滞留量小，溶剂积压量小</td><td>设备费用大，操作与维修费用高</td><td>制药工业、核化工、石油化工</td></tr>
</table>

4.2.4 塔式萃取设备的设计

塔式萃取设备的设计主要是计算塔径和塔高。

(1) 塔径的计算。在脉冲筛板萃取塔中，污水和萃取剂都是竖流的，塔径 D 可按下式计算

$$D=\sqrt{\frac{4(A_1+A_2)}{\pi}}=\sqrt{\frac{4(Q_s/v_1+Q_j/v_2)}{\pi}} \tag{4-8}$$

式中 A_1——污水过水面积，m^2；

A_2——萃取剂过水面积，m^2；

Q_s——污水的设计流量，m^3/h；

Q_j——萃取剂的设计流量，m^3/h；

v_1——污水的设计流速，m/h；

v_2——萃取剂的设计流速，m/h。

(2) 塔高的计算。塔高包括塔身高（萃取段）H_1、塔顶高（上分离段）H_2和塔底分离室高（下分离段）H_3。

塔身高 H_1 可按下式计算

$$H_1=(n-1)h+500 \tag{4-9}$$

式中 n——筛板块数；

500——安装布水器的空间高度，mm；

h——筛板间距，mm。

塔总高 H 可按下式计算

$$H=H_1+H_2+H_3 \tag{4-10}$$

4.3 离子交换及其设备设计

离子交换法是一种借助于离子交换剂上的离子和污水中的离子进行交换反应而除去污水中有害离子的方法。离子交换过程是一种特殊的吸附过程，在许多方面与吸附过程类似，与吸附法比较，其特点是：它主要吸附污水中的离子化物质，并进行等当量的离子交换。在污水处理中，离子交换主要用于回收和去除污水中的金、银、铜、镉、铬、锌等金属离子，也用来对有机污水进行处理和净化放射性污水。

4.3.1 离子交换基本理论

(1) 离子交换原理。离子交换是指水溶液通过树脂时，发生在固体颗粒与液体之间的界面上固-液间离子相交换的过程。离子交换反应是可逆反应，离子交换对不同组分显示出不同的平衡特性。在污水处理中最常见的离子交换反应是水的软化、除盐、去除或回收污水中的重金属离子等。水中的阳离子与交换剂上的 Na^+进行交换反应，即

$$2RNa+M^{2+}=R_2M+2Na^+ \tag{4-11}$$

式中 R——离子交换剂的骨架；

Na^+——交换剂上可交换离子；

M^{2+}——水溶液中二价阳离子。

（2）离子交换剂。离子交换剂由骨架和交换基团组成。根据骨架，离子交换剂分为无机与有机两大类。

无机离子交换剂有天然沸石和人工合成沸石，沸石即可作阳离子交换剂，也能用作吸附剂。在污水中加入沸石后，通过沸石晶格空间的组分向颗粒内扩散，进行离子交换，对污水的特定成分进行分离。沸石类矿物有方沸石、菱沸石、片沸石等。合成无机物离子交换剂与天然沸石类似，能够用其均匀空隙结构排出大分子，大规模应用的分子筛有合成毛沸石、合成菱沸石、合成丝光沸石等。

有机离子交换剂有磺化煤和各种离子交换树脂。离子交换树脂是一种具有离子交换特性的有机高分子聚合电解质，它是疏松、具有多孔结构的固体球形颗粒，粒径一般为0.6~1.2mm（大粒径树脂）、0.3~0.6mm（中粒径树脂）、0.02~0.1mm（小粒径树脂）。离子交换树脂不溶于水，也不溶于电解质，其结构可分为不溶于水的树脂本体和具有活性的交换基团两部分。树脂本体为有机化合物和交联剂组成的高分子共聚物，交联剂的作用是使树脂本体形成立体的网状结构；交换基团由起交换作用的离子和与树脂本体连接的离子组成。

4.3.2 离子交换工艺

离子交换整个工艺过程包括交换、反冲洗、再生和清洗四个阶段，这四个阶段依次进行，形成不断循环的工作周期。交换阶段：这一阶段就是利用离子交换树脂的交换能力，从污水中分离脱除需要去除的离子的操作过程，在这一阶段离子交换的过滤速度是一个重要的工艺参数。过滤速度与进水水质、出水水质及阻力损失等因素有关，对一定的进出水水质而言，通常有一个较优的滤速值。根据污水性质和处理条件的不同，速率可在几米/小时到几十米/小时的范围内变动，一般为10~30m/h，最好通过实验来确定。反冲洗阶段：在这一阶段有两个目的，一是松动树脂层，使再生液能均匀深入层中，与交换剂颗粒充分接触；二是把过滤过程中产生的破碎粒子与截留的污物冲走。为达到这两个目的，树脂层在反冲洗时要膨胀30%~40%，冲洗液可用自来水或污水再生液。再生阶段：离子交换树脂的再生是离子交换过程的逆过程，在这一过程中需要再生的推动力，而再生的推动力主要是反应系统的离子浓度差。此外，对弱酸、弱碱树脂，除浓度差外，由于它们分别对H^+和OH^-的亲和力较强，因此用酸和碱再生时，比强酸、强碱树脂更容易再生，所用的再生剂浓度也较低。再生液的流速一般为：顺流再生为2~5m/h；逆流再生不大于1.5m/h。再生的方法有一次再生法和两次再生法。强酸、强碱树脂大都是一次再生，弱酸、弱碱树脂则大多是两次再生：一次洗脱再生，一次转型再生。常用树脂的再生剂用量见表4-8。清洗阶段：清洗的目的是洗涤残留的再生剂和再生时可能出现的反应产物。清洗的水流速度应先小后大，清洗过程后期应特别注意掌握清洗终点的pH值，避免重新消耗树脂的交换容量。通常冲洗用水为树脂体积的4~13倍，冲洗水流速为2~4m/h。

4.3.3 离子交换设备的结构

常用的离子交换设备有固定床、移动床和流动床三种。

表 4-8 常用树脂的再生剂用量

离子交换树脂		再生剂		
种类	离子形式	名称	浓度/%	理论用量倍数
强酸性	H 型	HCl	3~9	3~5
	Na 型	NaCl	8~10	3~5
弱酸性	H 型	HCl	4~10	1.5~2
	Na 型	NaOH	4~6	1.5~2
强碱性	OH 型	NaOH	4~6	4~5
	Cl 型	HCl	8~12	4~5
弱碱性	OH 型	NaOH，NH_4OH	3~5	1.5~2
	Cl 型	HCl	8~12	1.5~2

4.3.3.1 固定床离子交换设备

固定床离子交换设备是将离子交换树脂装在竖式交换容器内，欲处理的料液不断地流过树脂层，粒子交换的各项操作都在该设备内进行。固定床离子交换操作包括交换、反冲洗、再生和清洗运行的过程，之后进入下一循环工序，所以该设备为间歇式运行。根据用途不同，固定床可设计成单床、多床和混床。

（1）顺流再生离子交换器的结构与工艺特点。顺流再生离子交换器的内部结构如图4-18所示。顺流离子交换器工作时，水流自上而下流过离子交换剂层；再生时，工作水流和再生溶液呈同向流动（并流），其工艺特点：与逆流再生离子交换器相比，顺流再生离子交换器具有结构简单、操作方便、工艺容易控制等优点；但也存在出水品质较差和再生剂消耗较大的缺点。

（2）逆流再生离子交换器的结构与工艺特点。逆流再生离子交换器的结构如图4-19所示，它由壳体、排气管、上配水装置、树脂装卸口、压脂层、中间排液管、树脂层、视

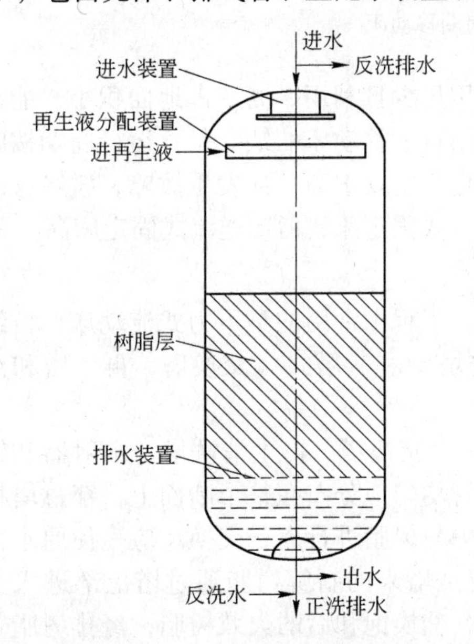

图 4-18 顺流再生离子交换器的内部结构示意图

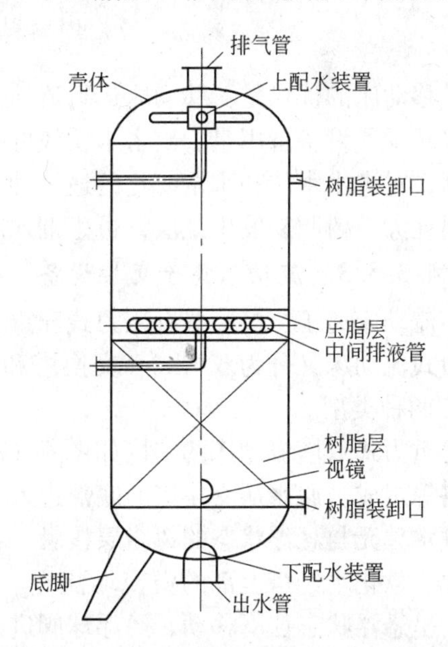

图 4-19 逆流再生离子交换器的结构示意图

镜、下配水装置、出水管和底脚等组成。逆流再生离子交换器的再生液和进水呈对流方向流动，即工作时水流自上而下流动，而再生时，再生液由下而上地流动，其工艺特点：与顺流再生离子交换器相比，具有再生效率高，再生剂耗量低，排出废酸碱液少、浓度低，置换与冲洗用水少，自用水率低，制水成本低，出水质量好，对水质适应性强等优点。由于工艺要求再生时及运行中床层不乱，因此不能每次再生前从底部进行大反洗，而只能从再生排液管处进水，对排废液管上部的压脂层进行小反洗，这样使得反洗不彻底。

4.3.3.2 移动床离子交换设备

移动床离子交换器指交换器中的离子交换树脂在运动中是周期性移动的，即定期排出一部分已失效的树脂和补充等量再生的树脂，被排出已失效的树脂在另一个设备中进行再生。移动床系统有单塔单周期再生、两塔单周期再生、两塔连续再生、两塔多周期再生、三塔多周期再生等工艺系统。三塔多周期移动床系统，如图 4-20 所示，由交换塔、再生塔和清洗塔组成。在移动床运行中，储树脂斗中的树脂层不断移动，定期排出底部已经失效的树脂，并补充进等量的再生树脂。失效树脂由水流送至再生塔进行再生，而后送至清洗塔进行清洗。

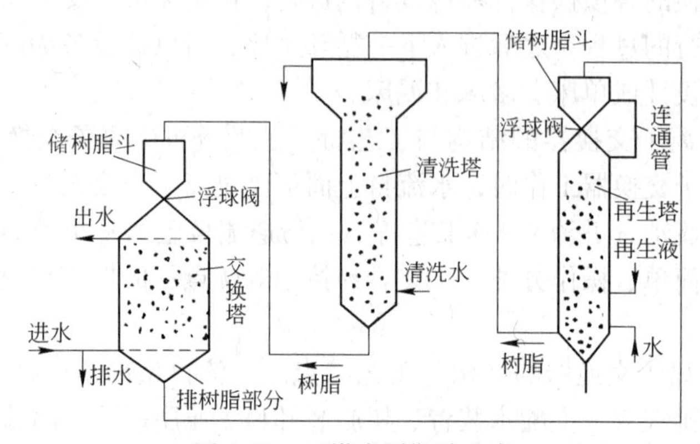

图 4-20 三塔多周期移动床

移动床的优点是：移动床运行流速高、树脂用量少且利用率高、占地面积小、能连续供水减少了设备备用量、出水水质较好和投资费用省。移动床的缺点是：运行周期按时间控制，对进水水质和水量变化的适应性差，自动化程度要求高，易发生故障，树脂移动频繁损耗大，树脂易发生乱层，再生剂比耗低于顺流式固定床，但比逆流式固定床高。

4.3.3.3 流动床离子交换设备

流动床离子交换装置有压力式和重力式两种。工程中常用的是重力式流动床，按结构重力式流动床又分为双塔式（交换塔和再生清洗塔）和三塔式（交换塔、再生塔和清洗塔）两种类型。

重力式双塔流动床的结构如图 4-21 所示，它由交换塔、再生清洗塔、水射器和辅助管路等组成。原水从交换塔的底部进入，经布水管均匀地分布在整个断面上，穿过塔板上的过水单元与悬浮状态的树脂层接触，在交换塔中与树脂进行离子交换反应，使原水得到净化，软化水经塔上部的溢流堰流走。从再生清洗塔来的新鲜树脂通过塔上部进入交换塔，呈悬浮状态往下移动，经浮球阀进入交换区，交换饱和后的失效树脂，经排树脂管由水射器输送到再生清洗塔中。在失效树脂输送管进入再生塔的出口处，设有漂浮调节阀，可自动调节进入再生塔的树脂量。进入再生塔的多余树脂经树脂回流管回流到交换塔底部的交换区，以保证树脂量的平衡。需要再生的树脂沿再生清洗塔自上而下地下降，在塔上部再生段与再生液接触，使树脂得到再生，然后进入塔下部的清洗置换段，与自下而上的清洗水接触，使树脂得到清洗。清洗后的树脂下降到塔底部的输送段，依靠再生清洗塔与交换塔之间的液位差，被输送到交换塔。

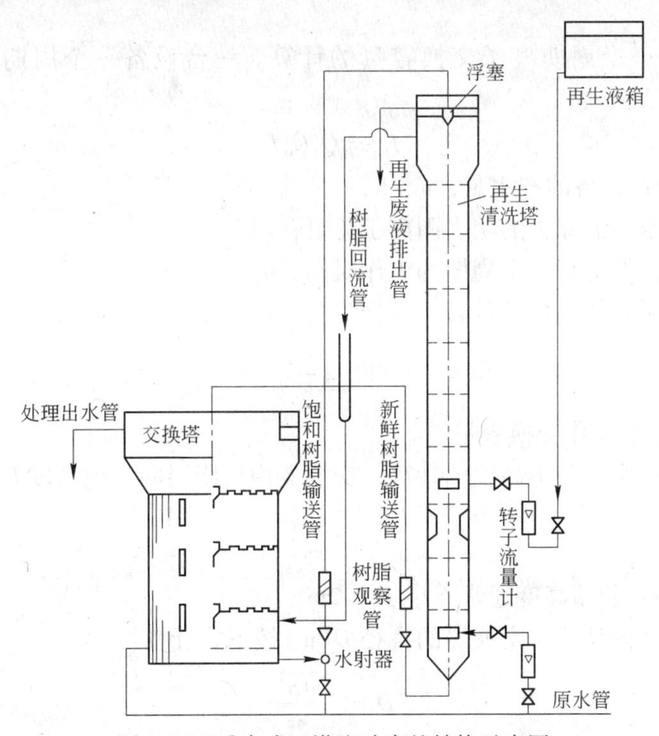

图4-21 重力式双塔流动床的结构示意图

流动床具有结构简单、操作方便、对污水浊度要求比固定床低，但稳定运行较难控制、树脂磨损较为严重、要求树脂颗粒均匀等特点。

4.3.4 离子交换设备的参数设计

（1）产水量的确定。根据用户要求和系统自身用水量，并考虑最大用水量来确定产水量 Q 值的大小。

（2）离子交换设备参数的设计计算。离子交换设备的参数包括设备总工作面积 S、一台设备的工作面积 S'、设备直径 D、一个周期离子交换容量 E_c、一台设备装填树脂量 V_R、交换器内树脂层的装填高度 h_R 和交换器总高度 H 的计算等。

1）设备总工作面积的计算。设备总工作面积的 $S(m^2)$ 按下式计算

$$S=\frac{Q}{v} \tag{4-12}$$

式中 Q ——设备总的产水量，m^3/h；

v ——交换设备中水流速度，m/h。

阳离子交换床正常流速为20m/h，瞬间最大流速达30m/h，混合床流速为40m/h，瞬

间最大流速达60m/h。

2）一台设备工作面积的计算。一台设备的工作面积$S'(m^2)$按下式计算

$$S' = \frac{S}{n} \tag{4-13}$$

式中　n——设备的台数。为了保证系统安全，多床式除盐系统的离子交换设备不宜少于两台。

3）一台设备一个周期离子交换容量的计算。一台设备一个周期离子交换容量E_c（m^3）按下式计算

$$E_c = Q_1 C_0 T \tag{4-14}$$

式中　Q_1——一台设备的产水量，m^3/h；

C_0——进水中需除去的阴、阳离子总量；

T——交换器运行一个周期的工作时间，h。

4）一台设备装填树脂量的计算。一台设备装填树脂量$V_R(m^3)$按下式计算

$$V_R = \frac{E_c}{E_0} \tag{4-15}$$

式中　E_0——树脂的工作交换容量。

5）交换器内树脂层装填高度的计算。交换器内树脂层的装填高度$h_R(m)$按下式计算

$$h_R = \frac{V_R}{S'} \tag{4-16}$$

交换器内树脂层装填高度通常不小于1.2m。

6）交换器直径的计算。交换器的直径$D(m)$按下式计算

$$D = \sqrt{\frac{4S'}{\pi}} \tag{4-17}$$

7）交换器总高度的计算。交换器总高度$H(m)$按下式计算

$$H = (1.8 \sim 2.0) h_R \tag{4-18}$$

（3）反洗耗水量的计算。反洗耗水量$V_F(m^3)$按下式计算

$$V_F = \frac{qt}{60} \tag{4-19}$$

$$q = v_2 S'$$

式中　v_2——反冲洗流速，m/h，阳树脂为15m/h，阴树脂为6～10m/h；

t——反洗时间，min，一般取15min。

（4）正洗耗水量的计算。正洗耗水量$V_Z(m^3)$按下式计算

$$V_Z = aV_R \tag{4-20}$$

式中　a——每立方米树脂正洗水比耗，m^3。

正洗水比耗与树脂种类有关，通常强酸树脂比耗为4～6，强碱树脂比耗为10～12，弱酸弱碱树脂比耗为8～15。

（5）再生剂需要量的计算。再生剂需要量$m(kg)$按下式计算

$$m = V_R E_0 N n/1000 = V_R E_0 m_h/1000 = V_R m_y \tag{4-21}$$

式中　V_R——一台交换器中装填树脂的体积，m^3；

N——再生剂当量值；

n——再生剂实际用量为理论用量的倍数，即再生剂的比耗；

m_h——再生剂耗量；

m_y——每立方米树脂再生剂用量，kg。

求得纯再生剂用量 m 后，根据工业品的实际含量，按下式计算所需工业品中再生剂的用量 m_G(kg)

$$m_G = \frac{m}{\varepsilon} \tag{4-22}$$

式中 ε——工业品中再生剂的实际含量，用百分数表示。

4.4 膜分离技术与设备

膜分离技术具有无相态变化、分离时节省能源、可连续操作等优点，因此膜分离技术在水处理领域得到越来越广泛的应用，与之相匹配的膜分离设备也得到了迅速发展，膜分离设备种类繁多，常用的有电渗析设备、反渗析设备、超滤设备和微滤分离膜设备等。常用的膜分离法有电渗析、反渗析、超过滤和微孔膜过滤等。电渗析是利用离子交换膜对阴阳离子的选择透过性，以直流电场为推动力的膜分离法。而反渗析、超过滤和微孔过滤则是以压力为推动力的膜分离法。由于篇幅所限，本节仅介绍电渗析设备、反渗析设备、超滤设备。

4.4.1 电渗析技术及其设备

4.4.1.1 电渗析的基本原理

电渗析是一种在直流电场作用下，使溶液中的离子通过膜进行传递的过程。由于电荷有正、负两种，所以离子交换膜也有两种，只允许阳离子通过的膜称为阳膜，只允许阴离子通过的膜称为阴膜。根据所用膜的不同，电渗析分为非选择性膜电渗析和选择性膜电渗析两类。非选择性膜电渗析是指在电场力的作用下，阴、阳离子都能透过膜，而颗粒较大的胶体粒子不能透过膜的过程。选择性膜电渗析是指在直流电场作用下，以电位差为推动力，利用离子交换膜的选择渗透性，即与膜电荷相反的离子透过膜，而与膜电荷相同的离子则被膜截留，使溶液中的离子发生定向移动以达到脱除或富集电解质的膜分离过程。

电渗析过程的基本原理如图 4-22 所示，在阳极和阴极之间交替平行排列若干张阳膜与阴膜，膜间构成一个个小室，两端加上电极，施加电场，电场方向与膜平面垂直。小室内充满含盐的废水，当接通直流电后，各小室中的离子进行定向迁移，由于离子交换膜的选择透过作用，①、③、⑤小室中的阴、阳离子分别迁出，进入相邻小室，而②、④、⑥小室中的离子不能迁出，还接受相邻小室中的离子，所以①、③、⑤小室成为淡水室，而②、④、⑥小室成为浓水室。阴、阳电极与膜之间构成的室分别为阴极室和阳极室。阳极发生氧化反应，产生 O_2 和 Cl_2，极水呈酸性。因此，选择阳极材料时应考虑其耐氧化和耐腐蚀性。阴极发生还原反应，产生 H_2 极水呈碱性，当水中含 Ca^{2+}、Mg^{2+}、HCO_3^-、CO_3^{2-} 时，易产生水垢，运行时应采取防垢和除垢措施。

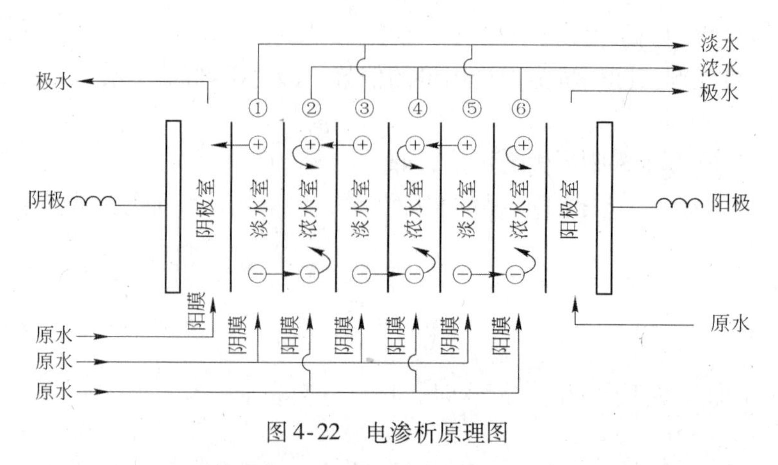

图 4-22 电渗析原理图

4.4.1.2 电渗析技术的特点及应用

电渗析技术具有以下特点：(1) 电渗析只能脱盐，不能去除有机物、胶体物质、微生物等。(2) 电渗析使用直流电，设备操作简单，不许酸碱再生，有利于环境保护。(3) 制水成本低，原水含量在 200 ~ 5000mg/L 范围内，用电渗析制取初级纯水的能耗较其他方法低。(4) 电渗析不能将水中离子全部去除干净，单独使用电渗析不能制备高纯水。

电渗析技术最早用于海水淡化制取饮用水和工业用水，海水浓缩制取食盐，以及与其他单元技术组合制取高纯水，后来被广泛地用于污水处理。电渗析技术在污水处理中应用最普遍的有：(1) 处理碱法造纸废液，从浓液中回收碱，从淡液中回收木质素。(2) 从含金属离子的废水中分离和浓缩重金属离子，而后对浓缩液进一步处理或回收利用。(3) 从放射性废水中分离放射性元素。(4) 从酸性废液中制取硫酸及沉积重金属离子。(5) 处理电镀废水和废液等，从镀铜、镀锌、镀镍废液中回收铜、锌、镍。

4.4.1.3 电渗析器的结构及使用范围

A 电渗析器的结构

电渗析器的结构如图 4-23 所示，它由极区、膜堆和夹紧装置三大部分组成。

极区由托板、电极、极框和弹性垫板组成。电极托板的作用是加固极板和安装进出水接管，常用厚硬聚氯乙烯板制成。电极的作用是接通内外电路，在电渗析器中造成均匀的直流电场。阳极常用石墨、铅、钛涂钌等材料；阴极可用不锈钢等材料制成。极框用来在极板和膜堆之间保持一定的距离，构成极室，也是极水的通道。极框的结构可以与隔板类似，也可以与电极一体化。

电渗析器的膜堆是被处理水通过的部件，也是电渗析器的主体，膜堆结构单元包括阳膜、阴膜和隔板，一个结构单元也称一个膜对。一台电渗析器由许多膜对组成，这些膜对总称膜堆。隔板分为网式隔板和冲格式隔板两种。隔板通常用聚氯乙烯板、聚丙烯板和聚乙烯板等制成，常用隔板厚为 0.5 ~ 0.9mm，常用隔板规格有 400mm×800mm、400mm×1600mm、800mm×800mm、800mm×1600mm 等。隔板上的水流通道可分为回流式和无回流式两种，如图 4-24 所示。隔板上的布水槽、集水槽的形式有网式、敞开式和单拐式等，如图 4-25 所示。

电渗析器夹紧装置的作用是把极区和膜堆组成不漏水的电渗析器整体。可采用压板和螺栓拉紧，也可采用液压压紧。

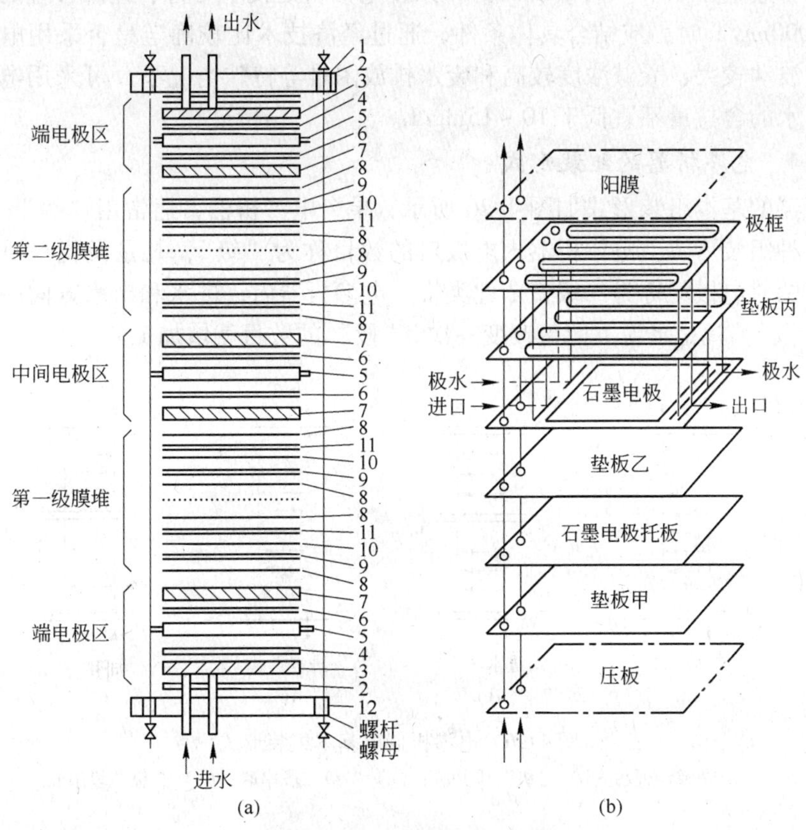

图4-23　电渗析器结构示意图

（a）电渗析器结构；（b）石墨端电极示意图

1—上压板；2—垫板甲；3—电极托板；4—垫板乙；5—石墨电极；6—垫板丙；7—板框；8—阳膜；9—淡水隔板；10—阴膜；11—浓水隔板；12—下压板

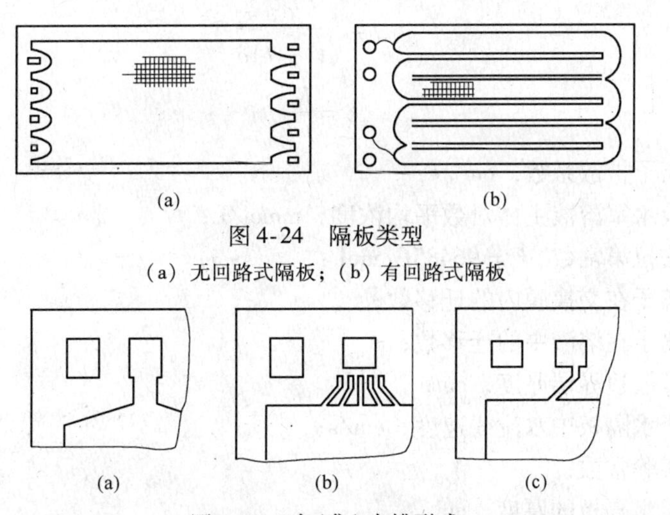

图4-24　隔板类型

（a）无回路式隔板；（b）有回路式隔板

图4-25　布(集)水槽形式

（a）网式；（b）敞开式；（c）单拐式

B 电渗析器的使用范围

当进水含盐量在500～4000mg/L时，采用电渗析是技术可行、经济合理的。当进水含盐量小于5000mg/L时，应结合具体条件，通过经济技术比较确定是否采用电渗析法。在进水含盐量波动较大、酸碱浓度较高和废水排放困难等特殊情况下，可采用电渗析法。电渗析器出口水的含盐量不宜低于10～15mg/L。

4.4.1.4 电渗析器的组装形式

电渗析器的基本组装形式如图4-26所示，单台电渗析器，通常用“级”、“段”等术语来区别各种组装形式。电渗析器内电极对的数目称为“级”，凡是设置一对电极的称为一级，设置两对电极的称为二级，依此类推。电渗析器内，进水和出水方向一致的膜堆部分称为“一段”，凡是水流方向每改变一次，“段”的数目就增加1。

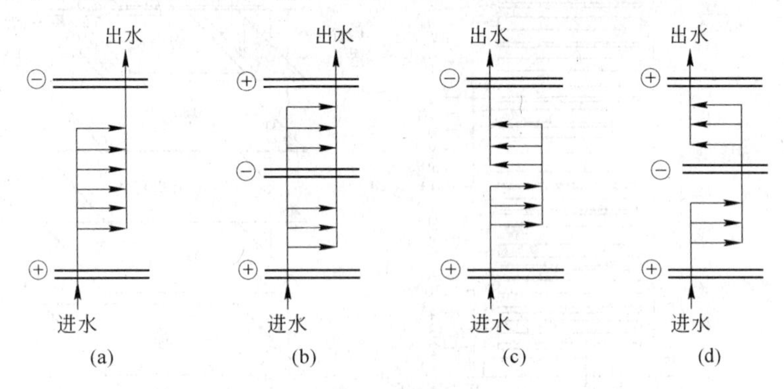

图4-26 电渗析器的基本组装形式

（a）一级一段；（b）二级二段并联；（c）一级二段串联；（d）二级二段串联

4.4.1.5 电渗析的工艺计算

（1）极限电流密度的计算。使膜界面层中产生极化现象时的电流密度，称为极限电流密度，用$i_{\lim}$（A/cm^2）表示。极限电流密度按下式计算：

$$i_{\lim} = \frac{FDc_p}{(t' - t)\delta} \tag{4-23}$$

其中

$$\delta = \frac{K'}{vd} \tag{4-24}$$

式中 D——离子扩散系数，cm^2/s；

c_p——淡水室溶液主体对数平均浓度，mmol/L；

F——法拉第常数，$F = 96485C/mol$；

t'——离子在交换膜内的迁移数；

t——离子在溶液中的迁移数；

δ——扩散边界层厚度，cm；

v——淡水隔板中水流线速度，cm/s；

K'——实验常数；

d——淡水隔板的厚度，cm。

将式（4-24）代入式（4-23）中，并令$K = FDd/[(t' - t)K']$，则得

$$i_{\lim} = Kvc_p \tag{4-25}$$

此式常被称为威尔逊公式。一般地，威尔逊公式可表示为

$$i_{\lim} = Kv^n c_p \tag{4-26}$$

式中 n——流速指数，由试验确定，其值在0.33～0.90范围内选取；

K——综合经验常数，由试验确定。

（2）电流效率的计算。电渗析除盐的电流效率指的是实际用于除盐的电量与通入电渗析器的电量之比。电流效率 η 可按下式计算

$$\eta = \frac{(C_i - C_o)Fvd}{il} \tag{4-27}$$

式中 C_i——淡水隔板中入口处水的含盐量，mol/L；

C_o——淡水隔板中出口处水的含盐量，mol/L；

l——淡水隔板的除盐流程长度，cm；

i——平均电流密度，mA/cm^2；

其余符号意义同前。

电渗析的电流效率通常随水净化程度的提高而降低。水净化程度越高，浓水与淡水的浓差越大，浓差扩散增大，离子返回到淡水层的速率增加，被浪费的电能就越多，故电流效率降低。

（3）电能消耗的计算。电渗析过程主要消耗的是电能，因此，耗电量的大小，会直接影响污水处理的成本，同时也反映出污水处理操作的技术水平。

单位体积成品水的电能消耗量 $W(kW \cdot h/m^3)$，可按下式计算

$$W = \frac{VI \times 10^{-3}}{Q_d} \tag{4-28}$$

式中 V——工作电压，V；

I——工作电流，A；

Q_d——淡水产量，m^3/h。

由式（4-28）可见，电渗析器需要的电压越高，电耗就越大。降低电渗析能耗，提高电能效率就必须从电压和电流两方面考虑。

（4）电渗析工作电压的计算。电渗析器需要的电压越高，电耗就越大。电渗析器的工作电压 V 可按下式计算

$$V = E_d + E_m + IR_j + IR_m + IR_s \tag{4-29}$$

式中 E_d——电极反应所需的电势，V；

E_m——克服膜电位所需的电压，V；

I——工作电流，A；

R_j——接触电阻，Ω；

R_m——膜电阻，Ω；

R_s——溶液的电阻（包括浓水、淡水和极水），Ω。

在电渗析的工作电压消耗中，电极反应消耗电压有限而且也是不可避免的，膜电位消耗电压数量也不大，而且不易降低，只有克服电阻消耗电压最大，估计约占总压降的60%～70%，且大部分消耗在淡水层的滞流层，因此，设法降低滞流层的电阻，对降低电

能消耗会起很大作用。

（5）水流速与压力的确定。电渗析器都有自身的额定流量，流量过大，进水压力过高，设备容易产生漏水和变形。流量过小时，达不到正常流速，水流不均匀，易极化结垢，都会影响电渗析器的正常运行。因此，通常水流速度控制在5～25cm/s，进水压力一般不超过0.3MPa。

另外，原水在进入电渗析器之前，需要进行必要的预处理，一般通过过滤来除去水中的悬浮物，以保证电渗析水处理过程能稳定运行。

（6）膜面积与流程长度的计算。膜面积A与流程长度l可按下式计算

$$A=\frac{Q(C_i-C_o)F}{i\eta} \tag{4-30}$$

$$l=\frac{Fvd(C_i-C_o)}{i\eta} \tag{4-31}$$

式中　Q——通过电渗器的水流量，m^3/h；

其余符号意义同前。

4.4.2　反渗透技术及其设备

4.4.2.1　反渗透原理

A　渗透和反渗透

有一种膜只允许溶剂通过而不允许溶质通过，如果用这种半渗透膜将淡水和盐水或两种浓度不同的溶液隔开，就会发现水将从淡水侧或浓度较低的一侧通过膜自动地渗透到盐水或浓度较高的一侧，盐水体积逐渐增大，在达到某一高度后便自动停止，此时即达到平衡状态，这种现象称为渗透作用。当渗透平衡时，溶液两侧液面的静水压差成为渗透压。任何溶液都具有相应的渗透压，其值依一定溶液中溶质的分子数目而定，与溶质的本性无关，溶液的渗透压与溶质的浓度及溶液的绝对温度成正比，其数学表达式为：

$$\pi=iRTc_z \tag{4-32}$$

式中　π——渗透压力，Pa；

R——理想气体常数，Pa·L/(mol·K)；

T——绝对温度，K；

c_z——溶质的浓度，mol/L；

i——范特霍夫系数，表示溶质的离解状态，其值等于1或大于1；当完全离解时，i等于阴、阳离子的总数，对非电解质则$i=1$。

如果在盐水面上施加大于渗透压的压力，则此时盐水中的水就会透过半透膜流向淡水侧，溶质则被截留在溶液一侧，这种现象称为反渗透。

B　反渗透原理

反渗透是利用反渗透膜选择性地只透过溶剂（通常是水）而截留离子物质的性质，以膜两侧静压差为推动力，克服溶剂的渗透压，使溶剂通过反渗透膜而实现对液体混合物进行分离的膜过程。反渗透属于以压力差为推动力的膜分离技术，因为它和自然渗透的方向相反，所以称为反渗透，如图4-27(b)所示。

反渗透主要是分离溶液中的离子，由于分离过程不需加热，没有相的变化，所以它具有耗能较少、设备体积小、操作简单、适应性强、应用范围广等优点。它的主要缺点是设备费用较高，膜清理效果较差。反渗透在水处理中应用范围日益增大，已成为水处理技术的重要方法之一。

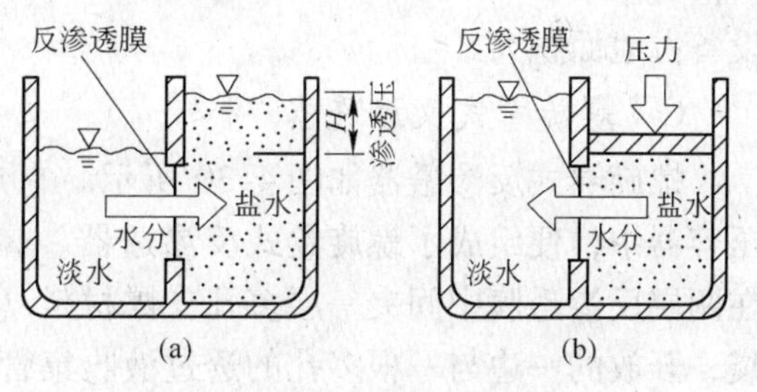

图4-27 自然渗透与反渗透的原理

(a) 自然渗透；(b) 反渗透

4.4.2.2 反渗透器及其组合形式

工业上应用的反渗透器有板框式、管式、螺旋卷式和中空纤维式。

A 板框式反渗透器

板框式反渗透器的构造如图4-28所示，它是由几块或几十块承压板、微孔支撑板和反渗透膜组成。在每一块微孔支撑板的两侧贴有反渗透膜，通过承压板把膜与膜组装成相互重叠的形式，用长螺栓和密封圈紧固后即可进行反渗透分离。它的优点是：装置紧固能承受高压；其缺点是：液流状态差，易形成浓差极化，设备费用大，占地面积亦稍大。

B 管式反渗透器

管式反渗透器有内压和外压两种形式。在管式反渗透器中，膜的形式为管状。管状膜衬在耐压微孔管套中，水在反渗透操作压力的推动下，从管内透过膜并由套管的微孔壁渗出管外，这种装配形式称为内压式。如果将膜涂在耐压微孔管外壁，水在压力推动下从管外透过膜并由套管的微孔壁渗入管内，这种装配形式称为外压式。由于外压式反渗透器的进水流动状态较差，所以工程中多数采用内压管式反渗透器，如图4-29所示，它是把许多单管以串联或并联方式连接装配而成的管束式反渗透器。淡化水由每根单管渗透出来，再由外壳引出把水收集。管式反渗透器的优点是：原料液流动状态好，流速易控制，膜容易清洗和更换，适当调节水流状态就能防止膜的堵塞，能够处理含悬浮物的溶液，设备安装与维修都比较方便。其缺点是：设备投资和操作的费用较高，单位体积内的膜面积小，

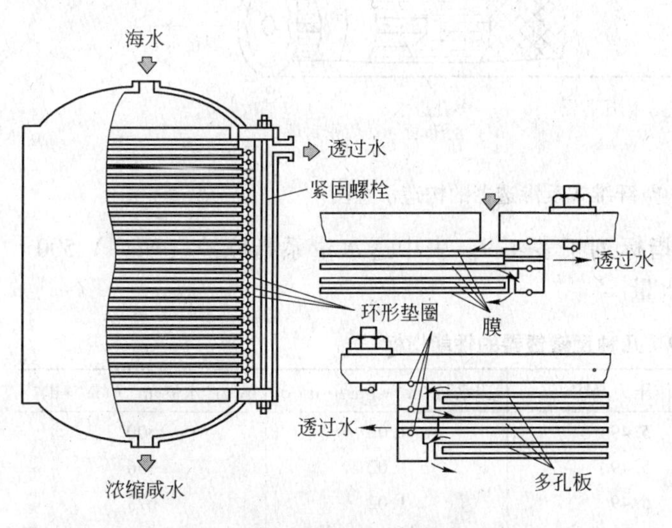

图4-28 板框式反渗透器的构造示意图

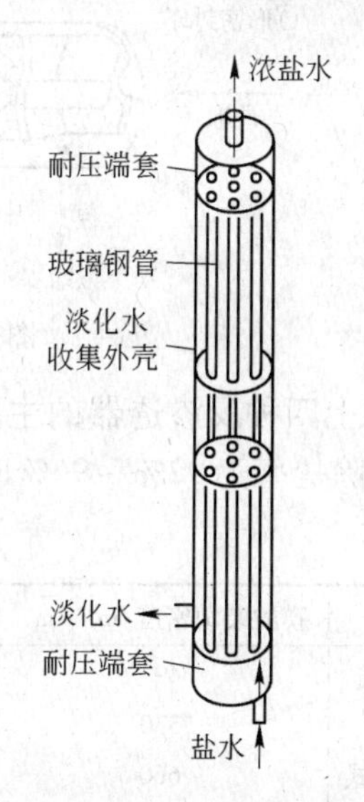

图4-29 内压管式反渗透器的构造示意图

设备占地面积大。

C　螺旋卷式反渗透器

螺旋卷式反渗透器如图4-30所示。它是将几个卷式膜组件串联起来，装入圆筒形耐压容器中，便组成了螺旋卷式反渗透器。螺旋卷式膜组件在结构上与螺旋板换热器类似，在两层反渗透膜中间夹一层多孔支撑材料（柔性格网），并将两片膜的三边密封而黏结成袋，开放的一边与一根多孔的透过液收集管连接，在膜袋外部原料液侧再铺上一层供废水通过的多孔透水格网，即膜-多孔支撑体-原料侧格网依次叠合，绕中心管紧密地卷在一起，便构成一个卷式膜组件。这种反渗透器的优点是单位体积内膜的装载面积大、结构紧凑、占地面积小。缺点是容易堵塞、清洗困难，因此，对原液的预处理要求严格。

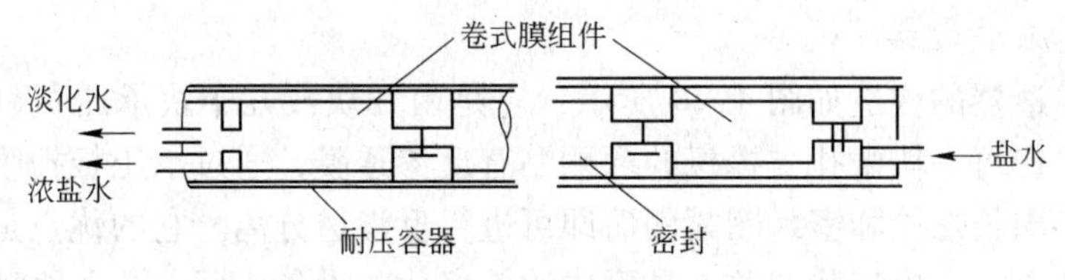

图4-30　螺旋卷式反渗透器的构造示意图

D　中空纤维式反渗透器

中空纤维式反渗透器的结构如图4-31所示，它由端板、O形密封环、中空纤维、进水流动网、多孔进水分布管、环氧树脂管板、多孔支撑板、耐压容器等组成。中空纤维膜是一种很细的空心纤维管，管的外径为50～100μm，壁厚为12～25μm，管的外径与内径之比约为2∶1。将几十万根中空纤维膜弯成U字形装在耐压容器内，并将开口端用环氧树脂灌封，另一端固定在环氧树脂管板上，即组成中空纤维式反渗透器。这种装置的优点是单位体积内的膜表面积大、不需要支撑材料、设备投资低。缺点是膜组件制作技术复杂、原液预处理要求严、难以发现损坏了的膜。

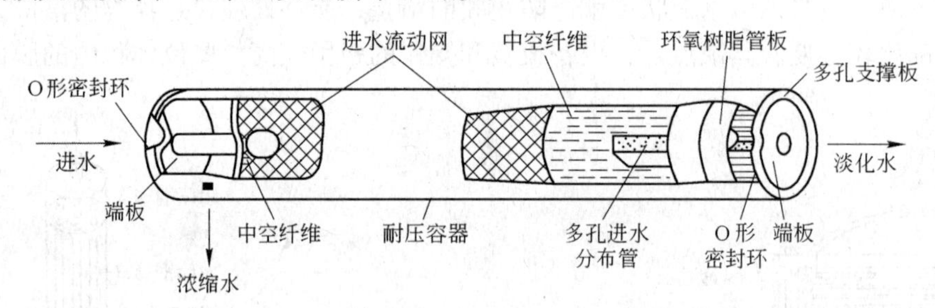

图4-31　中空纤维式反渗透器的构造示意图

以上四种反渗透器的主要性能指标列于表4-9。表中透水量系指原液（NaCl）500×10^{-6}，除盐率为92%～96%时的透水量。

表4-9　几种反渗透器的性能指标

形式	膜的装填密度/$m^2\cdot m^{-3}$	操作压力/MPa	透水量/$m^3\cdot(m^2\cdot d)^{-1}$	单位产水量/$m^3\cdot(m^3\cdot d)^{-1}$
板框式	493	5.49	1.02	500
管式	330	5.49	1.02	336
螺旋卷式	660	5.49	1.02	673
中空纤维式	9200	2.74	0.075	690

4.4.2.3 反渗透过程工艺流程

反渗透工艺流程包括预处理和膜分离两部分。预处理过程有物理过程（沉淀、过滤、吸附等）、化学过程（氧化、还原、pH 值调节等）和光化学过程。选择哪一种过程进行预处理，要根据污水的物理、化学、生物学特性及膜和反渗透器的构造做出决定。

反渗透过程，常见的工艺流程有一级、一级多段、多级、循环等几种形式，如图 4-32 所示。

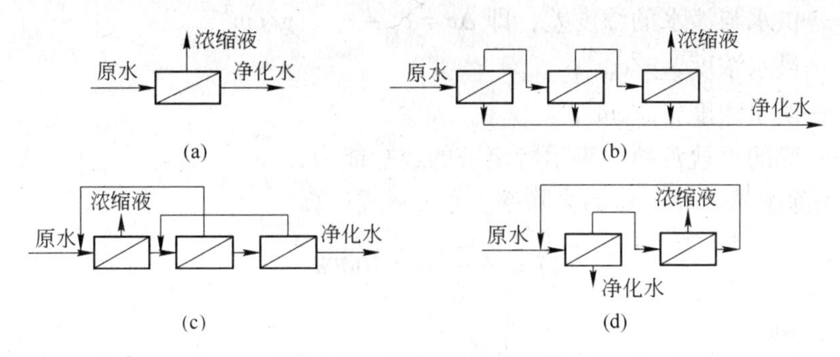

图 4-32 反渗透工艺流程

（a）一级处理流程；（b）一级三段处理流程；（c）三级浓循环处理流程；（d）二级淡循环处理流程

一级处理流程即一次通过反渗透器，该流程最为简单，能耗最少，但分离效率不高。当一级处理达不到净化要求时，可采用一级多段处理或二级处理流程。在多段处理流程中，将第一段的浓缩液作为第二段的进水，将第二段的浓缩液作为第三段的进水，以此类推。随着段数的增加浓缩液体积减小，而浓度提高，水的回收率上升。在多级流程中，将第一级的净化水作为第二级的进水，以此类推，各级浓缩液可以单独排出，也可循环至前面各级作为进水，随着级数增加净化水质提高。由于经过一级流程处理，水力损失较多，故实际应用中在级或段间常设增压泵。

4.4.2.4 反渗透处理系统的计算

反渗透处理系统的设计计算必须掌握进水组成及其变化、水温与渗透压等原始资料。用于污水处理时，设计规模按进水流量确定，主要计算内容有膜面积、膜的透盐量、出水水质和盐的去除率等。

（1）膜面积的计算。膜面积 $A(\mathrm{cm^2})$ 按下式计算

$$A = \frac{Q_g}{q} \tag{4-33}$$

其中

$$q = K_m(\Delta p - \Delta\pi) \tag{4-34}$$

式中 Q_g ——供水流量，g/s；

q ——膜的平均透水率，$\mathrm{g/(cm^2 \cdot s)}$；

Δp ——供水压力与淡水压力的差值，MPa；

$\Delta\pi$ ——供水与淡水的渗透压力差，MPa，实际使用的工作压力通常比渗透压大 3 ~ 10 倍；

K_m ——膜的水渗透系数，$\mathrm{g/(cm^2 \cdot s \cdot MPa)}$，$K_m$ 值与膜的种类、制造工艺和厚度等有关，应通过实验确定。

（2）膜透盐量的计算。膜的透盐量 G_T 按下式计算

$$G_T = \frac{P_T}{\delta}(c_g - c_d) = \beta \Delta c \tag{4-35}$$

式中　G_T——透盐量，g/(cm²·s)；

P_T——溶质在膜内的扩散系数（也称透压系数），cm²/s；

δ——膜的有效厚度，cm；

Δc——供水与淡水的浓度差，即 $\Delta c = c_g - c_d$，g/cm³；

c_g——供水浓度，g/cm³；

c_d——淡水浓度，g/cm³；

β——膜的透盐常数，表示特定膜的透盐能力，cm/s。

（3）盐去除率的计算。盐的去除率 f 可按下式计算

$$f = \frac{c_g - c_d}{c_g} \times 100\% \tag{4-36}$$

式中符号意义同前。

（4）出水水质的计算。出水水质指的是淡水浓度 c_d，出水水质的计算就是根据已知条件来计算 c_d。反渗透处理系统中溶质质量平衡关系式为

$$Q_g c_g = Q_n c_n + Q_d c_d \tag{4-37}$$

式中　Q_g，Q_n，Q_d——分别为供水、浓水和淡水流量；

c_g，c_n，c_d——分别为供水、浓水和淡水相应的浓度。

浓水侧溶质的平均浓度 c_p 可用下式计算

$$c_p = \frac{Q_g c_g + Q_n c_n}{Q_n + Q_g} \tag{4-38}$$

用 f_p 表示溶质的平均去除率，则

$$c_d = c_p(1 - f_p) \tag{4-39}$$

由于 c_d 值很小，可先假定 $c_d = 0$，由式（4-37）和式（4-38），得

$$c_p = \frac{2c_g}{2 - Y} \tag{4-40}$$

$$c_d = \frac{2c_g}{2 - Y}(1 - f_p) \tag{4-41}$$

其中

$$Y = Q_d / Q_g = 1 - c_g / c_n \tag{4-42}$$

式中　Y——水的回收率。

在已知 Q、c_g、f_p（由经验确定）及 Y 值的条件下，由式（4-41）初算出 c_d 值，把 c_d 值代入式（4-37），初算出 c_n 值，又把 c_n 值代入式（4-38）计算出 c_p 值，再把 c_p 值代入式（4-39），第二次算出 c_d 值，如此反复，即得到较精确的 c_d 值。

4.4.3　超滤技术及其设备

4.4.3.1　超滤原理及浓差极化

A　超滤原理与特点

超滤（简称 UF）同反渗透一样，均属于压力驱动型膜分离技术，以膜两侧压差为推

动力，以机械筛分原理为基础理论的溶液分离过程，它介于纳滤和微滤之间，如图4-33所示。超滤过程在本质上就是一种筛孔分离过程，在静压差推动力的作用下，原料液中溶剂和小分子的溶质粒子从高压的原料液一侧透过半透膜到低压一侧，通常称为滤出液或透过液；而大分子的溶质粒子组分被膜阻截，使原料液得到浓缩。

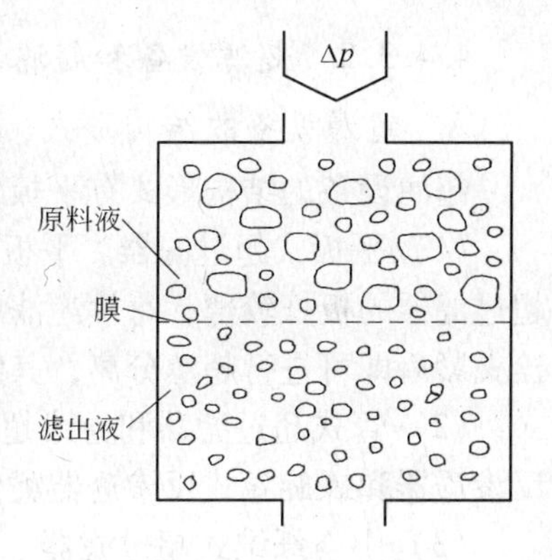

图4-33 超滤过程原理

超滤主要用于从液相物质中分离大分子化合物（如蛋白质、核酸聚合物、淀粉、天然胶、酶等）、胶体分散液（黏土、颜料、矿物料、微生物等）和乳液（润滑脂、洗涤剂、水乳液及油等）。此外，还可用来分离溶液中的低分子量溶质。其操作静压差一般为0.1～0.5MPa，膜孔径范围为1nm～0.02μm，被分离组分的直径约为0.01～0.1μm，一般为相对分子质量$1\times10^3\sim3\times10^5$的大分子和胶体粒子，所用的超滤膜多为非对称膜，膜的水透过通量为0.5～5.0$m^3/(m^2\cdot d)$。

超滤技术具有相态不变、无需加热、设备简单、占地少、能耗低、低压操作、管理容易、泵与管道对材料要求不高等特点，因此，超滤技术被广泛用于工业污水的处理。

B 超滤膜的浓差极化

在超滤过程中，由于高分子的低扩散性和水的高渗透性，溶质会在膜表面积聚并形成膜面到主体溶液之间的浓度梯度，这种现象称为膜的浓差极化。

超滤特性一般用膜的透过通量J_m和表观截留率R_b两个基本量来表示。

膜的透过通量用单位时间内、单位面积膜上透过的溶液来表示，即

$$J_m = \frac{V}{At} \tag{4-43}$$

式中 J_m——膜的透过通量，$m^3/(m^2\cdot s)$；

V——滤液体积，m^3；

A——分离膜的有效面积，m^2；

t——获得V体积滤液所需的时间，s。

溶质的截留率，可通过溶液的浓度变化测出，即由原液浓度与透过液浓度可求出溶质的表观截留率R_b，即

$$R_b = 1 - \frac{c_t}{c_y} \tag{4-44}$$

式中 c_y——原液浓度，mg/L；

c_t——透过液浓度，mg/L。

由于浓差极化现象的存在，膜表面截留的溶质浓度为c_m，所以膜的真实截留率R为

$$R = 1 - \frac{c_t}{c_m} \tag{4-45}$$

截留率R虽然能真实地表示超滤的特性，但由于膜表面的溶质浓度无法测定，所以可按浓差极化模型进行计算。

4.4.3.2 超滤设备和超滤工艺流程

A 超滤设备的结构形式

超滤设备的结构形式有平板式、管式、卷式和中空纤维式等。

(1) 平板式超过滤器。平板式超过滤器与板框式反渗透器基本上相同，但新型平板式超过滤器的板框较薄，每片超滤膜的间隔仅为0.8cm，把几十块隔板平整叠直起来，用螺栓夹紧后即可进行超滤分离，其结构如图4-34所示。

(2) 管式超过滤器和卷式超过滤器。管式超过滤器和卷式超过滤器的结构分别与管式反渗透器和螺旋卷式反渗透器类似，在此不再赘述。

(3) 中空纤维式超过滤器。中空纤维式超过滤器过滤膜的孔径比中空纤维反渗透膜的孔径大得多，中空纤维式超过滤器，如图4-35所示。

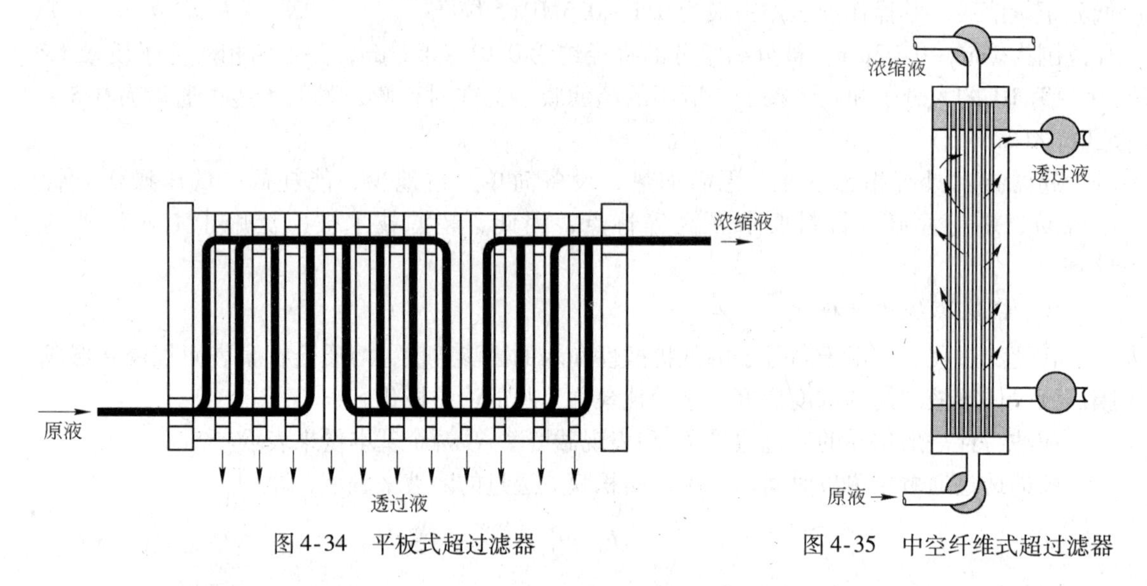

图4-34 平板式超过滤器　　图4-35 中空纤维式超过滤器

B 超过滤工艺流程

超过滤工艺流程可分为间歇式（图4-36）、连续式（图4-37）和重过滤三种形式。间歇式操作具有最大透过率、效率高，但是处理量小的特点。连续式操作过程常在部分循环下进行，回路中循环量常常比料液量大得多，主要用于大规模污水处理厂。重过滤用于小分子和大分子的分离，但由于重过滤是靠料液的液柱压力为推动力，操作浓差极化和膜污染严重，很少采用。

超滤的运行方式应根据超滤器的规模、被截留物质的性质及其最终用途等因素来选择，另外还必须考虑经济问题。若要求通量大，膜龄长和膜的更换费用低，则采用低压层流运行方式较为经济。若要求降低膜的基建费用，则应采用紊流运行方式。

a 间歇式操作

在间歇式操作中，可用平均流量来表示整个浓缩过程中的流量，即

$$J_{pm} = 0.5(J_1 + J_d) \tag{4-46}$$

式中 J_{pm}——平均膜通量，L/(m²·h)；

J_1——体积浓缩因子 $VCF = 1$ 时的膜通量，L/(m²·h)；

J_d——体积浓缩因子 VCF 最大时的膜通量，$L/(m^2 \cdot h)$。

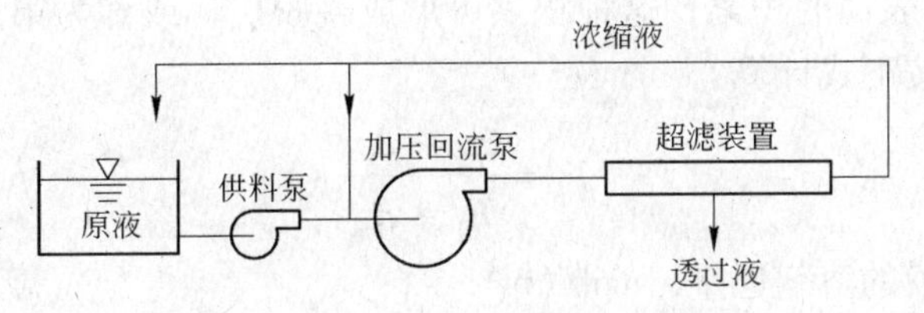

图 4-36　间歇式超滤工艺流程

b　连续式操作

连续式操作可采用单级方式，也可采用多级方式（图 4-37）。在设计计算时经常用到体积浓缩因子 VCF、进料液流量 Q_j、透过液流量 Q_t 和膜面积 A 等参数。

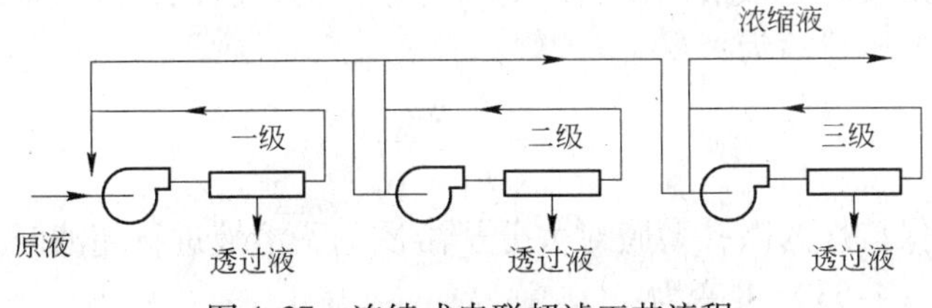

图 4-37　连续式串联超滤工艺流程

（1）透过液流量的计算。透过液流量 Q_t 可按下式计算

$$Q_t = JA \tag{4-47}$$

式中　Q_t——透过液流量，L/h；

J——膜通量，$L/(m^2 \cdot h)$；

A——膜的面积，m^2。

（2）进料液流量的计算。进料液流量 Q_j 可按下式计算

$$Q_j = Q_n + Q_t \tag{4-48}$$

其中

$$Q_n = \frac{Q_j}{VCF} \tag{4-49}$$

式中　Q_j——进料液流量，L/h；

Q_n——浓缩液流量，L/h。

（3）体积浓缩因子的计算。体积浓缩因子 VCF 可按下式计算

$$VCF = \frac{Q_j}{Q_n} \tag{4-50}$$

式中符号意义同前。

（4）膜面积的计算。膜的面积 A 可按下式计算

$$A = \frac{Q_t}{J} \tag{4-51}$$

式中符号意义同前。

4.4.3.3　超滤理论

超滤过程本质上是一种筛滤过程，膜表面的孔隙大小是主要的控制因素，溶质能否被膜孔截留取决于溶质粒子的大小、形状、柔韧性以及操作条件等，因此，可以用微孔模型

来分析超滤的传质过程。当溶剂向膜表面传递时，溶剂通过膜，而它所带的溶质被膜表面截留，导致溶质在膜表面的积累，这种积累可形成凝胶层，或称为第二层膜。因此，穿过膜的溶剂通量 J_{rj} 可按下式计算

$$J_{rj}=\frac{\Delta p-\Delta\pi}{R_j+R_m} \tag{4-52}$$

式中 J_{rj}——穿过膜的溶剂通量，mol/(m²·s)；

Δp——外加压力，Pa；

$\Delta\pi$——膜两侧渗透压差，Pa；

R_j——凝胶层的阻力，kg·m/(mol·s)；

R_m——膜的阻力，kg·m/(mol·s)。

由于大分子以及胶体分散液的渗透压通常是较低的，所以，式（4-52）中的 $\Delta\pi$ 可忽略不计，式（4-52）则可写为：

$$J_{rj}=\frac{\Delta p}{R_j+R_m} \tag{4-53}$$

采用具有较高保持性的微孔薄膜对大分子溶质的稀溶液进行超滤时，R_j 与 R_m 相比，R_j 可忽略不计，故式（4-53）可变为：

$$J_{rj}=\frac{\Delta p}{R_m} \tag{4-54}$$

这适于没有浓度极化的情况，或是在无限稀释时，凝胶层可自由流动的情况。在这种情况下，当溶质仅仅与溶剂一起进行转移而穿过膜孔，而膜孔又大得足以使溶质分子通过，此时溶质的通量 J_{rz} 可表示为：

$$J_{rz}=J_{rj}(1-\varphi)\left(\frac{c_{rz}}{c_{rj}}\right) \tag{4-55}$$

式中 φ——穿过对溶质有一定排斥作用的孔的纯溶剂流的分数；

c_{rz}——原料侧溶液中的溶质浓度；

c_{rj}——原料侧溶液中的溶剂浓度。

4.4.3.4 超滤技术的应用

超滤技术在污水处理方面应用很广，如电泳涂漆废水、含油废水、造纸工业废水、纺织印染工业废水、放射性废水、生活污水等的处理以及从食品工业废水中回收蛋白质、淀粉等。

（1）电泳涂漆废水处理。采用超滤技术处理电泳涂漆废水，可将漆料回收利用，膜透过液可返回作喷淋水利用。电泳漆超滤流程如图 4-38 所示。

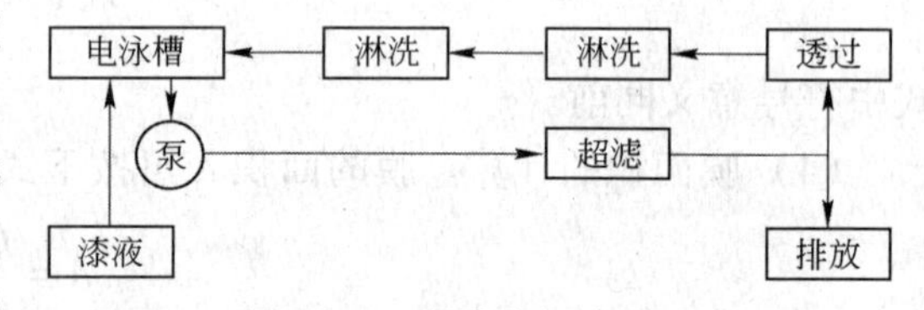

图 4-38 电泳漆超滤流程

（2）纺织印染工业废水处理。采用超滤技术处理纺织印染工业废水，可有效去除废水中的有机分子，采用一套过滤面积为 10m²/d 的超滤膜装置处理印染工业废水，一年可回收染料 3.5t 左右，约 20 万元，经回收染料后的染色废水，COD 去除率达 80% 左右，色度去除率达 90% 以上。

（3）造纸工业废水处理。采用超滤技术处理造纸工业废水，主要回收磺化木质素，它可以返回纸浆被再利用，而透过水又重新返回工艺中使用，具有很大的经济效益和环境效益。在造纸业中采用超滤技术对造纸废水进行处理，可实现制浆废水中木质素相对分子质量分级和提纯、稀硫酸盐和稀亚硫酸盐浓缩和回收、去除漂白液废水中的色度和有机氯三个目的。

（4）含油废水处理。采用超滤技术处理含油废水，可使油分浓缩，使水和低分子有机物透过膜，实现油水分离。如钢铁压延清洗废水中含0.2%～0.1%的油，油粒直径0.1～1μm，用超滤分离处理，得到的浓缩液含油5%～10%，可直接用于金属切割，过滤水重新用作压延清洗水。

（5）超滤在食品工业中的应用。新榨制的果汁中通常含有单宁、果胶、苯酚等有机化合物而呈现浑浊，传统的方法是采用酶、皂土和明胶使其沉淀，然后取其上清液得到澄清的果汁。采用超滤技术澄清果汁，只需脱除部分果胶，可大大减少酶的用量，省去了皂土和明胶，降低了生产成本，还去除了液体中所含的菌体，延长了果汁的保质期。超滤法果汁澄清工艺流程如图4-39所示。

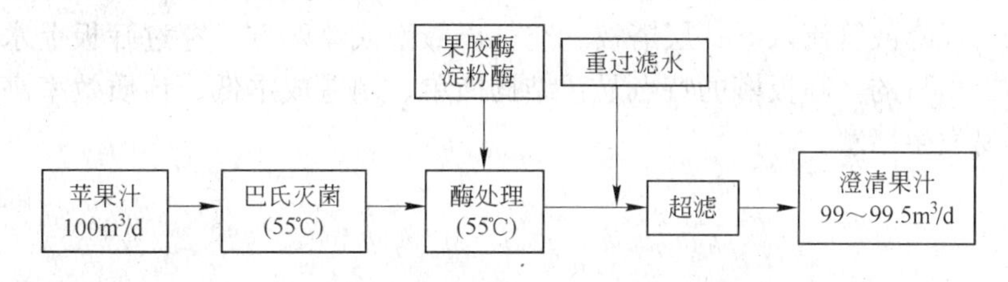

图4-39 超滤法果汁澄清工艺流程

在酿酒业中，采用超滤技术对经过常规过滤的发酵液进行超滤处理，不仅能完全阻截全部菌类，而且使蛋白质、糖类、丹宁减低到最低量，从而可以制得色泽清亮透明、泡沫性较好的优质啤酒。此法不仅省时省工，而且节能。

4.5 其他处理技术与设备

4.5.1 吹脱法的原理与设备

4.5.1.1 吹脱法的基本原理

吹脱法的基本原理是气液相平衡和传质速度理论。根据亨利定律，在气液两相系统中，溶质气体在气相中的分压与该溶质在液相中的浓度成正比，且在某种稳定的条件下形成气液平衡。当一定量空气通入废水中时，实质上降低了挥发性溶质组分的气相分压，从而打破已形成的气液相平衡，使挥发性溶质不断地由液相转至气相，然后予以收集或使之扩散到大气中去，从而使这些挥发性污染物质与水分离。

吹脱过程属于传质过程，其推动力为废水中某挥发组分的浓度与平衡状态下该组分的气相分压对应的液相浓度之差。吹脱过程的传质速度取决于这一差值。对于给定的物系，温度和气液接触面积对传质速度影响较大。可通过提高水温、使用新鲜空气或负压操作、增大气液接触面积和延长接触时间等手段来增大传质速度。

4.5.1.2 吹脱设备的结构特点

吹脱设备一般包括吹脱池（也称曝气池）和吹脱塔。

（1）吹脱池的结构特点。吹脱池分为自然吹脱池和强化吹脱池两种。依靠池面液体与空气进行自然接触而脱除水中挥发性污染物的吹脱池称为自然吹脱池，它适用于水中污染物极易挥发、水温较高、风速较大、地段开阔和不产生二次污染的场合。为强化吹脱过程，通常向池内鼓入空气或在池面以上安装喷水管，构成强化吹脱池。折流式强化吹脱池，如图4-40所示。吹脱池的特点是：占地面积较大，易造成大气污染。

（2）吹脱塔的结构特点。吹脱塔的形式有填料塔和筛板塔等。填料塔的结构如图4-41所示，在塔内填装一定高度的料层，废水从塔顶向下喷淋，沿填料表面呈薄膜状向塔底流动。空气则从塔底鼓入，由下而上与废水连续逆流接触，废水经吹脱处理后从塔底经水封管排出，自塔顶排出的气体可进行回收或进一步处理。填料塔常用的填料有纸质蜂窝、木格板和拉西环等。吹脱塔的特点是：与吹脱池相比占地面积小，吹脱效率高，便于回收气体，不污染大气，传质效率不如筛板塔，处理含高浓度悬浮物的废水易发生堵塞现象。筛板塔通常是由一个呈圆柱形的壳体和按一定间距水平设置的若干块筛孔板所组成。废水水平流过筛板，经降液管流入下一层塔板。空气以鼓泡或喷射方式穿过筛板上水层，因接触传质而达到分离目的。筛板塔的特点是：结构简单、制造成本低、传质效率高、塔体比填料塔小、不易发生堵塞。

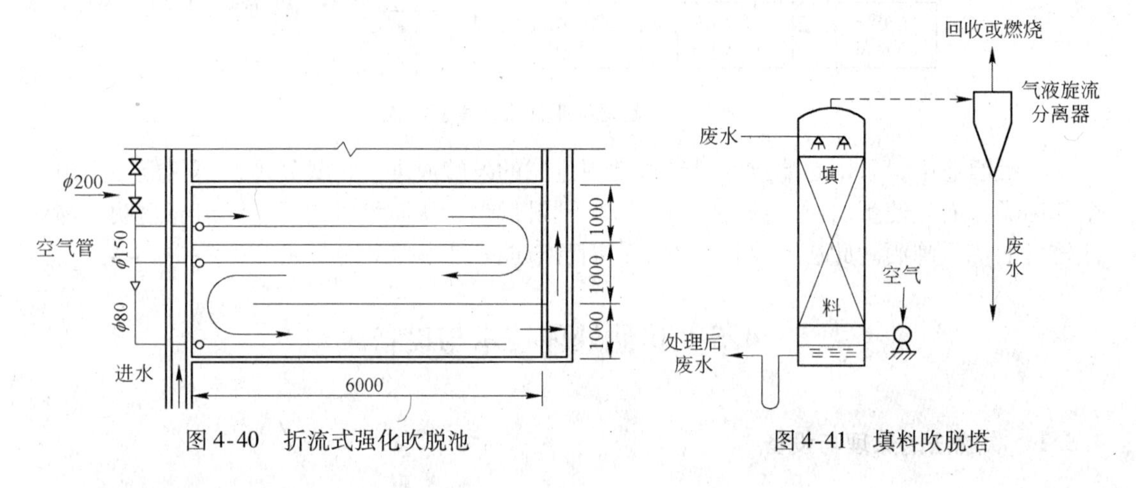

图4-40 折流式强化吹脱池　　图4-41 填料吹脱塔

4.5.1.3 吹脱过程的影响因素

在吹脱过程中，影响吹脱的因素较多，主要有以下几点：

（1）温度的影响。当压力一定时，气体在水中的溶解度随温度升高而降低，所以适当升高温度有利于吹脱的进行。

（2）气液比的影响。空气量过小，气液两相接触不够；空气量过大，会造成液气，使污水被气流带走，破坏操作，又会增加动力消耗。为使传质效率较高，工程设计时，通常采用极限气液比的80%作为设计比。

（3）pH值的影响。在不同pH值条件下，污水中挥发性物质的存在状态不同。挥发性物质只有以游离的气体形式才能被吹脱，如含S^{2-}和CN^-的污水应在酸性条件下被吹脱。

（4）油类及表面活性物质的影响。污水中油类及表面活性物质会阻碍挥发性污染物由液相向气相扩散，油类可能堵塞填料，影响吹脱效果，故应在预处理中将油类及表面活性物质去除。

4.5.1.4 吹脱设备的设计计算

A 吹脱池的设计计算

吹脱池有自然吹脱池和强化吹脱池。

自然吹脱池也可兼作储水池，其吹脱效果可按下式计算

$$0.43\lg\frac{c_0}{c_c}=D\left(\frac{\pi}{2h}\right)^2 t-0.207 \tag{4-56}$$

式中 c_0，c_c——分别为水中挥发性污染物的初始浓度和经过吹脱时间 t（min）后的残余浓度，mg/L；

D——气体在水中的扩散系数，mm^2/min；

h——水层深度，mm。

对于强化吹脱池，其吹脱效果可按下式计算

$$\lg\frac{c_0}{c_c}=0.43\beta t\frac{A}{V} \tag{4-57}$$

式中 c_0，c_c——分别为水中挥发性污染物的初始浓度和经过吹脱时间 t（min）后的残余浓度，g/L；

β——吹脱系数，可查相关设计手册；

A——气液接触面积，m^2；

V——废水体积，m^3。

强化吹脱池的喷水管的喷头安装高度应位于水面以上1.2～1.5m处。当池子较小时，可建在建筑物顶上，此时的喷水高度可达2～3m。喷水强度采用$12m^3/(m^2\cdot h)$即可。

B 吹脱塔的设计计算

吹脱塔有填料吹脱塔和筛板吹脱塔两种形式。

对于填料吹脱塔，当吹脱的气体量 G 和传质平均推动力 Δc 已知时，所需填料表面积 $S(m^2)$ 可按下式计算

$$S=\frac{G}{K\Delta c} \tag{4-58}$$

其中

$$G=Q(c_0-c_c)\times10^{-3} \tag{4-59}$$

$$\Delta c=\frac{c_0-c_c}{2.3\lg\dfrac{c_0}{c_c}} \tag{4-60}$$

式中 c_0，c_c——分别为原水和出水中挥发性污染物的浓度，g/L；

G——单位时间内从水中吹脱的气体量，kg/h；

K——吹脱系数，m/h，与挥发性污染物的性质、温度等因素有关，可查相关设计手册；

Q——处理污水量，m^3/h；

Δc——原水浓度 c_0 与出水浓度 c_c 的对数浓度差，g/L。

对于筛板吹脱塔，要求筛板上筛孔孔径一般为6～8mm，筛板间距通常为200～

300mm。水从上往下喷淋，穿过筛孔往下流动，水在塔内的喷淋密度可控制在 0.2 ~ 100m^3/(m^2·h)范围内。空气则穿过筛孔由下往上流动，气体穿过筛孔的流速以控制在 7 ~ 13m/s 为宜。

4.5.2 汽提法分离设备

汽提法主要利用污水中污染物的沸点与水的沸点的差异，通过污水与水蒸气的直接接触，污水中的挥发性污染物按一定比例扩散到气相中去，从而实现污染物与水的分离。

4.5.2.1 汽提法的基本原理

汽提法的基本原理与吹脱法相同，只是使用的介质不是空气而是水蒸气。汽提过程属于传质过程，当蒸汽与污水接触时，挥发性物质将在两相间进行传递，物质由液相传递到气相。当平衡时，挥发性污染物在污水中和蒸汽中的浓度之间存在着以下关系，即

$$K_1 = \frac{c_1}{c_2} \tag{4-61}$$

式中 K_1——分配系数，随挥发性污染物的性质和浓度而异；

c_1——平衡时，挥发性污染物在蒸汽冷凝液中的浓度，g/L；

c_2——平衡时，挥发性污染物在污水中的浓度，g/L。

由式（4-61）可知，当 $K_1 > 1$ 时，说明挥发性污染物比水易于挥发，表示污水中的污染物适于采用汽提法分离；当 $K_1 < 1$ 时，说明挥发性污染物比水难于挥发，表示污水中的污染物不适于采用汽提法分离。对于 0.01 ~ 0.1N 的低浓度溶液，分配系数可视为定值。某些物质的分配系数 K_1 值，见表 4-10。

表 4-10 某些物质的分配系数 K_1 值

挥发酚	苯 胺	游离氨	甲基苯胺	氨基甲烷	氨基乙烷	二乙基氨	氨苯甲基
2	5.5	13	16	11	20	45	8.3

汽提过程不仅是污染物在气液两相间转移的过程，也是蒸汽的消耗过程。单位体积污水所需的蒸汽量称为汽水比，用 K_2 表示。若在污水进口处气液两相传质达到平衡状态，则有

$$Q(c_0 - c_e) = K_1 c_0 V \tag{4-62}$$

式中 Q——污水量，m^3；

V——冷凝液体积，m^3；

c_0，c_e——进、出水中污染物浓度，g/L。

由式（4-62）得汽水比 K_2 为

$$K_2 = \frac{V}{Q} = \frac{c_0 - c_e}{K_1 c_0} \tag{4-63}$$

在实际生产中，实际蒸汽用量是理论量的 2 ~ 2.5 倍。

4.5.2.2 汽提设备的结构特点

汽提操作通常都是在封闭的塔内进行，常用的汽提塔有填料塔和板式塔两大类。

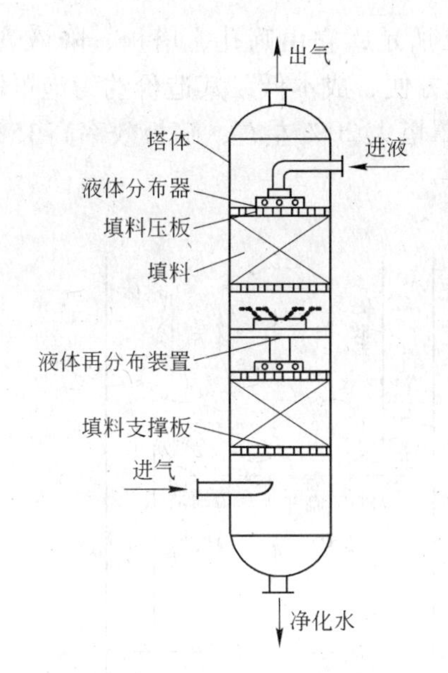

图4-42 填料塔结构示意图

A 填料塔的结构特点

填料塔的结构如图4-42所示，它是以塔内装有一定高度的填料作为气液两相间接触构件的传质设备。填料塔是一直立圆筒，底部装有填料支撑板，填料以乱堆或整砌的方式放置在支撑板上。填料的上方安装填料压板，以防被上升的气流吹动。液体从塔顶经液体分布器喷淋到填料上，并沿填料表面流下。气体从塔底送入，经气体分布装置（小直径塔一般不设气体分布装置）分布后，与液体呈逆流连续通过填料层的空隙，在填料表面上，气液两相密切接触进行传质。填料塔属于连续接触式气液传质设备，两相组成沿塔高连续变化，在正常操作状态下，气相为连续相，液相为分散相。

当液体沿填料层向下流动时，有逐渐向塔壁集中的趋势，使得塔壁附近的液流量逐渐增大，这种现象称为壁流。壁流效应造成气液两相在填料层中分布不均，从而使传质效率下降。因此，当填料层较高时，需要进行分段，中间设置再分布装置。液体再分布装置包括液体收集器和液体再分布器两部分，上层填料流下的液体经液体收集器收集后，送到液体再分布器，经重新分布后喷淋到下层填料上。

填料塔具有生产能力大、分离效率高、压降小、持液量小、操作弹性大、填料造价高、传质效率低、塔体积庞大等特点。

B 板式塔的结构特点

板式塔是一种传质效率比填料塔高的设备，这种塔的关键部件是塔板。根据塔板结构的不同，又可分为泡罩塔、浮阀塔、筛板塔、舌形塔和浮动喷射塔等，其中前三种应用较广。

（1）泡罩塔的结构特点。泡罩塔的结构如图4-43所示，主要由塔体、塔板、泡罩、蒸汽通道和降液管等组成。它具有操作稳定、弹性大、塔板效率高、能避免脏物和堵塞等优点，但有气流阻力大、板面液流落差大、布气不均匀、泡罩结构复杂、造价高等缺点。

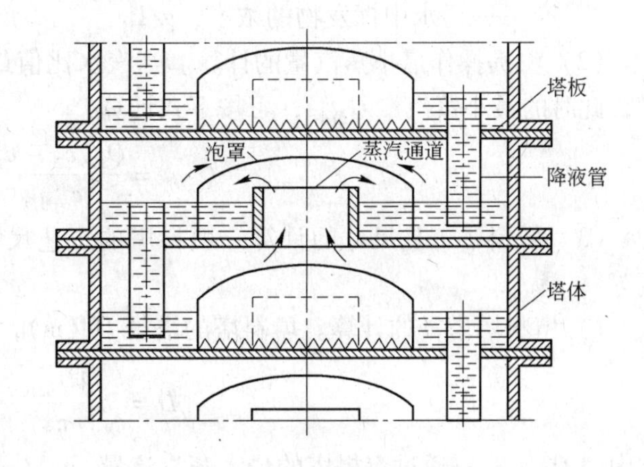

图4-43 泡罩塔的结构示意图

（2）浮阀塔的结构特点。浮阀塔的结构如图4-44所示，它主要由塔体、塔板、浮阀、降液管等组成。浮阀塔是一种高效传质设备，它具有结构简单、造价低、生产能力高、塔板效率高、操作弹性大等优点，得到广泛的应用。

（3）筛板塔的结构特点。筛板塔的结构如图 4-45 所示，它由筛孔、塔板、降液管、塔体、溢流堰等组成。筛板塔的优点是结构简单、制造方便、成本低，其造价约为泡罩塔的 60%，为浮阀塔的 80% 左右，压降小、处理量比泡罩塔大 20% 左右，筛板效率高 15% 左右。其主要缺点是操作弹性小、筛孔易堵塞。

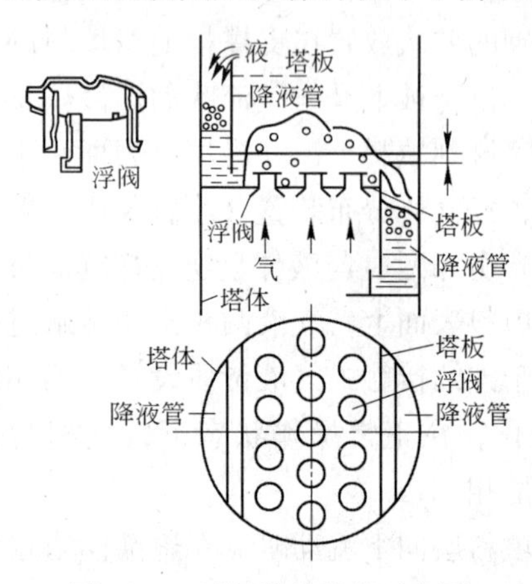

图 4-44　浮阀塔的结构示意图

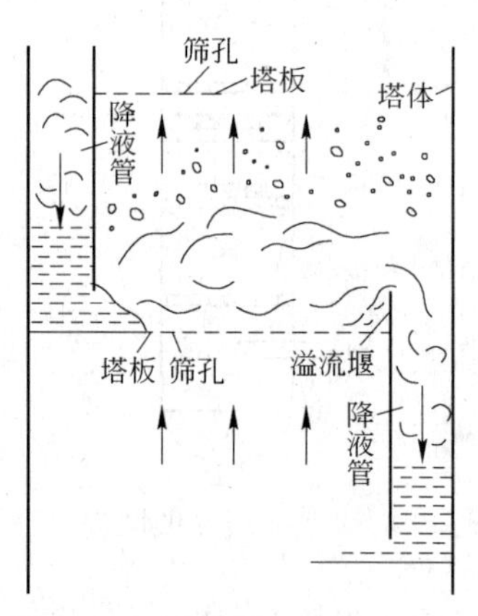

图 4-45　筛板塔的结构示意图

4.5.2.3　汽提塔的设计计算

（1）汽提操作物料衡算。汽提操作通常都在塔内逆流接触进行，当汽提操作在塔内呈稳态时，其物料衡算为：

$$Q_{zq}(c_{cq} - c_{oq}) = Q_{fs}(c_2 - c_1) \tag{4-64}$$

式中　Q_{zq}——蒸汽流量，m^3；

Q_{fs}——污水流量，m^3；

c_{cq}——离开塔顶的蒸汽相或冷凝液中挥发物的浓度，g/L；

c_{oq}——进入塔底的蒸汽中挥发物的浓度，$c_{oq}=0$；

c_1——汽提后出水中挥发物的浓度，g/L；

c_2——污水中挥发物的浓度，g/L。

（2）汽提操作最小蒸汽量的计算。当汽水比值最小时，同时又是冷凝液中的 c_{cq} 较高时，此时的最小蒸汽量 $Q_{最小}$，可按下式计算

$$Q_{最小} = \frac{Q_{fs}(c_2 - c_1)}{c_{cq最高}} \tag{4-65}$$

（3）填料塔工艺尺寸的计算。填料塔的工艺尺寸包括塔径、填料塔塔高、填料层高度等。

1）填料塔塔径的计算。填料塔的塔径 D（m），可按下式计算

$$D = \sqrt{\frac{4Q_{zmax}}{\pi v}} \tag{4-66}$$

式中　Q_{zmax}——通过汽提塔的最大蒸汽流量，m^3/s；

v——蒸汽通过塔时的空塔速度，m/s，一般取液泛气速的 50% ~85%。

2）填料塔塔高的计算。填料塔的塔高 H 由填料层高度 $h_{料}$ 和空塔高度 $h_{空}$ 组成，可按

下式计算

$$H = h_{料} + h_{空} \tag{4-67}$$

其中

$$h_{料} = N_{OG}H_{OG} \tag{4-68}$$

式中 N_{OG}——传质单元数，无因次；

H_{OG}——传质单元高度，m。

在汽液平衡关系和操作线方程均为直线时，传质单元数 N_{OG} 可按下式计算

$$N_{OG} = \frac{1}{1-S}\ln\left[(1-S)\frac{c_{oq}-c_1}{c_{cq}-c_1}+S\right] \tag{4-69}$$

其中

$$S = \frac{Q_{fs}}{KQ_{zq}} \tag{4-70}$$

式中 S——处理因子，为单位蒸汽量处理的水量；

K——平衡常数；

其他符号意义同前。

在汽液平衡关系不呈直线时，可用图解积分求得。

传质单元高度 H_{OG} 以液相为代表时，可按下式计算

$$H_{OG} = \frac{Q_{fs}}{K_X aA} = \frac{Q_{zq}}{K_Y aA} \tag{4-71}$$

式中 Q_{zq}——蒸汽流量，m^3/s；

Q_{fs}——废水流量，m^3/s；

K_X——以液相比分子分数差为推动力的传质总系数，m/s；

K_Y——以气相比分子分数差为推动力的传质总系数，m/s；

A——填料塔横截面积，m^2；

a——单位体积填料的汽液有效接触面积，m^2/m^3。

（4）填料的类型与选择。

1）填料的类型。填料的种类很多，根据填料方式的不同，可分为散装填料和规整填料两大类。

① 散装填料。散装填料是一个个具有一定几何形状和尺寸的颗粒体，以随机的方式堆积在塔内，又称为乱堆填料或颗粒填料。散装填料根据结构特点不同又分为环形填料、鞍形填料和环鞍形填料等，如拉西环、阶梯环、弧鞍环、矩鞍环、环矩鞍和鲍尔环等。

② 规整填料。规整填料是按一定的几何图形排列整齐堆砌的填料。根据几何结构分为格栅填料、波纹填料和脉冲填料等。工业上应用的规整填料绝大部是结构紧凑、压降低、分离效率高、处理能力大、比表面积大的波纹填料。

2）填料的选择。填料的选择包括确定填料的种类、规格和材质等，所选填料既满足生产工艺要求，又要使设备投资和操作经济。

① 填料种类的选择。填料种类的选择根据分离工艺的要求，应考虑传质效率、通量、填料层的压降和填料的操作弹性、抗污堵性和抗热敏性等操作性能，来选择合适的填料。

② 填料规格的选择。通常散装填料与规整填料的规格表示方法不同，所选择的方法也不尽相同。对于散装填料的规格是指填料的公称直径 d。同类填料中，填料的尺寸越小，分离效率越高。常用填料的塔径与填料公称直径比值见表 4-11。

表 4-11 塔径与填料公称直径比值 D/d 的推荐值

填料种类	D/d 推荐值
拉西环	≥20～30
鞍环	≥15
鲍尔环	≥10～15
阶梯环	>8
环矩鞍	>8

对于规整填料，其型号和规格表示方法很多，国内习惯用比表面积表示，主要有 125、150、250、350、500、700 等几种规格，同种类型的规整填料，其比表面积越大，传质效率越高，但阻力增加，通量减小，填料费用明显增加，所以选用时应从分离效率、通量要求、场地条件、物料性质、设备投资及操作费用等方面综合考虑。

③ 填料材质的选择。填料的材质分为陶瓷、金属和塑料三大类。陶瓷填料具有良好的耐腐蚀性和耐热性能。陶瓷填料价格便宜，具有良好的表面润湿性能，主要用于气体吸收、气体洗涤和液体萃取等过程。但陶瓷填料因其质脆，易碎，不宜在高冲击强度下使用。金属填料可用多种材质制成，金属材料的选择主要根据物系的腐蚀性和金属材质的耐腐蚀性综合考虑。金属填料有碳钢填料、不锈钢填料和特种钢填料等。塑料填料的材质主要包括聚丙烯、聚乙烯、聚氯乙烯。国内一般多采用聚丙烯材质。塑料填料具有质轻、价廉、耐冲击、不易破碎、表面润湿性能差等特点，多用于吸收、解吸、萃取、除尘等装置中。

（5）液体喷淋密度的计算。填料塔的液体喷淋密度是指单位时间单位塔截面积上液体的喷淋量，其计算式为：

$$U = \frac{Q_{fs}}{0.785D^2} \tag{4-72}$$

式中 U——液体喷淋密度，$m^3/(m^2 \cdot h)$；

Q_{fs}——液体喷淋量，m^3/h；

D——填料塔直径，m。

（6）液体分布和最小润湿率。液体的分布在填料操作中起非常重要的作用，即使填料选择合适，如果液体分布不均匀，也会使填料的有效润湿表面积减少，产生沟流和死角，所以在塔顶必须装有污水喷淋装置，以保证液体均匀地分布在填料上。常用的喷淋装置有：管式喷淋器、多孔管式喷淋器、莲蓬式喷淋器、盘式筛孔喷淋器、锥形液体再分布器和槽形液体分布器等。

塔内液体喷淋量应不低于某一极限值，此极限值称为最小喷淋密度，用 U_{min} 表示。对于散装填料，最小喷淋密度按下式计算

$$U_{min} = L_{Wmin} a_t \tag{4-73}$$

式中 U_{min}——液体的最小喷淋密度，$m^3/(m^2 \cdot h)$；

L_{Wmin}——最小润湿率，$m^3/(m \cdot h)$；

a_t——填料的总比表面积，m^2/m^3。

最小润湿率是指在塔的截面上单位长度填料周边的最小液体体积流量。对于直径小于

75mm 的散装填料，最小润湿率取 0.08，对于直径大于 75mm 的散装填料，最小润湿率取 0.12。对于规整填料，最小润湿率可查相关手册，设计时常取 0.2。

4.5.2.4 汽提法的应用

汽提法最早用于含酚废水的处理，从中回收挥发性酚，后来广泛用于含硫废水、含氮废水、含丙烯腈废水和家畜尿便废水的处理。汽提法还成功地用于去除地下水中挥发性的有机化合物（VOCs），典型的废水汽提 VOCs 过程如图 4-46 所示，一般采用并联两个塔，以备维护或清洗时交替使用。废水通过分布器从塔顶进入，由鼓风机出来的空气由塔底进入塔内，塔顶有一个除雾器，以防止水被空气带出。被空气带出的 VOCs 一般用燃烧法、活性炭吸附法、高温分解法处理。

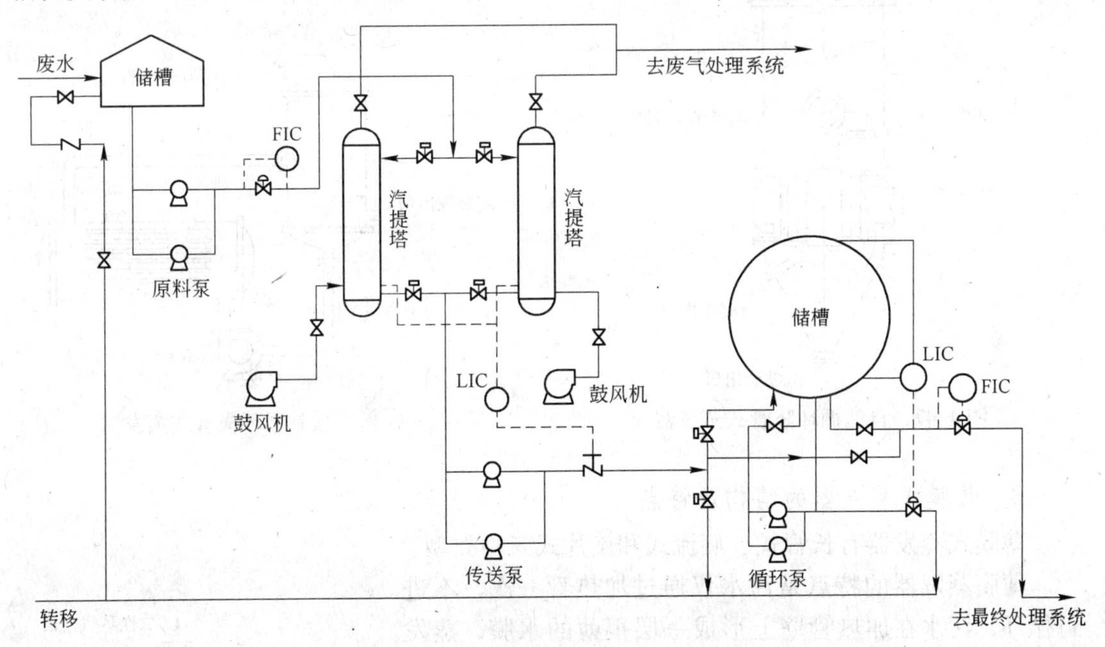

图 4-46 典型的废水汽提 VOCs 过程

LIC—液位控制阀；FIC—流量控制阀

4.5.3 蒸发法基本原理与设备

4.5.3.1 蒸发法的基本原理

蒸发处理污水的实质是加热污水，使水分子大量气化，从而得到浓缩液，以便进一步回收利用，而水蒸气经冷凝后可获得纯水。

4.5.3.2 蒸发设备及其特点

沸腾蒸发的设备称为蒸发器，水处理中用的蒸发器有列管式蒸发器和薄膜式蒸发器等几种。

A 列管式蒸发器的结构及特点

列管式蒸发器由加热室和蒸发室构成。根据污水循环流动时作用水头的不同，列管式蒸发器分为自然循环式和强制循环式两种。图 4-47 为自然循环竖管式蒸发器，加热室内有一组竖直加热管，管内为污水，管外为加热蒸汽，加热室中央有一根很粗的循环管，其截面积为加热束截面积的40% ~100%，经加热沸腾的水汽混合液上升到蒸发室后便进行水汽分离，蒸汽经捕沫器截留液滴，从蒸发室的顶部引出。污水则沿中央循环管下降，再流入加热管，不断沸腾蒸发。待达到要求的浓度后，从底部排出。自然循环竖管式蒸发器的优点是结构简单，传热面积较大，清洗维修较方便，其缺点是循环速度小，生产率低，适用于处理黏度较大和易结垢的污水。强制循环横管式蒸发器的结构如图4-48所示，该设备因管内强制流速较大，对水垢有一定的冲刷作用，故该蒸发器适用于蒸发结垢性污水，但能耗较大。

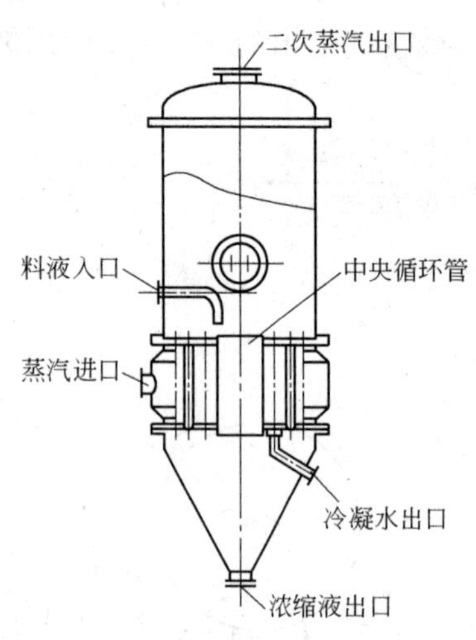

图4-47　自然循环竖管式蒸发器

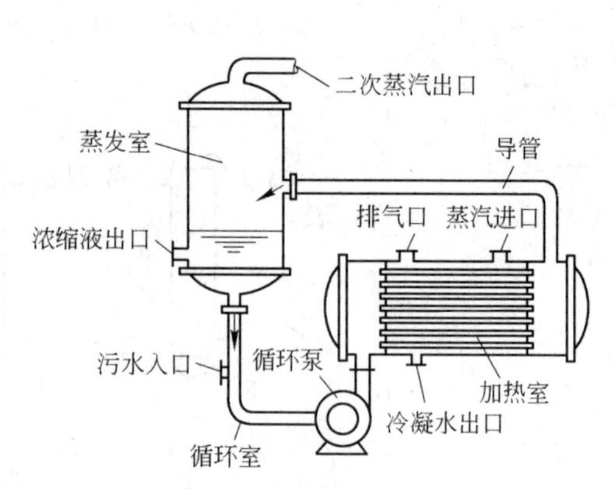

图4-48　强制循环横管式蒸发器

B　薄膜式蒸发器的结构及特点

薄膜式蒸发器有长管式、旋流式和旋片式三种类型。

薄膜蒸发器的特点是污水仅通过加热管一次，不进行循环，污水在加热管壁上形成一层很薄的水膜，蒸发速度快，传热效率高。薄膜蒸发器适用于热敏性料液蒸发，处理黏度较大、易产生泡沫污水的效果也较好。长管式薄膜蒸发器按水流方向又分为升膜、降膜和升降膜三种。单冲程长管式薄膜蒸发器如图4-49所示，加热室内有多根长3 ~8m的加热管，管径为ϕ38 ~50mm，管长与管径之比为100 ~150。加热管内的液位仅为管长的1/4 ~1/5。污水由管端进入，沿管道气化，然后进入分离室，分离二次蒸汽和浓缩液。

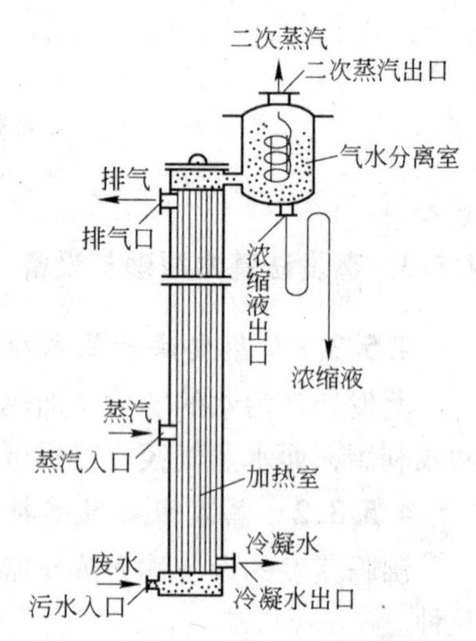

图4-49　单冲程长管式薄膜蒸发器

旋流式薄膜蒸发器的结构与旋片式薄膜蒸发器类似。污水从顶部的四个入口沿切线方向流入，由于速度较高，离心力很大，因而形成均匀的螺旋形薄膜，紧贴器壁流下。在内壁外层蒸汽夹套的加热下，液膜迅速沸腾气化。蒸发液由锥底排出，二次蒸汽由顶部中心管排出。其特点是结构简单，传热效率高，蒸发速度快，适于蒸发结晶，但因传热面积小，故设备生产能力不大。

4.5.3.3 蒸发过程的物料衡算

图4-50为蒸发过程物料衡算图，图中采用蒸汽夹套加热污水，使之沸腾蒸发。加热的蒸汽称为一次蒸汽，汽量用 Q_z 表示，温度为 t_0；被加热的污水量为 Q_1，溶质的初浓度为 c_1，温度为 t_1。污水在蒸发器内沸腾蒸发而逸出的蒸汽称为二次蒸汽，经冷凝后变成水，其量为 Q_2，所含有的溶质浓度为 c_2。浓缩液的量为 $Q_3 = Q_1 - Q_2$，溶质浓度为 c_3。根据蒸发前后溶质总量不变的物料衡算原理，则有：

$$Q_1c_1 = Q_2c_2 + Q_3c_3 = Q_2c_2 + (Q_1 - Q_2)c_3 \tag{4-74}$$

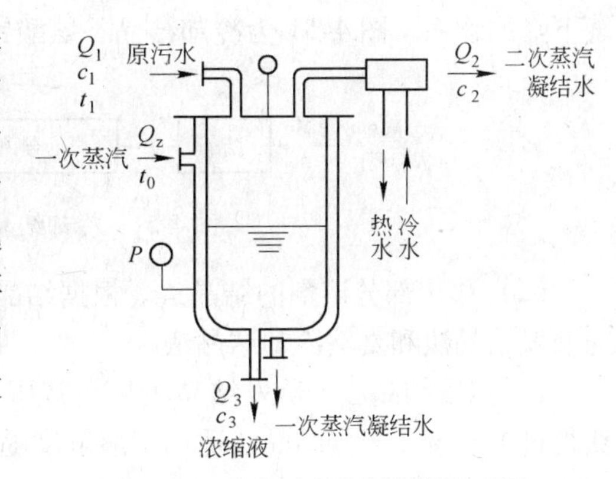

图4-50 蒸发过程物料衡算示意图

由式（4-74）则得浓缩后的溶质浓度为

$$c_3 = (Q_1c_1 - Q_2c_2)/Q_3 \tag{4-75}$$

由于 c_2 值通常都很小，可忽略不计，故得

$$c_3 = Q_1c_1/Q_3 = \alpha c_1 \tag{4-76}$$

式中 α——原污水量与浓缩液量的比值，称为浓缩倍数。

由式（4-76）可知，浓缩倍数越大，浓缩液的溶质浓度越高。一般含盐量愈高，能达到的浓缩倍数就愈小。

在溶质不挥发的情况下，二次蒸汽中 c_2 的相对含量可用处理效率 η 表示，即

$$\eta = \frac{c_1 - c_2}{c_1} \times 100\% \tag{4-77}$$

在污水处理中若溶质是不挥发物，其值一般为95%～99%。

4.5.4 结晶法基本原理与设备

4.5.4.1 结晶法的基本原理

结晶是生物化工生产中，获得纯固态物质的一种重要的分离方法，是传质分离过程的一种单元操作。

结晶法的实质就是通过蒸发浓缩或降温，使污水中具有结晶性能的溶质达到过饱和状态，让多余的溶质结晶析出，加以回收利用。

结晶的必要条件是溶液达到过饱和，因此，确定不同条件下溶质的溶解度，是实现结晶分离的前提。水溶液中，溶质的溶解度与温度有密切关系，温度是进行结晶分离的主要控制条件。当溶液达到过饱和后，多余的溶质即结晶析出。结晶过程分两个阶段，先是形成许多微小的晶核，然后再围绕晶核长大。

4.5.4.2 结晶方法的分类

对于工业上的溶液结晶，按结晶过程中过饱和度形成的方式，可将结晶方法分为不移出溶剂的结晶法和移出部分溶剂的结晶法两大类。

（1）不移出溶剂的结晶法。不移出溶剂的结晶法在操作上称为冷却结晶法。该法不需

移出溶剂，主要通过冷却使溶液获得过饱和度。冷却结晶法适用于溶解度随温度降低而显著下降的物系。图4-51为冷却结晶谷氨酸钠的工艺流程。

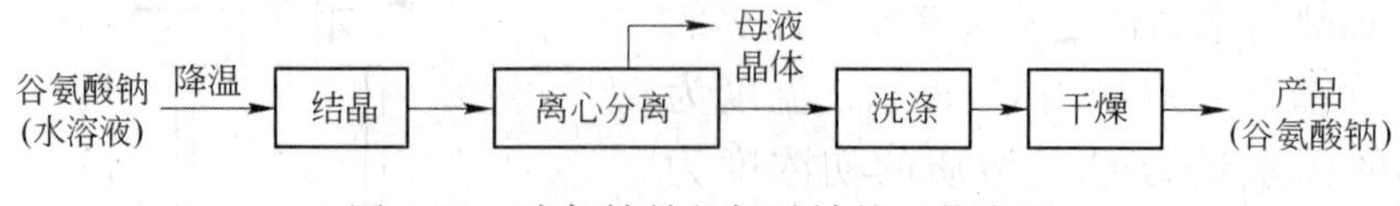

图4-51　冷却结晶谷氨酸钠的工艺流程

（2）移出部分溶剂的结晶法。根据结晶操作过程的不同，移出部分溶剂的结晶法可分为蒸发结晶法和真空冷却结晶法。

1）蒸发结晶法。蒸发结晶法是在常压、沸点条件下，溶液中溶剂部分气化，使溶液获得过饱和度。蒸发结晶法适用于溶解度随温度变化不大的物系。蒸发结晶氯化钠的工艺流程如图4-52所示。

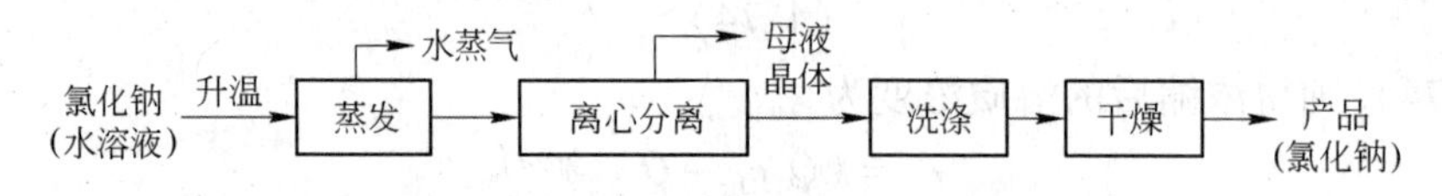

图4-52　蒸发结晶氯化钠的工艺流程

2）真空冷却结晶法。真空冷却结晶法是在减压、低于正常沸点条件下，溶液中溶剂部分气化，使溶液获得过饱和度。真空冷却结晶法具有蒸发结晶法和冷却结晶法的特点，适用于热稳定性差及中等溶解度的物系。

4.5.4.3　结晶设备的结构及特点

A　结晶设备的分类

（1）按改变溶液浓度方法的不同，结晶设备可分为浓缩结晶设备、冷却结晶设备和其他结晶设备。浓缩结晶设备结晶过程与蒸发过程同时进行，所以一般称为煮晶设备。冷却结晶设备常用于温度对溶解度影响较大的物质结晶，结晶前先将溶液升温浓缩。等电点结晶时溶液比较稀，要使晶种悬浮，要求进行激烈地搅拌，设备要选用耐腐蚀的材料制作，以防止加酸调整pH值的腐蚀作用。

（2）按结晶过程运转方式的不同，结晶设备可分为间歇式结晶设备和连续式结晶设备两种。间歇式结晶设备结构比较简单，结晶质量较高，结晶收得率高，操作控制也比较方便，但设备利用率较低，操作劳动强度较大。连续式结晶设备结构比较复杂，结晶粒子比较小，操作控制比较困难，动力消耗较大。

（3）按结晶过程的操作方式不同，结晶设备又可分为搅拌式结晶设备和不搅拌式结晶设备两种。搅拌式结晶设备的搅拌装置，作用是使晶种悬浮；加速传热，使溶液中各处的温度比较一致；加快扩散速度，促使晶核的产生和晶体的均匀成长。

B　结晶设备的结构特点

工业使用的结晶设备，核心是结晶器。在工业生产中，由于被结晶溶液的性质、结晶产品的粒度要求、晶形及生产能力要求等各有不同，因此使用的结晶器也是多种多样的。以下介绍结晶槽、蒸发结晶器和真空结晶器的结构特点。

（1）结晶槽的结构特点。结晶槽的结构如图4-53所示，它由结晶槽、螺旋搅拌器、水冷却夹套和冷却水进口等组成。结晶槽是气化式结晶器中最简单的一种，主体是一敞口或闭式的长槽，底部是半圆形，槽外装有水夹套，而槽内则装有长螺距低速螺旋搅拌器，全槽常由2～3个单元组成。

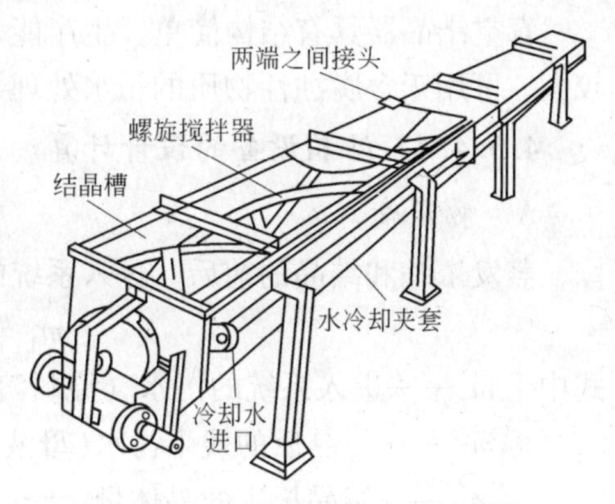

图4-53　长槽搅拌式连续结晶器

热而浓的溶液由结晶器的一端进入，并沿槽流动，夹套中的冷却水与之做逆流流动，由于冷却作用，若控制适当，溶液在进口处附近即开始产生晶核，这些晶核随着溶液流动而长成为晶体，最后从槽的另一端流出。该设备具有构造简单、生产能力大、节省地面和材料、可连续操作、产生的晶体力度均匀、大小可调节、体力劳动少等特点，适用于葡萄糖、谷氨酸钠等卫生条件较高和产量较大的结晶。

（2）蒸发结晶器的结构特点。各种用于浓缩晶体溶液的蒸发器，称为蒸发结晶器。图4-54为奥斯陆蒸发式结晶器，它是由循环泵、加热器、蒸发室、捕沫器、通气管、中央管、分离室、晶体流化床和循环管等组成。蒸发结晶器的结构及操作与一般蒸发器完全一样，有时也先在蒸发器中使溶液浓缩，而后将浓缩液倾入另一蒸发器中，以完成结晶过程。

（3）真空结晶器的结构特点。真空结晶器可以间歇操作，也可以连续操作。连续式真空结晶器如图4-55所示，它由进料口、泵、循环管、冷凝器、双级式蒸气喷射泵和蒸气喷射泵所组成。溶液自进料口连续加入，晶体与一部分母液用泵连续排出。泵2迫使溶液沿循环管循环，促使溶液均匀混合，以维持有利的结晶条件。蒸发后的水蒸气从结晶器顶逸出，至冷凝器用水冷凝。双级式蒸气喷射泵的作用是保持结晶处于真空状态。真空结晶器中的操作温度很低，若所使用的溶剂蒸气不能在冷凝器中冷凝，则可在冷凝器外部冷凝，蒸气喷射泵将溶剂蒸气压缩，以提高其冷凝温度。连续式真空结晶器可将几个结晶器串联进行多级操作。

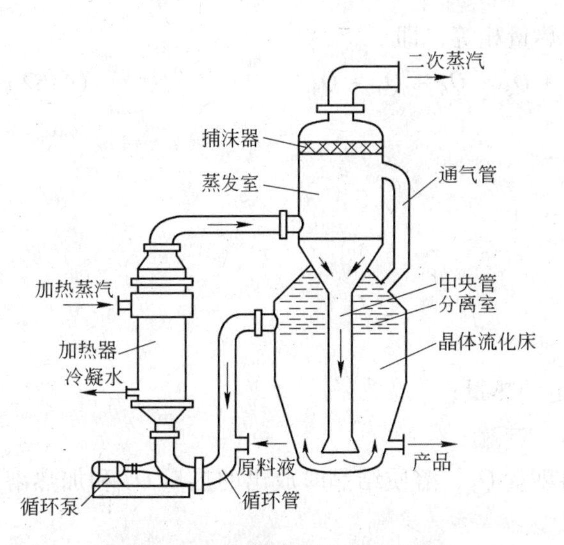

图4-54　奥斯陆蒸发式结晶器

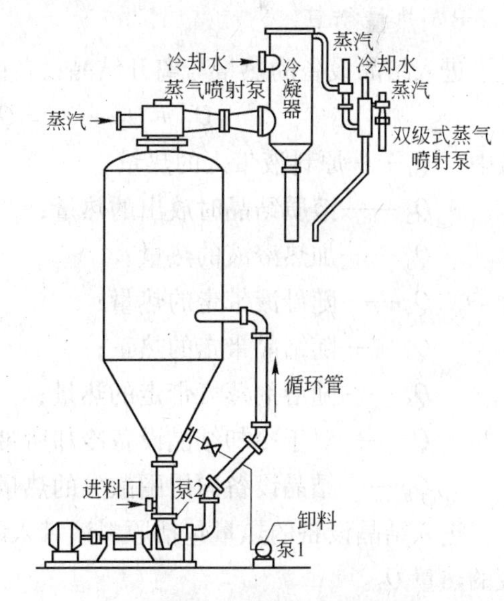

图4-55　连续式真空结晶器

真空结晶器具有结构简单、生产能力大、操作控制容易、必须使用蒸气、冷凝耗水量较大、可用于含腐蚀性物质的污水处理、操作费用和能耗较大等特点。

4.5.4.4　结晶设备的设计计算

A　物料衡算

蒸发浓缩和结晶的前后，进入系统的物质总量等于排出系统的物质总量，即

$$m_1 = m_2 + m_3 + m_4 \tag{4-78}$$

式中　m_1——进入系统的污水（原料溶液）总量，kg；

m_2——结晶后的残余污水(母液)量，kg；

m_3——结晶析出的晶体量，kg；

m_4——蒸发水量，kg。

溶质物料平衡，即

$$m_1\rho_1 = m_2\rho_2 + m_3\rho_3 \tag{4-79}$$

式中　ρ_1——进入系统的污水浓度（质量分数）；

ρ_2——母液浓度（质量分数）；

ρ_3——结晶所含溶质的质量分数：

$$\rho_3 = \frac{\text{溶质分子质量}}{\text{晶体水合物的分子质量}}$$

当结晶不含结晶水时，$\rho_3 = 1$，结晶产量为

$$m_3 = \frac{m_1(\rho_1 - \rho_2) + m_4\rho_2}{\rho_3 - \rho_2} \tag{4-80}$$

对非蒸发溶剂的冷却结晶的结晶产量为

$$m_3 = \frac{m_1(\rho_1 - \rho_2)}{\rho_3 - \rho_2} \tag{4-81}$$

B　热量衡算

进入结晶设备的热量与离开结晶设备的热量相等，即

$$Q_1 + Q_2 + Q_3 = Q_4 + Q_5 + Q_6 + Q_7 + Q_8 \tag{4-82}$$

式中　Q_1——原料液带入的热量；

Q_2——溶质结晶时放出的热量；

Q_3——加热溶液的热量；

Q_4——随母液带走的热量；

Q_5——随结晶带走的热量；

Q_6——随溶剂蒸气带走的热量；

Q_7——对于冷却结晶设备冷却所带走的热量；

Q_8——结晶设备向周围散失的热量。

进入结晶设备的热量包括原料液带入的热量 Q_1、溶质结晶时放出的热量 Q_2 和加热溶液的热量 Q_3。

（1）原料液带入的热量 Q_1(kJ)可按下式计算

$$Q_1 = m_1 c_1 T_1 \tag{4-83}$$

式中 m_1 ——进入系统的污水（原料溶液）总量，kg；

c_1 ——原料液的比热容，kJ/(kg·℃)；

T_1 ——原料液的温度，℃。

（2）溶质结晶时放出的热量 Q_2(kJ)，其数值与物质的溶解热相等。

（3）加热溶液的热量 Q_3(kJ)，对于蒸发结晶，Q_3 可用需要蒸发出的水量进行计算。对于冷却结晶，$Q_3 = 0$。

（4）随母液带走的热量 Q_4(kJ)可按下式计算

$$Q_4 = m_2 c_2 T_2 \tag{4-84}$$

式中 m_2 ——结晶后的残余污水（母液）量，kg；

c_2 ——母液的比热容，kJ/(kg·℃)；

T_2 ——母液的温度，℃。

（5）随结晶带走的热量 Q_5(kJ)可按下式计算

$$Q_5 = m_3 c_3 T_2 \tag{4-85}$$

式中 m_3 ——结晶析出的晶体量，kg；

c_3 ——晶体的比热容，kJ/(kg·℃)。

（6）随溶剂蒸气带走的热量 Q_6(kJ)可按下式计算

$$Q_6 = m_4 h \tag{4-86}$$

式中 m_4 ——蒸发溶剂的量，kg；

h ——溶剂蒸发的热焓，kJ/kg。

（7）对于冷却结晶设备冷却所带走的热量 Q_7(kJ)可按下式计算

$$Q_7 = m_0 c_0 (T_{01} - T_{02}) \tag{4-87}$$

式中 m_0 ——冷却剂的用量，kg；

c_0 ——冷却剂的比热容，kJ/(kg·℃)；

T_{01}，T_{02} ——分别为冷却剂的初温和终温，℃。

（8）结晶设备向周围散失的热量 Q_8(kJ)可按下式计算

$$Q_8 = KA\tau\Delta T \tag{4-88}$$

其中

$$\Delta T = T_b - T_{kq} \tag{4-89}$$

式中 K ——结晶设备对周围空气的传热系数，kJ/(m^2·h·℃)；

A ——结晶设备的表面积，m^2；

τ ——结晶时间，h；

ΔT ——结晶设备壁面与周围空气的温度差，℃；

T_b ——结晶设备壁面温度，℃；

T_{kq} ——结晶设备周围空气的温度，℃。

C 结晶时间的计算

若结晶过程不产生新的晶核，只在晶种的晶面上长大，因而 A 为已知数。当要求晶体在 A 晶面上从 S_1 长大到 S_2 的时间 t，则得

$$t = \frac{S_2 - S_1}{AK_0 \Delta c} \tag{4-90}$$

式中　S_1——开始结晶时结晶在晶体表面上长大的长度，m；

S_2——最终晶体结晶在晶体表面上长大的长度，m；

A——晶核的表面积，m^2；

Δc——过饱和与饱和溶液浓度差，kg/m^3；

K_0——总体的结晶常数，$m^2/(kg \cdot h)$。

在实际生产中，溶液过渡到过饱和溶液的时间为 t_1，起晶时间为 t_2，辅助操作时间为 t_3。

所以总的整个结晶过程所需用的时间 t_z 应为

$$t_z = t + t_1 + t_2 + t_3 \tag{4-91}$$

D　结晶设备容积和尺寸的计算

结晶设备容积 V（m^3），可按下式计算

$$V = \frac{Gt}{\rho\varphi\beta} \tag{4-92}$$

式中　G——设备的生产能力，kg/h；

ρ——浓缩液的密度，kg/m^3；

φ——结晶设备的填料系数，对于煮晶锅一般取 0.4～0.5；

β——析出晶体的质量百分含量；

t——每批操作时间，h。

计算出整个设备的体积 V 后，即可根据所选定设备的形式来确定设备的其他尺寸，如采用球形底的煮晶锅，并取 $\varphi = 0.5$，则有

$$V = \frac{Gt}{\rho\varphi\beta} = \frac{2Gt}{\rho\beta} = \frac{1}{12}\pi D^3 + \frac{1}{4}\pi D^2 H \tag{4-93}$$

一般 $H/D = 2 \sim 3$，当取 $H/D = 2.5$ 时，则结晶器的直径 D（m），可按下式计算

$$D = \sqrt[3]{\frac{24Gt}{8.5\pi\rho\beta}} \tag{4-94}$$

计算出直径 D 后，需演算蒸发时器内二次蒸汽流速是否在 1～3m/s 范围，若不在此范围需要进行修正。

E　结晶设备生产能力的计算

结晶设备的生产能力 G（kg/h）可按下式计算

$$G = \frac{V\rho\varphi\beta}{t} \tag{4-95}$$

式中符号意义同前。

本 章 小 结

本章讨论了以下几个问题：

(1) 介绍了吸附的内涵与类型、吸附平衡、吸附速率与影响吸附的因素等吸附的基本理论，叙述了吸附剂的种类与性能、吸附剂的加热再生、化学氧化再生、药剂再生和生物再生等再生方法及所用设备。

(2) 介绍了降流式固定层吸附塔和移动床吸附塔等吸附设备的结构特点，详述了吸附设备的选择与设计计算。

(3) 介绍了萃取原理、萃取工艺和萃取设备的分类，叙述了筛板萃取塔、混合澄清槽、转盘萃取塔、脉冲筛板萃取塔、填料萃取塔和离心萃取机的结构特点与工作原理以及萃取设备的选择与设计计算。

(4) 介绍了离子交换基本理论和离子交换工艺，详述了固定床（顺流离子交换器、逆流离子交换器）、移动床（三塔多周期移动床）和流动床（重力式双塔流动床）离子交换设备的结构特点和离子交换设备的参数设计。

(5) 介绍了电渗析和反渗透的基本原理、超滤理论、电渗析技术的特点及应用、电渗析器的结构及组装形式、电渗析的工艺计算，详述了框板式、管式、螺旋卷式和中空纤维式反渗透器和超滤设备的结构特点和反渗透处理系统的设计计算，以及超滤工艺流程和超滤技术的应用。

(6) 介绍了吹脱法、汽提法、蒸发法和结晶法的基本原理，吹脱池、吹脱塔、填料塔、泡罩塔、列管式蒸发器、薄膜式蒸发器、结晶槽、蒸发结晶器和真空结晶器的结构特点，以及吹脱设备、汽提塔、结晶设备的设计计算和蒸发过程的物料衡算。

要求熟悉物化法污水处理技术及所用设备的结构、特点与工作原理，掌握物化法污水处理相应设备的设计计算。

思 考 题

4-1 说明吸附的内涵和类型。

4-2 吸附过程中出现哪种等温吸附线类型，吸附质被吸附剂吸附的过程分为哪三步？

4-3 污水处理中常用吸附剂有哪些？

4-4 吸附剂的再生方法有哪几种？在选择再生方法时，主要考虑哪三方面的因素？

4-5 吸附的操作方式有哪两种？详述降流式固定层吸附塔和移动床吸附塔的结构特点。

4-6 萃取过程的实质是什么？污水处理中萃取工艺过程包括哪几道工序？

4-7 按两液相的接触方式分，萃取设备分为哪两大类？

4-8 简述筛板萃取塔、混合澄清槽、转盘萃取塔、往复叶片式脉冲筛板萃取塔、离心萃取机和填料萃取塔结构和工作原理。

4-9 离子交换法与吸附法比较具有什么特点？简述离子交换原理，详述离子交换整个工艺过程包括哪四个阶段。

4-10 说明顺流离子交换器和逆流再生离子交换器的结构特点，简述移动床式离子交换器的优缺点。

4-11 详述移动床式离子交换器的结构、工作原理和特点。

4-12 膜分离技术具有哪些优点，常用的膜分离设备有哪些？叙述电渗析过程的基本原理。
4-13 电渗析技术具有哪些特点，电渗析技术在污水处理中应用最普遍的有哪五方面？
4-14 电渗析器由哪三大部分组成，电渗析器的基本组装形式有哪四种？
4-15 什么是反渗透？详述反渗透原理。工业上应用的反渗透器有哪几种？介绍其结构特点。
4-16 反渗透工艺流程包括哪两部分，常见反渗透的工艺流程有几种形式？
4-17 介绍超滤原理与特点。什么是超滤膜的浓差极化？
4-18 超滤设备的结构形式有哪几种，超过滤工艺流程可分为哪几种形式，各具有什么特点？
4-19 详述超滤技术主要应用于哪方面？
4-20 吹脱法的基本原理是什么，影响吹脱的因素有哪些？详述吹脱池和填料吹脱塔的结构与特点。
4-21 汽提法的基本原理是什么？详述汽提填料塔、泡罩塔、浮阀塔和筛板塔的结构特点。
4-22 根据填料方式的不同，填料可分为哪两大类，填料的选择包括哪几方面？
4-23 蒸发处理污水的实质是什么？叙述列管式蒸发器、薄膜式蒸发器的结构及特点。
4-24 结晶法的基本原理是什么，按结晶过程中过饱和度形成的方式，结晶方法分为哪两种？
4-25 结晶设备有哪三种分类？详述结晶槽、蒸发结晶器和真空结晶器的结构特点。
4-26 写出结晶设备的热量衡算式并注明每一项所代表的意义。

5 生化法污水处理技术与设备

[学习指南]

本章主要学习活性污泥法、生物膜法和厌氧法等生化法污水处理技术，了解曝气池、生物滤池、生物转盘、生物接触氧化处理装置、厌氧生物滤池、升流式厌氧污泥床反应器、污泥浓缩与污泥脱水设备等设备的结构、特点、工作原理与选用，掌握曝气池、生物滤池、生物转盘、生物接触氧化处理装置、厌氧生物滤池、升流式厌氧污泥床反应器、污泥浓缩与污泥脱水设备的设计与计算。

5.1 活性污泥法污水处理机械设备的设计

5.1.1 概述

活性污泥法是当前应用最为广泛的一种生物处理技术，活性污泥就是生物絮凝体，上面栖息、生活着大量的好氧微生物，这种微生物在氧分充足的环境下，以溶解型有机物为食料获得能量、不断生长，从而使污水得到净化。该方法主要用来处理城市污水和低浓度的有机工业污水。所用设备一般由曝气池、二沉池、污泥回流和剩余污泥排出系统构成，曝气池是其中最主要的系统。

5.1.1.1 活性污泥法的基本流程

普通活性污泥法的典型工艺流程如图5-1所示，由初沉池、曝气池、二沉池、供氧装置以及回流设备等组成。由初沉池流出的污水与二沉池底部流出的回流污泥混合后进入曝气池，并在曝气池充分曝气，使活性污泥处于悬浮状态，并与污水充分接触，同时保持曝气池好氧条件，保证好氧微生物的正常生长和繁殖。污水中的可溶性有机物在曝气池内被活性污泥吸附、吸收和氧化分解，使污水得到净化。二次沉淀的作用：一是将活性污泥与已被净化的水分离；二是浓缩活性污泥，使其以较高的浓度回流到曝气池。二沉池的污泥也可以部分回流至初沉池，以提高初沉效果。

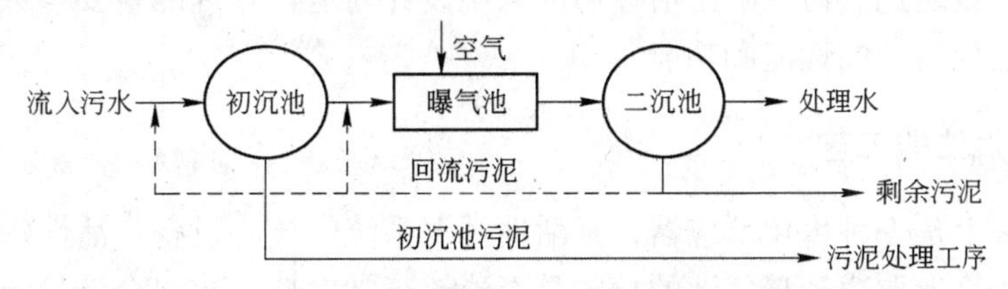

图5-1 普通活性污泥法基本流程

5.1.1.2　活性污泥的性能及其评价指标

A　活性污泥的组成

活性污泥由具有活性的微生物群体（Ma）、微生物自身氧化的残留物质（Me）、原污水挟入的不能被微生物降解的惰性有机物质（Mi）和原污水挟入的无机物质（Mii）四部分物质组成。

B　活性污泥的评价指标

活性污泥法的关键在于有足够数量和性能良好的活性污泥，其数量可以用污泥浓度表示：

（1）混合液悬浮固体浓度（MLSS），又称混合液固体浓度，它表示混合液中活性污泥的浓度，在单位体积混合液内所含有的活性污泥固体物的总质量，即

$$MLSS = Ma + Me + Mi + Mii \tag{5-1}$$

（2）混合液挥发性悬浮固体浓度（MLVSS），表示活性污泥中有机性固体物质的浓度，即

$$MLVSS = Ma + Me + Mi \tag{5-2}$$

在一定条件下，MLVSS/MLSS 值较稳定，城市污水的活性污泥浓度介于 0.75 ~ 0.85 之间。

活性污泥的性能主要表现为沉淀性和絮凝性，活性污泥的沉降经历絮凝沉淀、成层沉淀，并进入压缩过程。性能良好具有一定浓度的活性污泥在 30min 内即可完成絮凝沉淀和成层沉淀过程，为此建立了以活性污泥静置 30min 为基础的指标来表示其沉降-浓缩性能。

（3）污泥沉降比（SV），是指混合液在量筒内静置 30min 后所形成沉淀污泥的容积占原混合液容积的百分率。SV 能够相对地反映污泥浓度和污泥的絮凝、沉降性能，其测量方法简单，可用以控制污泥的排放量和早期膨胀，对于城市污水的活性污泥 SV 介于 20% ~30% 之间。

（4）污泥体积指数（污泥指数，SVI），是指在曝气池出口处混合液经 30min 静置后，每克干污泥所形成的沉淀污泥所占的容积，以 mL 计，单位为 mL/g。其计算公式为

$$SVI = \frac{\text{混合液 30min 静置后污泥体积(mL/L)}}{\text{混合液污泥干量(g/L)}} = \frac{SV\% \times 1000}{MLSS(g/L)} \tag{5-3}$$

SVI 值能够更好地评价活性污泥的絮凝性能和沉降性能，其值过低，说明泥粒细小、密实，无机成分多，过高表明沉降性不好，将要或已经发生污泥膨胀现象。对于城市污水的活性污泥 SVI 值为 50 ~ 150mL/g 之间

（5）污泥龄，是指活性污泥在曝气池内的平均停留时间，即曝气池内活性污泥的总量与每日排放污泥量之比。污泥龄是活性污泥系统设计与运行管理的重要参数，它能够直接影响曝气池内活性污泥的性能和功能。

5.1.2　活性污泥法的工艺

曝气池实际上是一种生化反应器，是活性污泥系统的核心设备，活性污泥系统的净化效果，在很大程度上取决于曝气池的功能是否能够正常发挥。按混合液的流态，曝气池可分为推流式、完全混合式和二池结合型三类。严格来说，推流式和完全混合式只具理论上

的意义，工程实践中曝气池的构造和曝气方式密切相关。根据曝气方式的不同，曝气池又可分为鼓风曝气式曝气池和机械曝气式曝气池。

5.1.2.1 活性污泥法的主要工艺及特点

在长期的工程实践过程中，根据水质的变化、微生物代谢活性的特点和运行管理、技术经济及排放要求等方面的情况，有多种运行工艺和池型，主要的运行工艺及特点见表5-1。

表5-1 活性污泥法的主要运行工艺及特点

工艺名称	运行工艺	工 艺 特 点
普通活性污泥法	推流式	去除率高、运行方式灵活，体积负荷率低，进水浓度、有毒物质不能过高，不抗冲击负荷，池首供氧不足，池末供氧过量
阶段曝气	多点进水	去除率高，有机物分布均匀使需氧量均匀，容积负荷提高
生物吸附	吸附池+再生池	容积负荷和抗冲击能力提高，再生池需氧量均匀，去除率低
完全混合法	完全混合	有较强的抗冲击负荷能力，适合于高浓度工业污水，池内需氧量均匀，产生短流的可能性大，出水水质比普通法差，易发生污泥膨胀
延时曝气法	曝气时间长	出水水质好、稳定，污泥量少，工艺灵活，污泥负荷率低，曝气池占地面积大
高负荷法	曝气时间短	BOD-SS负荷高、曝气时间短，处理效率低，进水$BOD_5<20mg/L$
深水曝气	曝气池混合液深大于7m	混合液饱和溶解氧浓度高，氧传递速度高，曝气池占地面积小，需高压风机
深井曝气	曝气池深度70～150m	氧利用率高，有机物降解速度快，适合处理高浓度有机污水，需要用高压风机
浅层曝气	浅层曝气栅	可采用低压风机，能充分发挥曝气设备能力，曝气栅易堵塞
纯氧曝气	纯氧曝气	氧利用率高，容积负荷率高，处理效率高，产生污泥量少，不发生污泥膨胀，运行费用高

5.1.2.2 活性污泥法的新工艺

活性污泥法是生物污水处理的主要技术，它能有效地用于生活污水、城市污水和有机工业废水的处理，但也存在着曝气池体积大、电耗高、管理复杂等缺点，经过几十年的生产实践和有关科技工作者的不懈努力，大大推动了活性污泥技术的不断发展，相继出现了多种高效的污泥处理新工艺。

A 氧化沟新工艺

污水和活性污泥的混合液在曝气池渠道中不断循环流动，故又称连续循环曝气池，如图5-2所示，污水经预处理后直接进入氧化沟，与活性污泥混合后在环形沟内以表面曝气为主进行循环流动，从构筑物来看，氧化沟工艺没有初沉池，但需另设二沉池和污泥回流装置。其环流量远远大于进水流量，但其溶解氧DO（Dissolved Oxygen）和混合强度又是变化的，故其流态是处于完全混合与推流式之间的一种新形式。近曝气设备下游的DO高，为富氧区；远曝气设备处DO低，为缺氧区。氧化沟工艺一般污泥负荷低，水力停留时间长，属于延时曝气法。

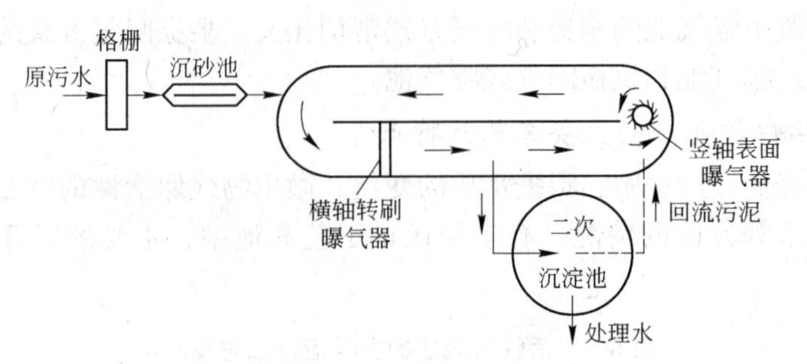

图 5-2 氧化沟系统新工艺流程

B 吸附生物降解工艺

吸附生物降解工艺（Adsorption Bio-degradation）简称 AB 法，1995 年用于处理量为 $80000m^3/d$ 的山东青岛某污水处理厂，处理水水质完全达标排放。AB 法工艺流程如图 5-3 所示，它分为预处理段、A 段和 B 段三段，在预处理段设有格栅和沉砂池；A 段吸附曝气池负荷高，停留时间短，吸附能力强，代谢速度快，能去除约 50% 左右的 BOD_5，且溶解氧浓度低，节省能耗；B 段曝气池为常规活性污泥法，由于进入 B 段曝气池的 BOD_5 已减半，池容可缩减 40%，运行稳定。A 段和 B 段各自具有独立的污泥回流系统，所以各段都能培育出各自独特的、适于本段水质特征的微生物种群。目前在国内已有多座 AB 活性污泥法处理厂在运行，规模最大的为深圳某污水处理厂，污水处理量为 $25\times10^4m^3/d$，处理效果良好。

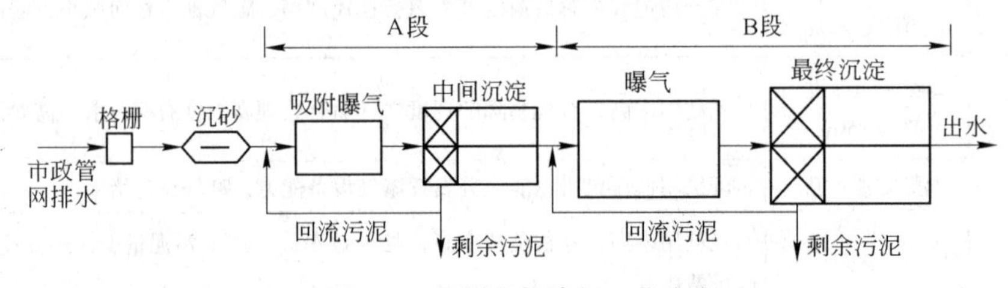

图 5-3 吸附生物降解工艺流程

C 间歇式活性污泥工艺

间歇式活性污泥法的工艺流程如图 5-4 所示，在曝气池内进行流入、反应、沉淀、排放、待机五道工序，完成污水处理。本工艺系统组成简单，不需要污泥回流设备和二沉池，曝气池容积也小于连续式，此外，系统还具有如下特征：不需要设置调节池；SVI 值较低，污泥易于沉淀，不产生污泥膨胀；通过调节运行方式，在曝气池内能同时进行脱氮除磷处理，BOD_5 去除率达 95%，且产泥量少；运行管理方便，处理水质优于连续式。

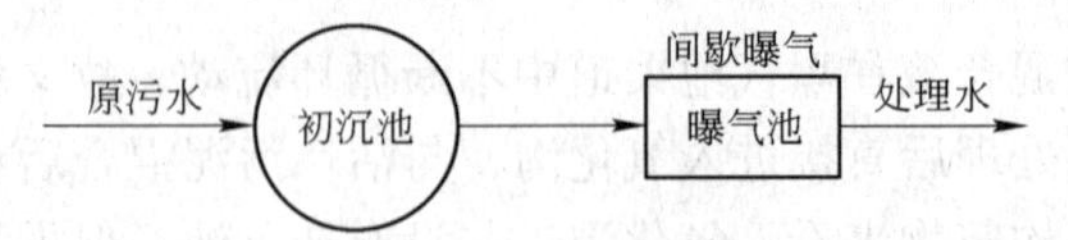

图 5-4 间歇式活性污泥工艺流程

5.1.3 曝气池的设计计算

曝气池是一种生化反应器，是活性污泥系统的核心设备，其池型与所需的反应器水力特征密切相关。曝气池的设计包括结构设计和工艺设计两部分。

5.1.3.1 曝气池的结构设计

曝气池的结构形式随着活性污泥法的不断发展呈多样化。根据池中混合液流型，可分为推流式、完全混合式和循环混合式三种；根据平面形状，可分为长方廊道形、圆形、方形和环状跑道形四种；根据曝气池和二次沉淀的关系，可分为分建式和合建式两种；根据运行方式，可分为普通式、阶段式、生物吸附式、曝气沉淀式、延时式等多种。

A 推流式曝气池的构造设计

（1）平面设计。推流式曝气池为长条形池子，水从池的一端进入，从另一端推流而出。进水通常采用淹没式进水口，进水流速为0.2～0.4m/s，出水通常采用溢流堰或水孔形式。为防止短流，推流池的池长和池宽之比（L/B）视场地情况取5～10，长度可达100m，以50～70m之间为宜。当受到场地限制时，长池可以两折或多折，如图5-5所示。

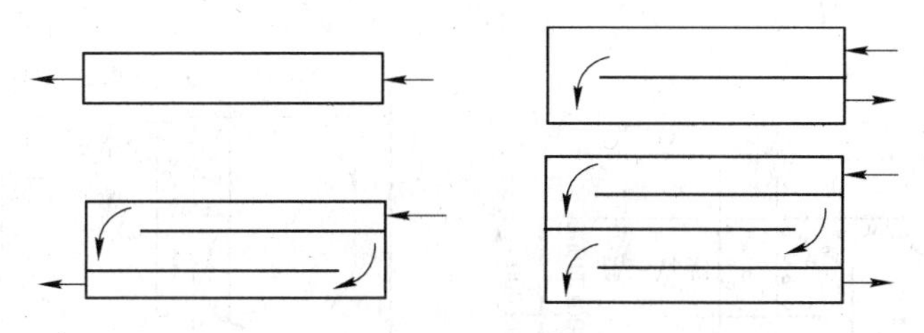

图5-5 推流式曝气池平面结构示意图

（2）横断面设计。在池的横断面上，有效水深最小为3m，最大为9m，宽深比取$B/H=1～2$。池深与造价和动力费有密切关系。一般设计中，常根据土建结构和池子的功能要求，池深在3～5m的范围内选定。曝气池的超高一般取0.5m，有防风和防冻等特殊要求时，可适当加高。当采用表面曝气时，机械平台宜高出水面1m左右。

（3）曝气方式。曝气方式多采用鼓风曝气，根据曝气横断面上的水流状态，曝气方式分为平流推移式和旋转推流式两种。图5-6所示为平流推移式曝气池结构，吸气装置位于池子断面一侧，由于气泡造成密度差，导致池水产生旋流，因此曝气池中水流沿池长方向流动的同时，还有侧向的旋转流，形成旋转推流。根据鼓风曝气装置位置的不同，旋转推流又可分为底层曝气、浅层曝气和中层曝气三种。采用底层曝气的池深决定于鼓风机提供的风压，其有效水深通常为3.0～4.5m，如图5-7所示。浅层曝气的扩散器装于水面以下0.8～0.9m的浅层，常采用1.2m以下风压的鼓风机，池的有效水深一般为3.0～4.0m，如图5-8所示。中层曝气的扩散器装于池深的中部，与底层曝气相比，在相同的鼓风机条

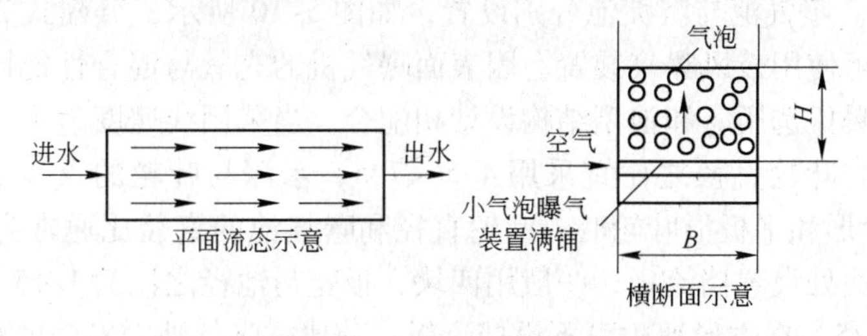

图5-6 平流推移式曝气池结构示意图

件和处理效果时，池深一般加大到7.0～8.0m，最大可达9m，可节省曝气池的用地，如图5-9所示。

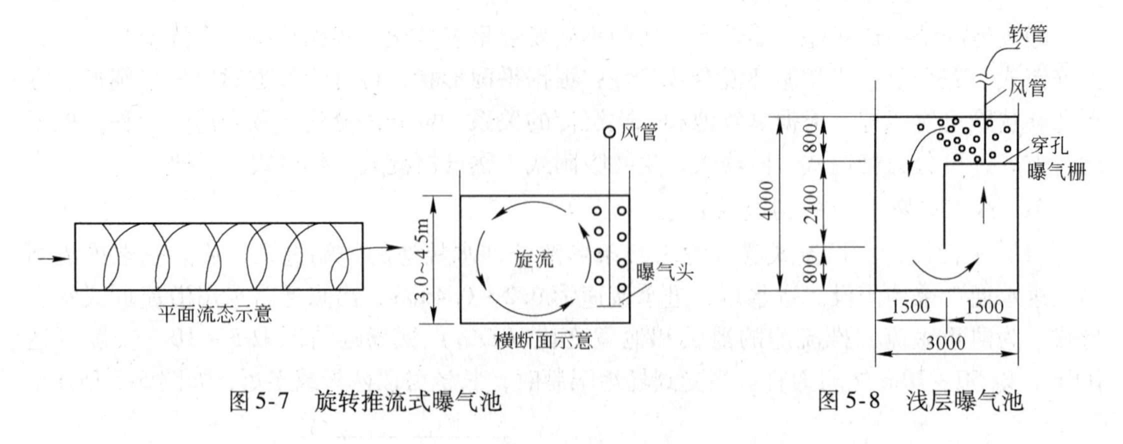

图5-7　旋转推流式曝气池

图5-8　浅层曝气池

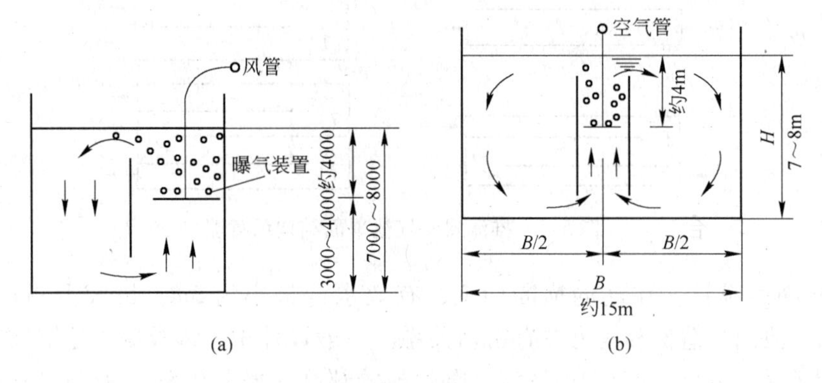

图5-9　中层曝气池

（a）单侧旋流；（b）双侧旋流

（4）底部设计。在距池底1/2或1/3高度处宜设中位放水管，用于培养活性污泥。按照纵向2/1000的坡度，还应在池底设置ϕ80～100mm放空管。

B　完全混合式曝气池的结构设计

完全混合式曝气池的平面结构可设计为圆形，也可设计为矩形或方形。曝气装置多采用表曝机，置于池中心，污水进入池的底部中心，立即和全池混合，水质没有推流式那样明显的上下游区别。完全混合曝气池可以与沉淀池分建或合建，因此可以分为分建式和合建式。

（1）分建式。曝气池与沉淀池分别设置，如图5-10所示，分建式完全混合曝气池可使用表曝机，也可使用鼓风曝气装置。因表面曝气机的充氧与混合性能同池的结构设计关系密切，所以表曝机选用应和池型结构设计相配合。当采用线速度为4～5m/s的泵型叶轮时，曝气池直径与叶轮直径之比宜采用4.5～7.5，水深与叶轮的直径之比宜采用2.5～4.5。当采用倒伞形和平板形叶轮时，叶轮直径和曝气池的直径比通常为1/3～1/5。在圆形池中，要在水面处设置挡流板，一般用四块，板宽与池径之比为1/15～1/20，板高与池深之比为1/4～1/5，在方形池中可不设挡流板。分建式曝气池需专门的污泥回流设备，运行中便于控制、调节。

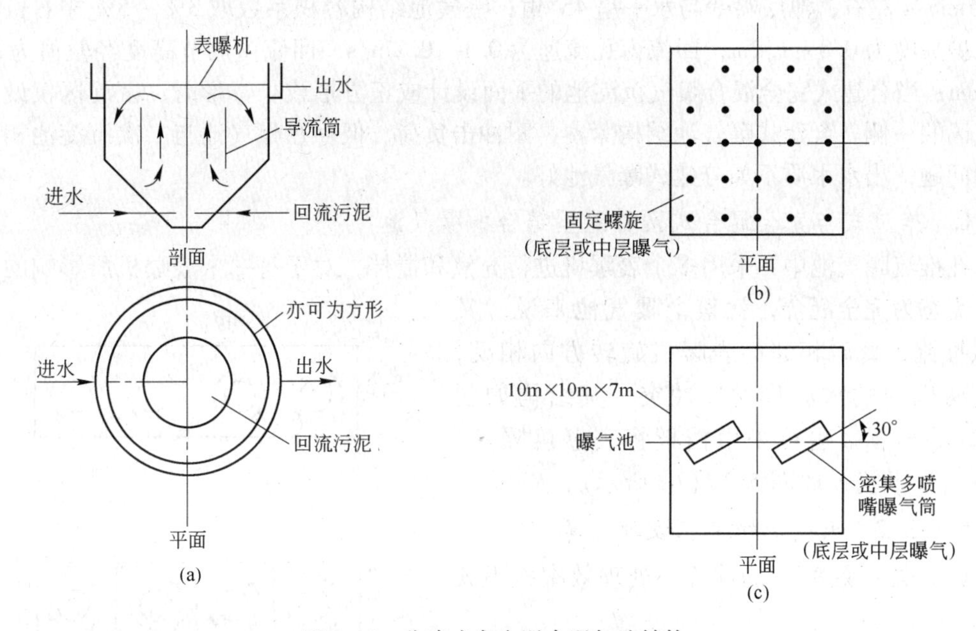

图 5-10 分建式完全混合曝气池结构

（a）分建式表曝池；（b）分建式固定螺旋曝气池；（c）分建式密集多喷嘴曝气池

（2）合建式。合建式表面曝气池也称吸气沉淀池或加速吸气池，池形多设计成圆形，沉淀池与曝气池合建，沉淀池设于外环，与曝气池底部有污泥回流缝连通，靠表曝机造成水位差使回流污泥循环，如图 5-11 所示。合建式曝气池的各部位结构尺寸的设计可按下列数值选定：曝气沉淀池直径 D 不大于 20m，通常采用 15m；曝气池水深 H 不大于 5m；沉淀区水深 $1m \leqslant h_2 \leqslant 2m$，沉淀区最大上升流速一般采用 0.3 ~ 0.5m/s；导流区下降流速

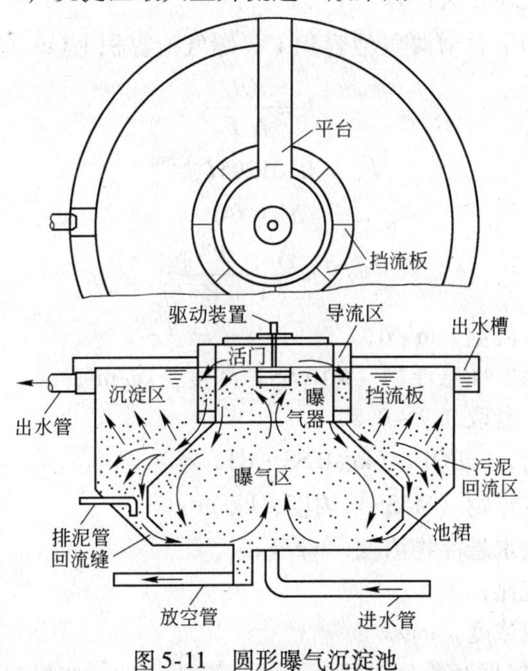

图 5-11 圆形曝气沉淀池

为 15mm/s 左右；池底斜壁与水平呈 45°角；曝气池结构容积系数取 3% ~5% 左右；曝气筒保护高度为 0.8 ~1.2m；回流窗孔流速为 0.1 ~0.2m/s，回流窗调节高度经验值为 50 ~150mm；当合建式完全混合曝气沉淀池的平面设计成正方形或长方形时，沉淀区仅设置在曝气区的一侧。合建式曝气池结构紧凑，耐冲击负荷，但存在曝气池与二次沉淀池相互干扰的问题，出水水质不如分建式曝气池好。

C　推流式与完全混合式两种池型结合的曝气池

在推流曝气池中，采用多个表曝机进行充氧和搅拌，对于每一个表曝机所影响的范围内，流态为完全混合，就整个曝气池来说，又近似推流，此时相邻的表曝机旋转方向相反，否则两机间的水流将发生冲突，其结构如图 5-12(a)所示。也可采用挡板将表曝机隔开，避免相互干扰，如图 5-12(b)所示。

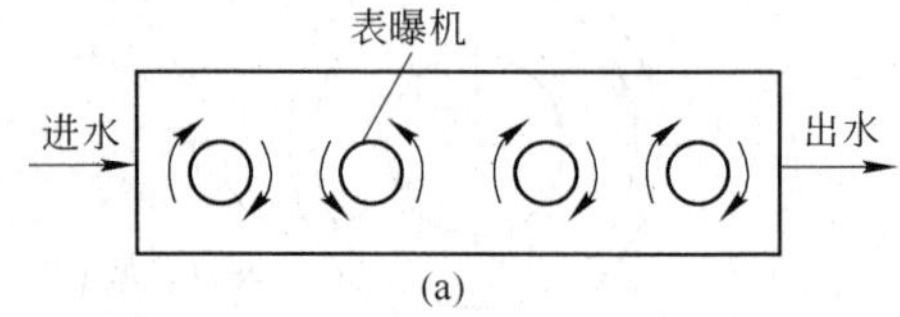

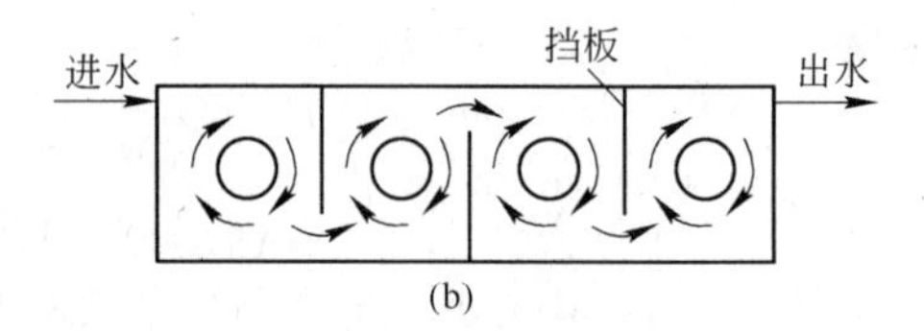

图 5-12　推流式与完全混合式结合的曝气池
(a) 未加挡板式；(b) 加挡板式

5.1.3.2　曝气池的工艺设计计算

(1) 处理效率 η 的计算。处理效率按下式计算

$$\eta = \frac{L_a - L_e}{L_a} \times 100\% = \frac{L_r}{L_a} \times 100\% \quad (5\text{-}4)$$

式中　L_a——进水的 BOD 浓度，mg/L；

L_e——出水的 BOD 浓度，mg/L；

L_r——去除的 BOD 浓度，mg/L。

(2) 曝气池容积的计算。曝气池容积可按活性污泥负荷率 F_W 或曝气区容积负荷率 F_V、水力停留时间 t 三种方法计算。

1) 按污泥负荷率 F_W 计算曝气池容积 V。曝气池容积 V (m^3) 可按下式计算

$$V = \frac{QL_a}{N'F_W} \quad (5\text{-}5)$$

其中

$$F_W = 0.01295 L_e^{1.1918} \quad (5\text{-}6)$$

$$N' = fN \quad (5\text{-}7)$$

$$N = \frac{N_0 + RN_R}{1 + R} \quad (5\text{-}8)$$

式中　Q——进水设计流量，m^3/d；

N'——混合液挥发性悬浮物（MLVSS）浓度，kg/m^3；

f——系数，一般取 0.7 ~0.8；

F_W——污泥负荷，$kgBOD_5/(kgMLSS \cdot d)$；

N——混合液悬浮物（MLSS）浓度，kg/m^3；

N_0——曝气池进水悬浮物浓度，mg/L；

R——污泥回流比；

N_R——回流污泥浓度，mg/L。

污泥负荷率 F_W 可根据经验公式(5-6)计算，对于工业污水则应通过试验来确定，对于

城市污水可参照表5-2选取。混合液悬浮物浓度 N 指的是曝气池内的平均污泥浓度，设计时采用较高的污泥浓度可缩小曝气池容积，但也不能过高。选用时还需考虑供氧的经济性与可靠性、沉淀池与回流设备的造价、活性污泥的凝聚沉淀性能等因素。

表5-2 活性污泥法不同运行方式基本参数建议值

运行方式	污泥龄 /d	污泥负荷率 F_W /$kgBOD_5 \cdot (kgMLSS \cdot d)^{-1}$	容积负荷率 F_V /$kgBOD_5 \cdot (m^3 \cdot d)^{-1}$	MLSS /$mg \cdot L^{-1}$	水力停留时间/h	回流比 R/%	去除率 /%
普通法	3~5	0.2~0.4	0.3~0.6	1500~3000	4~8	25~40	85~95
渐减曝气	3~5	0.2~0.4	0.3~0.6	1500~3000	4~8	25~50	—
完全混合	3~5	0.2~0.6	0.8~2.0	3000~6000	3~5	25~100	85~95
分段曝气	3~5	0.2~0.4	0.6~1.0	2000~3500	3~5	25~75	85~95
接触稳定	3~5	0.2~0.6	1.0~1.2	1000~3000 4000~10000	0.5~1.0 3~6	25~100	—
延时曝气	20~30	0.05~0.15	0.1~0.4	3000~6000	18~36	75~150	75~95
AB法	0.3~1（A级） 15~20（B级）	>2 0.1~0.3	—	2000~3000 2000~5000	0.5 1.2~4	50~80 5~80	—
SBR法	5~15	—	—	2000~5000	—	—	—
纯氧曝气	8~20	0.25~1.0	1.6~3.3	6000~8000	1~3	5~25	85~95

2）按容积负荷率 F_V 计算曝气池容积 V。曝气池容积 V（m^3）可按下式计算

$$V = \frac{QL_a}{F_V} \tag{5-9}$$

$$F_V = N'F_W \tag{5-10}$$

式中 F_V——容积负荷率，$kgBOD_5/(m^3 \cdot d)$；

其余符号意义同前。

3）按水力停留时间计算曝气池的容积 V。曝气池容积 V（m^3）可按下式计算

$$V = Qt \tag{5-11}$$

式中 t——污水在曝气池内的停留时间，d；

其余符号意义同前。

（3）污泥产量的计算。系统每天排出的剩余污泥量 S_W（kg/d）和污泥龄（亦称污泥停留时间 SRT）t_W（d）可按下式计算

$$S_W = aQL_r - bVN \tag{5-12}$$

$$t_W = \frac{1}{aF_W - b} \tag{5-13}$$

式中 a——污泥增殖系数，一般为0.5~0.7；

b——污泥自身氧化率，1/d，一般为0.04~0.1；

其余符号意义同前。

（4）曝气池需氧量的计算。需氧量是指单位时间内活性污泥微生物在曝气池中进行新陈代谢所需要的氧量，其值等于单位时间内污水所去除的 BOD_5 量（$kgBOD_5$）与去除单位

BOD_5所需氧量（$kgO_2/kgBOD_5$）的乘积。活性污泥法处理系统的需氧量与污泥平均停留时间有关，通常平均停留时间越长，需氧量就越大。

在微生物的代谢过程中，需将污水中一部分有机物氧化分解，并自身氧化一部分细胞物质，为新细胞的合成以及维持其生命活动提供能源，这两部分氧化所需要的氧量 W_{O_2}（kgO_2/d）可按下式计算

$$W_{O_2} = a'QL_r + b'VN' \tag{5-14}$$

式中 a'——代谢每千克 BOD_5所需的氧量，$kgO_2/kgBOD_5$，一般为0.42～0.53；

b'——污泥自身氧化需氧率，1/d，亦即 $kgO_2/(kgMLVSS \cdot d)$，一般为0.188～0.11；

其余符号意义同前。

生活污水和几种工业污水的 a' 、b' 值见表5-3。

表5-3 生活污水和几种工业污水的 a' 、b' 值

污水名称	a'	b'	污水名称	a'	b'
生活污水	0.42～0.53	0.188～0.11	炼油废水	0.5	0.12
石油化工污水	0.75	0.16	酿造污水	0.44	—
含酚废水	0.56	—	制药污水	0.35	0.354
合成纤维废水	0.55	0.142	亚硫酸浆粕废水	0.40	0.185
漂染污水	0.50～0.60	0.065	制浆造纸污水	0.38	0.092

5.1.4 污泥回流系统及机械设备的设计

在分建式曝气池中，活性污泥从二次沉淀池回流到曝气池，需设置污泥回流设备。污泥回流系统设计包括回流污泥量的计算、提升设备设计和管渠系统设计。

5.1.4.1 回流污泥量 Q_R 的计算

回流污泥量 Q_R(m^3/d)可按下式计算

$$Q_R = RQ \tag{5-15}$$

$$R = \frac{X}{N_R - X} \tag{5-16}$$

其中

$$N_R = \frac{10^6}{SVI}K \tag{5-17}$$

式中 Q——污水流量，m^3/d；

R——污泥回流比，也可根据处理工艺查表5-2；

X——混合液污泥浓度，mg/L；

N_R——回流污泥浓度，mg/L；

SVI——污泥体积指数，mL/g；

K——与污泥在二沉池中的停留时间、池深、污泥厚度有关的系数，一般取1.2左右。

5.1.4.2 二沉池的设计

二次沉淀池是活性污泥法处理系统的重要设备，用于澄清混合液，回收活性污泥，其

效果的好坏直接影响出水水质和回流污泥质量。分建式二次沉淀池的构造与初沉淀池相似。根据水量的大小和当地的条件，可以采用平流式、竖流式和辐流式沉淀池。因二次沉淀池中的污泥絮体较轻，容易被出流水带走，因此在结构设计中应限制出流堰口的流速，使单位堰长的出流量不超过 $10m^3/(m \cdot h)$。二次沉淀池在设计容积时，一般用上升流速或表面负荷作为主要设计参数，并校核沉淀时间。上升流速应取正常活性污泥成层沉降速度，一般不大于0.3~0.5mm/s，沉淀时间为1.5~2.0h，水力表面负荷为 $1.1 \sim 2m^3/(m^2 \cdot h)$。二次沉淀池的污泥斗应保持一定容积，使污泥在泥斗中有一定的浓缩时间，以提高回流污泥浓度，减少回流量；但同时污泥斗的容积又不能太大，以避免污泥在泥斗中停留时间过长，因缺氧使其失去活性而腐化。对分建式沉淀池，一般规定污泥斗的储泥时间为2.0h。污泥斗的容积 $V(m^2)$ 可按下式计算

$$V = \frac{2(1+R)QX}{(X+N_R)/2} = \frac{4(1+R)QX}{X+N_R} \tag{5-18}$$

式中　Q ——污水流量，m^3/h；

R ——污泥回流比；

$(X+N_R)/2$ ——污泥斗中平均污泥浓度，其中2为污泥斗储泥时间，一般为2h。

对于合建式的曝气沉淀池，可以作为竖流式沉淀池的一种变形，一般不需要计算污泥区的容积。采用静水压力排泥的二次沉淀池，静水压头不应小于0.9m，其污泥斗底坡与水平夹角不应小于50°，以利于排泥。

5.1.4.3　污泥回流设备的设计

在分建曝气池中，活性污泥从二沉池回流到曝气池需要设置污泥回流设备或污泥提升设备。

（1）污泥提升设备的选择与设计。污泥回流系统中常用的提升设备是叶片泵，最好选用螺旋泵或泥浆泵，对于鼓风曝气池也可选用空气提升器。空气提升器常设在二沉池的排泥井中或曝气池的进泥口处，空气提升器示意图如图5-13所示，h_1 为淹没水深，h_2 为提升高度，通常 $h_1/(h_1+h_2) \geq 0.5$，空气用量为最大回流量的3~5倍。空气提升器的效率不如叶片泵，但其结构简单、管理方便，且所消耗的空气可以向污泥补充溶解氧。采用污泥泵时，常把二次沉淀池的回流污泥集中抽送到一个或数个回流污泥井中，然后分配给各个曝气池。泵的台数视污水厂的具体使用情况并考虑一定的备用台数来确定，一般不少于2台。

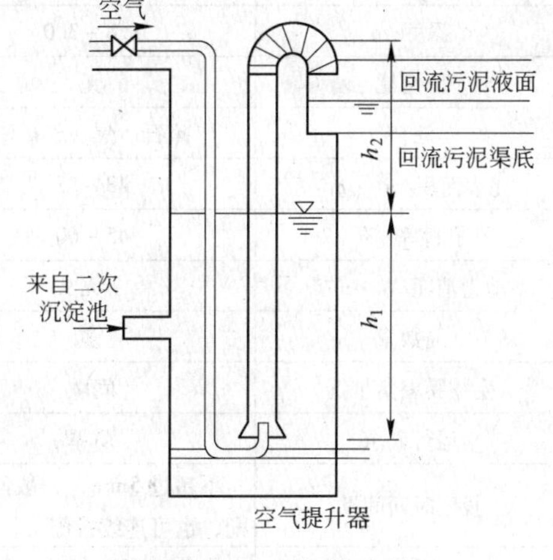

图5-13　空气提升器

（2）污泥回流系统的管道设计。污泥回流系统管道的管径大小取决于回流污泥流量和污泥流速，由于活性污泥密度小，含水率高达99.2%~99.7%，因此污泥的流速可采用不小于0.7m/s，最小管径不得小于200mm。

5.2 生物膜法污水处理机械设备的设计

生物膜法是指使污水流过生长在固定支撑物表面上的生物膜，利用生物膜上的微生物摄取污水中的有机污染物作为养料，从而使污水得到净化的方法。生物膜法污水处理设备主要有生物滤池、生物转盘、生物接触氧化装置三大类。

5.2.1 生物滤池及其设计

生物滤池是以土壤自净原理为依据，在污水灌溉的实践基础上经间歇砂滤池和接触滤池发展起来的生物处理设备，生物膜法基本工艺流程如图 5-14 所示。采用生物滤池处理的污水，必须进行预处理，以去除悬浮物、油脂等堵塞滤料的物质，并对 pH 值、N、P 等加以调控。一般在生物滤池前设初次沉淀池或其他预处理设备，生物滤池后设二次沉淀池，截留随处理水流出的脱落生物膜，以保证出水水质。

图 5-14 生物膜法基本工艺流程

目前应用较多的生物滤池有普通生物滤池、高负荷生物滤池和塔式生物滤池三种类型，其性能比较见表 5-4。

表 5-4 普通生物滤池、高负荷生物滤池和塔式生物滤池性能比较

项　目	普通生物滤池	高负荷生物滤池	塔式生物滤池
表面负荷/$m^3 \cdot (m^2 \cdot d)^{-1}$	0.9～3.7	9～36（包括回流）	16～97（不包括回流）
BOD 负荷/$g \cdot (m^3 \cdot d)^{-1}$	110～370	370～1840	高达 4800
深度/m	1.8～3.0	0.9～2.4	>12
回流比	无	1～4（一般）	一般无回流
滤料	碎石、焦炭、矿渣	塑料滤料	塑料滤料
比表面积/$m^2 \cdot m^{-3}$	43～65	43～65	82～115
孔隙率/%	45～60	45～60	93～95
动力消耗/$W \cdot m^{-3}$	无	2～10	
绳数量	多	很少	很少
生物膜剥落情况	间歇	连续	间歇
运行要求	简单	需要一些技术	
投配时间间歇	不超过 5min，一般间歇投配，也可连续投配	不超过 15s，必须连续投配	
二次污泥	黑色，高度氧化，轻的细颗粒	棕色，未充分氧化，细颗粒、易腐化	
处理水	高度硝化，进入硝酸盐阶段，BOD ≤ 20mg/L	未充分硝化，一般只到亚硝酸盐阶段，BOD ≥ 30mg/L	有限度硝化，BOD ≥ 30mg/L
BOD 去除率/%	85～95	75～85	65～85

5.2.1.1　普通生物滤池及其设计

A　普通生物滤池的构造

普通生物滤池是第一代生物滤池，适用于处理污水量不大于1000m^3/d 的小城镇污水和工业有机污水。普通生物滤池由池体、滤床、布水装置和排水系统组成，其构造如图5-15所示。池体的平面形状多为方形、矩形和圆形，池壁一般采用砖砌或混凝土建造，有的池壁带有小孔，用以促进滤层的内部通风。为防止风吹而影响污水的均匀分布，池壁顶应高出滤层表面0.4～0.5m，滤池壁下部通气孔总面积不应小于滤池表面积的1%。滤床由滤料组成，滤料应采用强度高、耐腐蚀、质轻、颗粒均匀、比表面积大、孔隙率高的材料。通常多采用碎石、卵石、炉渣或焦炭等实心粒状无机滤料，分成工作层和承托层，工作层粒径为25～40mm，厚度为1.3～1.8m；承托层粒径为60～100mm，厚度为0.2m。但近年来，已使用由聚氯乙烯、聚苯乙烯和聚酰胺等材料制成的呈波形板状、多孔筛状或蜂窝状等人工有机滤料，其表面积可达100～200m^2/m^3，孔隙率高达80%～95%。布水装置的作用是将污水均匀分配到整个滤池表面，并具有适应水量变化、不易堵塞和易于清通等特点。根据结构，布水装置可分为固定式和可动式两种，图5-16所示为固定式喷嘴布水装置。排水系统设于滤池底部，包括渗水装置、集水渠和总排水渠等。渗水装置常使用混凝土板式装置，排水孔隙的总表面积不低于滤池总表面积的20%，与池底之间的距离不小于0.4m，其主要作用在于支撑滤料，排除滤池处理后的污水，并保证通风良好，池底以1%～2%的坡度斜向汇水沟，汇水沟再以0.5%～10%的坡度斜向总排水沟，总排水沟的坡度不小于0.5%，其过水断面面积应小于总断面面积的50%，沟内流速应大于0.7m/s，以免发生沉积和堵塞现象。普通生物滤池净化效果好，污泥量少，负荷低，但占地面积大，易堵塞。

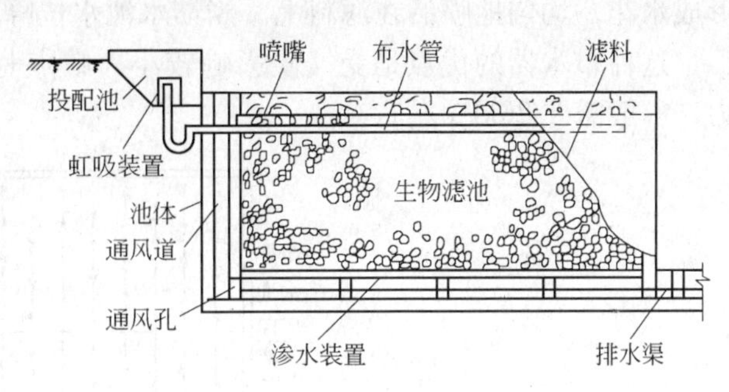

图5-15　普通生物滤池构造示意图

B　普通生物滤池的设计计算

普通生物滤池的设计计算包括：滤料容积的计算、滤池各部位的设计（如池壁、排水系统等）及布水装置的设计。

（1）滤池个数与负荷的确定。普通生物滤池的分格数不应少于2个，并按同时工作设计，设计流量按平均日污水量计算，当处理生活污水或以生活污水为主的城市污水时，BOD_5的容积负荷可按表5-5选用，水力负荷为1～4$m^3/(m^2 \cdot d)$，对于工业污水应通过试验来确定。

表5-5　普通生物滤池 BOD_5 容积负荷

年平均气温/℃	3～6	6.1～10	>10
BOD_5 容积负荷率/$g \cdot (m^3 \cdot d)^{-1}$	100	170	200

（2）固定布水装置设计。图5-16所示为固定式喷嘴布水装置，它由馈水池、虹吸装

置、配水管道和喷嘴组成，污水进入馈水池，当水位达到一定高度后，虹吸装置开始工作，污水进入布水管路。配水管设在滤料层中距滤层表面0.7～0.8m处，配水管设有一定的坡度以便放空。喷嘴安装在布水管上，伸出滤料表面0.15～0.2m，喷嘴口径一般为15～20mm。当水从喷嘴喷出，受到喷嘴上部设有的倒锥体的阻挡，使水流向四处分散，形成水花，均匀地喷洒在滤料上。当馈水池水位降到一定程度，虹吸被破坏，喷水停止。

这种布水器的优点是受气候影响较小，缺点是布水不够均匀，需要有较大的作用压力，一般需要20kPa左右。

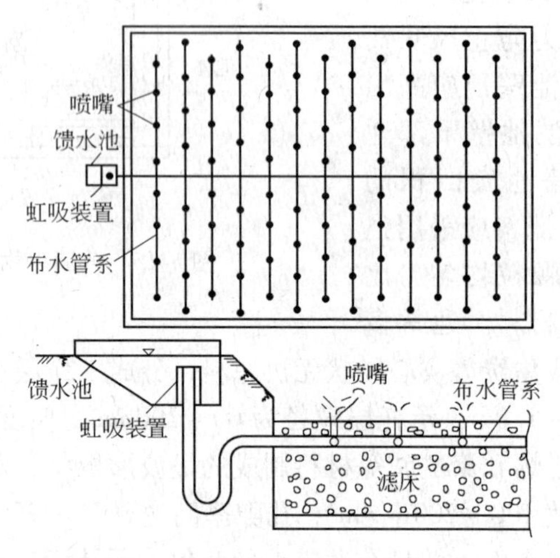

图5-16　固定式喷嘴布水装置

（3）排水装置设计。生物滤池的排水系统设在池的底部，其作用是排除处理后的污水和保证滤池的良好通风。它包括渗水装置、汇水沟和总排水沟。渗水装置的作用是支撑滤料、排出过滤后的污水以及进入空气。为保证滤池通风良好，渗水装置上排水孔隙的总面积不得低于滤池总表面积的20%，渗水装置与池底的距离不得小于0.4m。目前常用混凝土折板式渗水装置。

（4）处理$1m^3/d$污水所需滤料体积V_1的计算。每天处理$1m^3$污水所需滤料体积V_1（$m^3/(m^3 \cdot d)$）可按下式计算

$$V_1 = \frac{L_a - L_e}{F_V} \tag{5-19}$$

式中　L_a——进入池内污水的BOD_5浓度，g/m^3；

L_e——滤池出水的BOD_5浓度，g/m^3；

F_V——有机物容积负荷，$gBOD_5/(m^3 \cdot d)$。

（5）滤料总体积V的计算。滤料总体积$V(m^3)$可按下式计算

$$V = QV_1 \tag{5-20}$$

式中　Q——处理污水平均日流量，m^3/d；

其余符号意义同前。

（6）滤池有效面积A的计算。滤池有效面积$A(m^2)$可按下式计算

$$A = \frac{V}{H} \tag{5-21}$$

式中 H——滤料层总高度，m，一般取 $H=1.5\sim2.0$m。

（7）表面水力负荷 q_F 的校核计算。计算出滤池有效面积后，利用下式校核水力负荷 q_F（$m^3/(m^2\cdot d)$）

$$q_F = Q/A \tag{5-22}$$

$q_F=(1\sim4)m^3/(m^2\cdot d)$时，满足要求，否则修正相关参数重新计算。

（8）处理1m³污水所需空气量 Q_k 的计算。处理1m³污水所需要的空气量 Q_k（m^3/m^3）可按下式计算

$$Q_k = \frac{L_a - L_e}{2.099Sn} \tag{5-23}$$

式中 2.099——空气含氧量折算系数；

S——氧的密度，在标准大气压下为1.429g/L；

n——氧的利用率，一般为7%～8%；

其余符号意义同前。

5.2.1.2 高负荷生物滤池及其设计

A 高负荷生物滤池的构造及工艺流程

高负荷生物滤池是为解决普通生物滤池在净化功能和运行中存在的实际负荷低、易堵塞等问题而开发出来的第二代生物滤池，其构造如图5-17所示，它由滤床、布水设备和排水系统三部分组成。高负荷生物滤池平面形状多设计为圆形，池壁常用砖、石或混凝土砌筑而成。

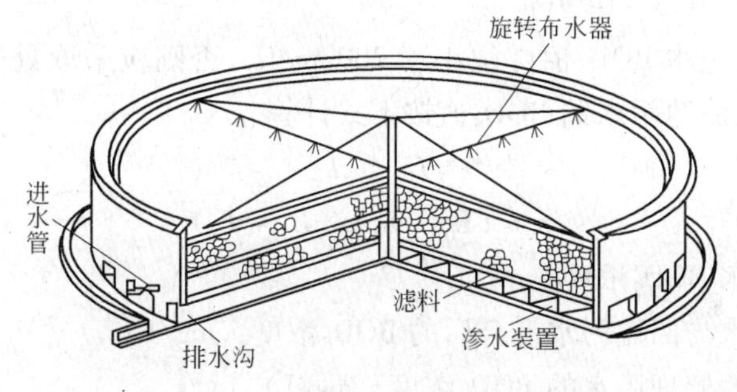

图5-17 高负荷生物滤池构造示意图

高负荷生物滤池的工艺流程设计主要采用处理水回流技术来保证进水的BOD_5值低于200mg/L，处理水回流的目的和功效是：均化与稳定进水水质；增大水力负荷，及时冲刷过厚和老化的生物膜，加速生物膜的更新，抑制厌氧层发育，提高生物膜的活性；抑制池蝇的滋生；减轻臭味的散发。图5-18为回流高负荷生物滤池典型流程。

B 高负荷生物滤池的设计

a 参数的确定

滤料是滤池的核心，要求单位体积滤料的表面积和孔隙率都比较大，且具有质坚、高强度、耐腐蚀及价廉易得等特点。滤料粒径一般为40～100mm，滤料层厚度通常不大于2m，若超过2m，一般要采用人工通风。滤料分上下两层充填，上层为工作层，采用粒径为40～70mm的滤料，层厚为1.8m；下层为承托层，采用粒径为70～100mm的滤料，层厚为0.2m。常用卵石、石英石、花岗岩及人工塑料等作为滤料。池壁常用砖、石或混凝土砌筑而成，为了防止风力对池表面均匀布水的影响，池

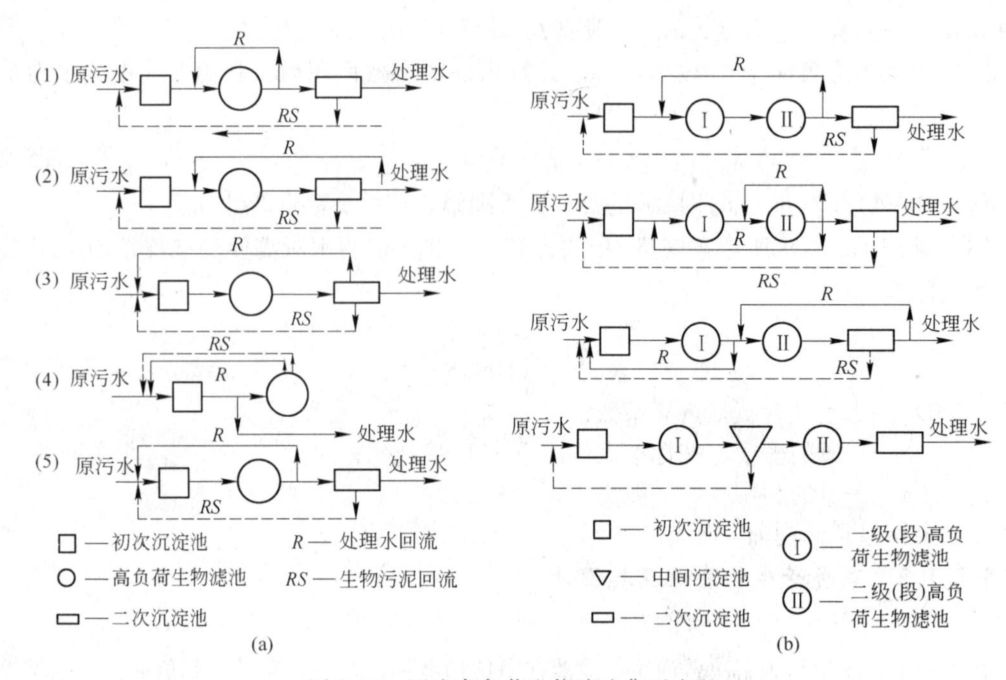

图 5-18 回流高负荷生物滤池典型流程

(a) 一级高负荷生物滤池典型流程；(b) 二级高负荷生物滤池典型流程

壁通常高出滤料表面 0.5 ~ 0.9m。

高负荷生物滤池进水 BOD_5 值必须小于 200mg/L，否则应采取处理水回流措施，经处理水回流稀释后进入滤池污水的 BOD_5 值按下式计算

$$L_a = aL_e \tag{5-24}$$

$$n = (L_0 - L_a)/(L_a - L_e) \tag{5-25}$$

式中 L_0 ——原污水 BOD_5 浓度，mg/L；

L_a ——原污水与回流污水混合后的 BOD_5 浓度，mg/L；

L_e ——经滤池处理后水的 BOD_5 浓度，mg/L；

n ——回流稀释倍数；

a ——系数，按表 5-6 选取。

表 5-6 系数 a 值

冬季平均污水温度/℃	年平均气温/℃	滤料层高度 H/m				
		2.0	2.5	3.0	3.5	4.0
8 ~ 10	<3	2.5	3.3	4.4	5.7	7.5
10 ~ 14	3 ~ 6	3.3	4.4	5.7	7.5	9.6
>14	>6	4.4	5.7	7.5	9.6	12

b 滤床的设计计算

滤床计算的实质内容就是确定所需要的滤料容积，决定滤池深度和计算滤池表面面积。在计算高负荷生物滤池时，常用负荷有容积负荷、面积负荷、水力负荷三种。设计中通常选用其中的一种负荷进行设计计算，然后用其他两种负荷进行校核。

(1) 按容积负荷计算滤料体积 V_1。滤料体积 $V_1(m^3)$ 按下式计算

$$V_1 = \frac{Q(1+n)L_a}{F_V} \tag{5-26}$$

式中 F_V——容积负荷，以 $gBOD_5/(m^3$滤料·d) 计，即每立方米滤料在每日所能够接受的 BOD_5克数，此值一般不大于 $1200gBOD_5/(m^3$滤料·d)。

滤料面积 $A(m^2)$ 为

$$A = V_1/H \tag{5-27}$$

式中 H——滤料层高度，取 $H=2m$。

(2) 按面积负荷计算滤池面积 A。滤池的面积 $A(m^2)$ 按下式计算

$$A = \frac{Q(1+n)L_a}{F_A} \tag{5-28}$$

式中 Q——原污水日平均流量，m^3/d；

F_A——面积负荷，以 $gBOD_5/(m^2$滤池·d) 计，即每平方米滤池表面积在每日所能够接受的 BOD_5克数，此值一般取 $1100 \sim 1200gBOD_5/(m^2$滤池·d)。

滤料体积 $V_1(m^3)$ 为

$$V_1 = AH \tag{5-29}$$

(3) 按水力负荷计算滤池面积 A。滤池的面积 $A(m^2)$ 按下式计算

$$A = \frac{Q(1+n)}{F_q} \tag{5-30}$$

式中 F_q——水力负荷，以 m^3污水/(m^2滤池·d) 计，即每平方米滤池表面积在每日所能够接受的污水量，一般取 $10 \sim 30m^3$污水/(m^2滤池·d)。

滤料容积：计算同式 (5-29)。

c 布水设备的设计

布水设备的任务是向滤池表面均匀地撒布污水，高负荷生物滤池的布水设备多采用旋转式布水器，其构造如图5-19所示，它主要由固定不动的进水竖管和转动的布水横管组成，竖管通过轴承和外部配水短管相连，配水短管连接布水横管，横管上开有布水小孔，可用电力或水力驱动而旋转，目前多采用水力驱动。旋转布水的设计内容主要包括选择布水横管的根数、管径和布水孔的孔径，设计计算每根支管上的小孔数、各小孔距中心距离、布水所需要的工作水头、布水器的旋转速度等。

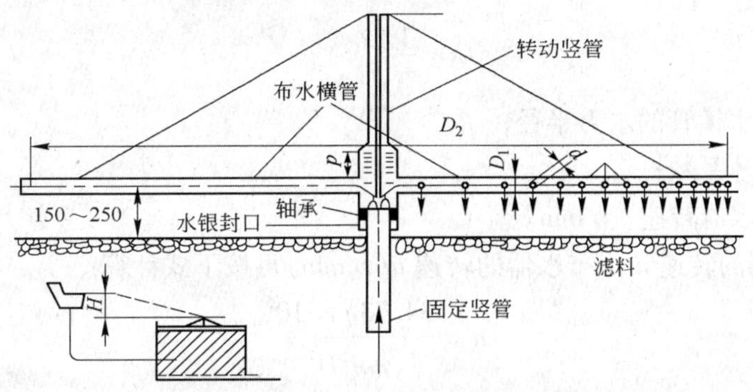

图5-19 旋转式布水器结构示意图

（1）布水横管的根数、管径和布水孔孔径的选择。旋转式布水器按最大设计污水量计算，布水横管一般取为 2～4 根，其长度为池内径减去 200mm，管径可按管内平均流速 1.0m/s 确定，孔径按水流出孔速度不小于 2m/s 确定，相邻两根横管上的小孔位置在水平方向上应错开，布水小孔间距由中心向外逐渐缩小，一般从 300mm 逐渐缩小到 40mm，以满足布水均匀的要求，布水横管与滤床表面距离一般为 150～250mm，喷水旋转所需的水头为 2.5～10kPa。

（2）每根布水横管上的小孔数目 m 的计算。小孔数目可按下式计算

$$m = \frac{1}{1 - (1 - a/D')^2} \tag{5-31}$$

式中 a——离中心最远的两个小孔间距的 2 倍，常取 $a = 80\text{mm}$；

D'——布水器直径，mm，$D' = D - 200\text{mm}$（D 为滤池内径）。

（3）布水小孔与布水器中心距离 l 的计算。距离 l 按下式计算

$$l = R'\sqrt{i/m} \tag{5-32}$$

式中 R'——布水器的半径，$R' = D'/2$；

i——布水横管上的布水小孔从布水器中心开始的排列顺序。

（4）布水所需要的工作水头 H 的计算。所需要的工作水头 H(mm) 可按下式计算

$$H = q^2\left(\frac{294}{K^2 \times 10^3}D' + \frac{256 \times 1000^2}{m^2 d^4} - \frac{81 \times 1000^2}{D_1^4}\right) \tag{5-33}$$

式中 q——每根布水横管的污水流量，L/s；

d——布水孔孔径，mm；

D_1——布水横管直径，mm；

K——流量模数，L/s，按表 5-7 查取。

表 5-7 不同直径布水横管的流量模数值

D_1 /mm	50	63	75	100	125	150	175	200	250
流量模数 K/L·s^{-1}	6	11.5	19	43	86.5	134	209	300	560
K^2	36	132.25	361	1849	7482.25	17956	43681	90000	313600

对于小口径布水管的 K 值可按下式计算

$$K = \frac{1}{4}\pi D_1^2 C\sqrt{R} \tag{5-34}$$

其中

$$C = \frac{1}{n}R^{1/6} \tag{5-35}$$

式中 R——布水横管的水力半径；

C——谢才系数；

n——布水器转速，r/min。

（5）布水器的转速 n。布水器的转速 n(r/min) 可按下式计算

$$n = \frac{34.78q \times 10^6}{md^2 D'} \tag{5-36}$$

式中符号意义同前。

d 排水系统的设计

滤池的排水系统设于滤床的底部，其作用：一为排除处理后的污水；二为保证滤池通风良好；三为支撑滤料。排水系统包括渗水装置、汇水沟和总排水沟等。渗水装置形式很多，使用比较广泛的是混凝土板式渗水装置。为了保证滤池通风良好，渗水装置上排水孔的总面积不得小于滤池表面积的20%，与池底距离不得小于0.4m。池底以1%~2%的坡度斜向汇水沟，汇水沟宽0.15m，间距2.5~4.0m，并以0.5%~1.0%的坡度斜向总排水沟，总排水沟的坡度不应小于0.5%，同样为了通风良好，总排水沟的过水断面积应小于其总断面积的50%，沟内流速应大于0.7m/s，以免发生沉积和堵塞现象。在滤池底部四周设通风孔，其总面积不得小于滤池表面积的1%。

5.2.1.3 塔式生物滤池及其设计

A 塔式生物滤池构造与特点

塔式生物滤池构造如图5-20所示，它由塔身、滤料、布水系统、通风系统和排水系统等组成。塔身截面呈圆形、方形或矩形，一般塔身高度为8~24m，直径为1~3.5m，径高比为1∶6~1∶8。大、中型滤塔多采用电动机驱动的旋转布水器，也可采用水力驱动的旋转布水器；小型滤塔多采用固定喷嘴式布水系统、多孔管和溅水筛板布水器。

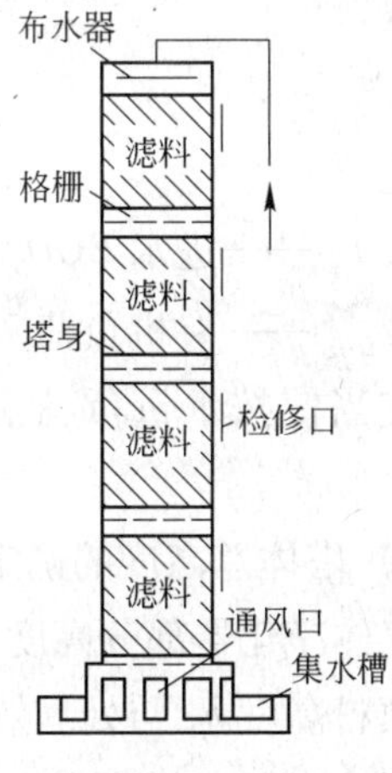

图5-20 塔式生物滤池构造示意图

塔式生物滤池是以加大滤层高度来提高处理能力的一种生物膜法，具有如下特点：

（1）容积负荷高，占地面积小，经常运转费用低。

（2）由于塔内微生物存在着分层的特点，所以能承受较大的有机物和有毒物质的冲击负荷，常用于处理高浓度的工业污水和各种有机污水。

（3）由于塔身较高，自然通风良好，空气供给充足，电耗较活性污泥法省，产泥量较普通活性污泥法少；塔的高度使塔内生长不同种的微生物群。

（4）高的落差，使用旋转布水器，废水淋洗的冲力使老化的生物膜脱落更新快，使其保持良好的活性。

（5）当进水BOD浓度高时，生物膜生长迅速，易引起滤料堵塞；基建投资大，BOD去除率低，只适合小型污水处理厂或少量污水的处理。

B 塔式生物滤池的设计

（1）工艺参数的确定。塔滤对冲击负荷有较强的适应能力，其水力负荷可达80~200$m^3/(m^2 \cdot d)$，有机物容积负荷可达1000~3000$gBOD_5/(m^3 \cdot d)$。进水浓度与塔高有关，浓度过高会导致生物膜生长过快，容易使滤料堵塞。进水有机物浓度和滤料层高度见表5-8。进水BOD_5应控制在500mg/L以下，否则需采取回流措施。

表5-8 进水BOD_5与滤料层高度

进水BOD_5/$mg \cdot L^{-1}$	250	300	350	450	500
滤料层高度/m	8	10	12	14	>16

（2）塔式生物滤池的设计计算。

1）滤料体积 V_1 的计算。滤料体积 $V_1(m^3)$ 根据水量负荷按下式计算

$$V_1 = \frac{Q}{N_{水}} \tag{5-37}$$

式中　$N_{水}$——水力负荷，$m^3/(m^3 \cdot d)$；

Q——平均日污水流量，m^3/d，当有气体净化器时，此流量应包括气体净化器的淋水量，即 $Q = Q_1 + Q_2$；

Q_1——污水量，m^3/d；

Q_2——淋水量，m^3/d，$Q_2 = (1/12 \sim 1/5)Q$。

2）按有机负荷计算（或按有毒物负荷计算）滤料体积 V_1'。滤料体积 $V_1'(m^3)$ 可按下式计算

$$V_1' = \frac{QL_a}{N_{有机}} \tag{5-38}$$

式中　L_a——进水 BOD_5（或 BOD_{20}）值，g/m^3；

$N_{有机}$——有机负荷，$kg/(m^3 \cdot d)$。

应当使按水量负荷和有机负荷计算出的滤料体积相等或接近相等，否则需重新计算。

3）塔体总高度的确定。塔体总高包括：填料高度 h_1、格栅高度 h_2、布水器高度 h_3、有毒气体净化器部分高度 h_4 和塔底通风口高度 h_5。

填料高度 h_1 与处理效率有关，因为塔高加大，可增加水与微生物新陈代谢及有毒物质的氧化降解。根据资料介绍，塔式生物滤池中填料的高度 $h_1(m)$ 与进水有机物浓度（BOD_{20}）成线性关系，可用下式表示

$$h_1 = 0.04\,BOD_{20} - 2 \tag{5-39}$$

式中　BOD_{20}——20 天的生化需氧量，mg/L。

格栅高度 h_2 是根据填料高度、分层数及格栅的形式而定，一般取 $h_2 = 0.25 \sim 0.4m$。

布水器高度 h_3 是根据所选用布水器的形式而定，一般取 $h_3 = 0.5m$。

有毒气体净化器部分高度 $h_4(m)$ 可按下式计算

$$h_4 = \frac{0.05V_1}{\pi D^2/4} \tag{5-40}$$

式中　D——塔径，m；

其余符号意义同前。

塔底通风口高度 $h_5(m)$ 可根据通风口总面积 $A \geqslant \pi D^2/4$ 来确定，即

$$h_5 = \frac{\pi D^2}{4iB} \tag{5-41}$$

式中　i——通风口个数；

B——通风口宽度，m；

其余符号意义同前。

4）塔体直径 D 的计算。塔体直径 D（m）按下式计算

$$D = \sqrt{\frac{4V_1}{\pi h_1}} \tag{5-42}$$

当塔高与塔径确定后，再按 $H/D \geqslant 6 \sim 8$ 校核。

5.2.2 生物转盘及其设计

生物转盘是在生物滤池基础上发展起来的一种高效、经济的生物膜法处理设备，它具有结构简单、运转稳定安全、能耗低、抗冲击负荷能力强、净化功能良好和不发生堵塞等优点，目前已广泛用于化纤、石油、印染、制革、造纸等许多行业的工业污水处理，并取得了良好的效果。

5.2.2.1 生物转盘的构造与工作原理

A 生物转盘的构造

生物转盘的构造如图 5-21 所示，它主要由转盘、转轴、驱动装置和接触反应槽等几部分组成。生物转盘由固定在一根轴上的许多间距很小的圆盘或多角形盘片组成，盘片是生物转盘的主体，作为生物膜的载体，盘片材料要求质轻、强度高、耐腐蚀、防老化、不变形和比表面积大等特点。目前盘片多采用聚乙烯硬质塑料或玻璃钢制作，其形状是平板或波纹板，直径通常为 2 ~ 3m，最大直径可达 5m，厚度为 2 ~ 10mm，盘片净间距为 20 ~ 30mm，转轴长通常小于 7.6m，当系统需要的盘片面积较大时，可分组安装，一组称为一级，串联运行。

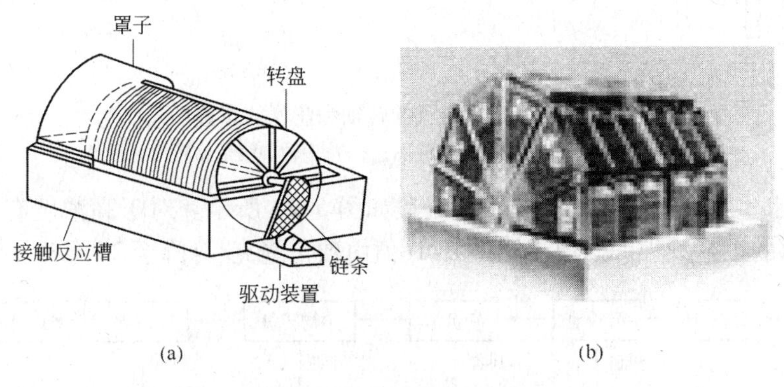

图 5-21 生物转盘的构造示意图
（a）生物转盘的构造图；（b）生物转盘的外形图

接触反应槽位于转盘的正下方，通常采用钢板或钢筋混凝土制成，是与盘片外形基本吻合的半圆形，断面直径比转盘直径约大 20 ~ 50mm，转盘可在槽内转动，接触反应槽的两端设有进出水设备，槽内水位应在转轴以下约 150mm。槽底设有放空管。驱动装置通常采用附有减速装置的电动机。采用水力驱动或空气驱动应根据具体情况而定。

B 生物转盘的工作原理

生物转盘主要用于城市污水、小区生活污水等低浓度废水处理。盘片采用插片式连接，以中心管为转轴，转轴的两端安设在半圆形接触反应槽的支座上。按照有无氧参与，生物转盘分为好氧生物转盘和厌氧生物转盘。好氧生物转盘的转盘面积约 40% ~45% 浸没

在槽内的污水中，转轴高出水面100～250mm；厌氧生物转盘的盘片大部分或全部浸没于污水中，接触反应槽密封，以利于厌氧反应的进行和收集沼气。当缓慢转动浸没在污水中的盘片时，污水中的有机物将被滋生在盘片上的生物膜吸附；当盘片离开污水时，盘片表面形成的薄水膜从空气中吸氧，氧溶解浓度升高，同时被吸附的有机物在好氧微生物酶的作用下进行氧化分解。圆盘不断地转动，污水中的有机物不断分解。当生物膜厚度增加到一定厚度以后，其内部形成厌氧层并开始老化、剥落，脱落的生物膜由二次沉淀池沉降去除，污水得到净化。

5.2.2.2 生物转盘的组合形式及工艺流程

根据生物转盘的转轴和盘片的布置形式，生物转盘可以是单轴单级形式（图5-21），也可以组合成单轴多级（图5-22a）或多轴多级（图5-22b）的形式。

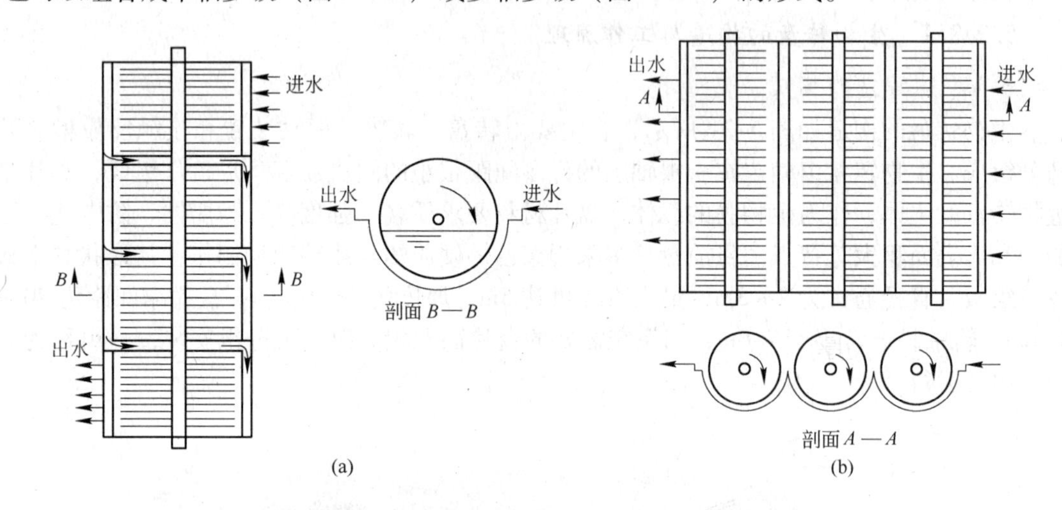

图5-22 生物转盘的转轴和盘片的布置形式

（a）单轴多级生物转盘示意图；（b）多轴多级生物转盘示意图

城市污水生物转盘系统的基本工艺流程如图5-23所示。对于高浓度有机污水可采用图5-24所示的工艺流程，该流程能将BOD值由数千毫克/升降至20mg/L。

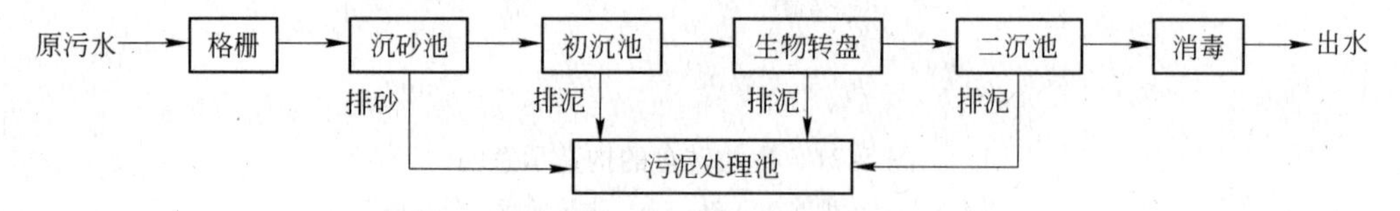

图5-23 生物转盘污水处理系统的基本工艺流程

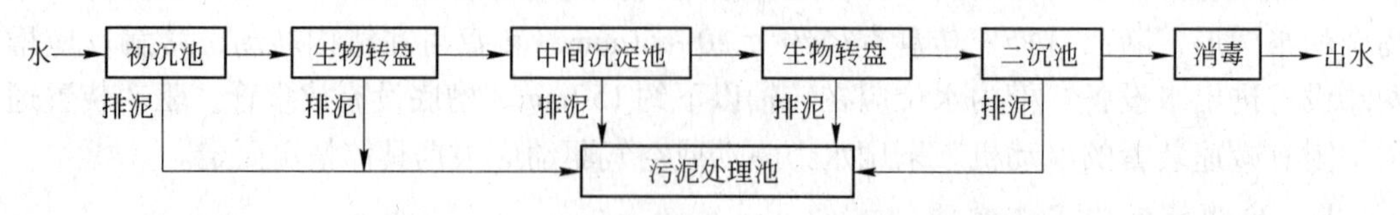

图5-24 生物转盘二级污水处理工艺流程

上述生物转盘污水处理系统具有微生物浓度高、生物转盘效率高、反应槽不需要曝气、污泥无需回流、动力消耗低，仅为0.7kW·h/kgBOD_5、运行费用低、生物膜上微生物的食物链长、产生污泥量少、在水温5~20℃的范围内BOD的去除率为90%时，去除1kgBOD_5的污泥量为0.25kg等特点。

5.2.2.3 生物转盘的设计计算

（1）按BOD面积负荷（或水量负荷）计算转盘总面积A。转盘总面积A（m^2）可按下式计算

$$A=\frac{Q(L_a-L_e)}{N_A} \tag{5-43}$$

式中 N_A——BOD_5面积负荷，g/(m^2·转盘d)；

Q——污水量，m^3/d；

L_a——进水BOD_5浓度，g/m^3；

L_e——出水BOD_5浓度，g/m^3。

（2）转盘片数m的计算。转盘片数可按下式计算

$$m=\frac{2A}{\pi D^2} \tag{5-44}$$

式中 D——转盘直径，m。

（3）反应槽有效长度L的计算。反应槽有效长度L(m)按下式计算

$$L=K(a+b)m \tag{5-45}$$

式中 a——盘片的厚度，依材料强度而定，m；

b——盘片间净间距，m，一般取$b=20\sim30$mm；

K——安全系数，一般取$K=1.2$。

（4）反应槽总有效容积V的计算。反应槽总有效容积V（m^3）按下式计算

$$V=(0.294\sim0.355)(D+2\delta)^2L \tag{5-46}$$

净有效容积V'（m^3）为

$$V'=(0.294\sim0.355)(D+2\delta)^2(L-ma) \tag{5-47}$$

式中 δ——盘片与反应槽内壁的净距离，通常取20~40mm。

h'——转盘轴心到槽内水面的垂直高度，当$h'/D=0.1$时，系数取0.294；当$h'/D=0.06$时，系数取0.355。

（5）污水在反应槽内停留时间t的计算。污水在反应槽内停留时间t(h)按下式计算

$$t=V'/Q \tag{5-48}$$

t一般为0.25~2.0h。

（6）转盘转速n的计算。转盘的转速n（r/min）可按下式计算

$$n=\frac{6.37}{D}\left(0.9-\frac{V'}{Q}\right) \tag{5-49}$$

（7）电动机功率P_d的计算。电动机功率P_d(kW)可按下式计算

$$P_d=\frac{3.85R^4n^2}{b\times10^6}m_1\alpha\beta \tag{5-50}$$

式中 R——转盘半径，m；

m_1——一根轴上的盘片数，片；

α——同一电动机带动的转轴数；

β——生物膜厚度系数，一般取2～4。

5.2.3　生物接触氧化处理装置及其设计

5.2.3.1　生物接触氧化处理装置构造与工艺流程

A　生物接触氧化处理装置的构造

生物接触氧化池是生物接触氧化处理装置的核心设备，它主要由池体、填料、曝气装置、进出水装置和排泥管道等部件组成。池体多呈圆形或方形，用钢板焊接制成或用钢筋混凝土建造而成。池体用于容纳被处理的污水、设置填料、布水布气装置和支撑填料的格栅与栅板。由于池中流速较低，从填料上脱落的残膜总有一部分沉积在池底，池底通常做成多斗式或设置集泥设备，以便排泥。

生物接触氧化池按曝气方式可分为表面曝气生物接触氧化池（图5-25a）和鼓风曝气生物接触氧化池（图5-25b）两种形式，鼓风曝气生物接触氧化池按曝气装置位置的不同，可分为分流式和直流式两种。

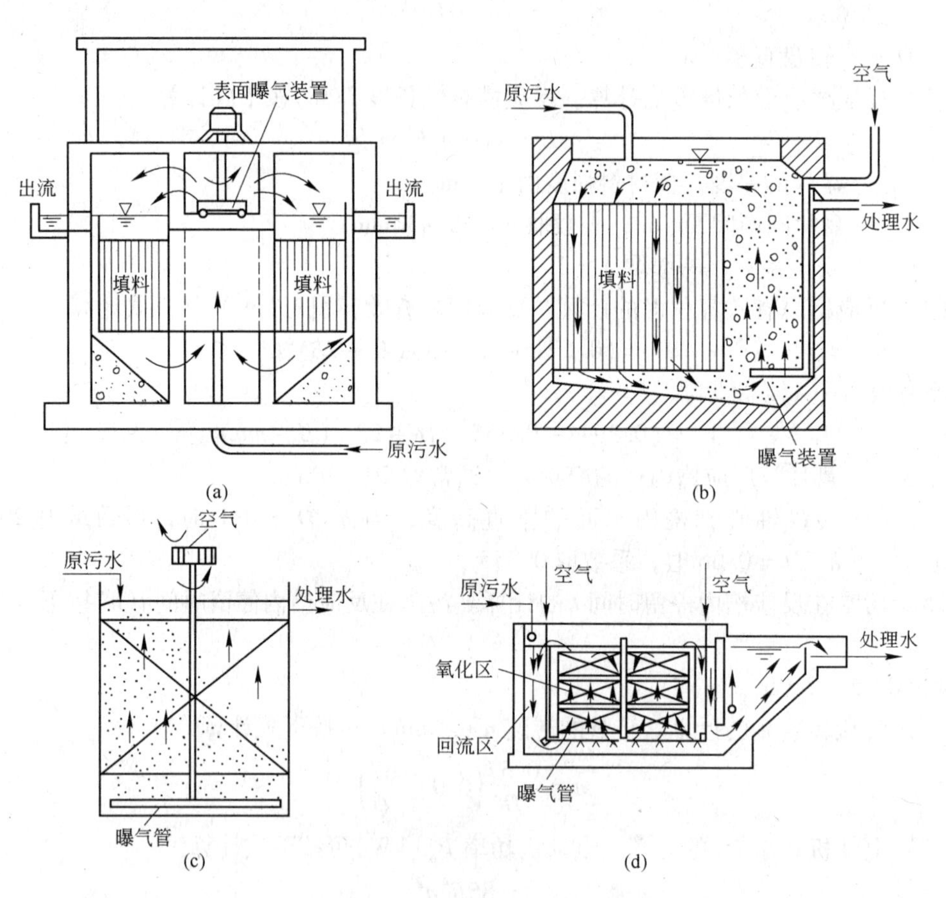

图5-25　接触氧化池基本构造

（a）表面曝气生物接触氧化池；（b）鼓风曝气生物接触氧化池；
（c）鼓风曝气直流式接触氧化池；（d）外循环直流式接触氧化池

（1）分流式。如图5-25（b）所示，污水充氧与填料分别在不同的隔间内进行，污水充氧后在池内进行单向或双向循环，这种形式使污水在池内反复充氧，污水与生物膜的接触时间长，但耗气量大；污水流过填料的速度慢，有利于微生物的生长，但是冲刷力太小，生物膜更新慢且易堵塞，尤其是处理高浓度的污水时，这种情况更加明显。这种形式的接触氧化池在国外使用很普遍。

（2）直流式。曝气装置在填料底部，直接向填料鼓风曝气使填料区的水流上升；填料内的水力冲刷依靠水流速度和气泡在池内碰撞、破碎形成冲击力，只要水流及空气分布均匀，填料就不易堵塞。这种形式的接触氧化池耗氧量小，充氧效率高，同时在上升气流的作用下，液体出现强烈的搅动，促进氧的溶解和生物膜更新，使生物膜能经常保持较高的活性，并避免产生堵塞现象。按水流循环方式有内循环式和外循环式，如图 5-25(c)和图 5-25(d)所示。目前国内大都采用直流式。

生物接触氧化池常用的填料是聚氯乙烯塑料、聚丙烯塑料、环氧玻璃钢等做成的波纹板状、蜂窝状和纤维状填料，如图 5-26 所示。

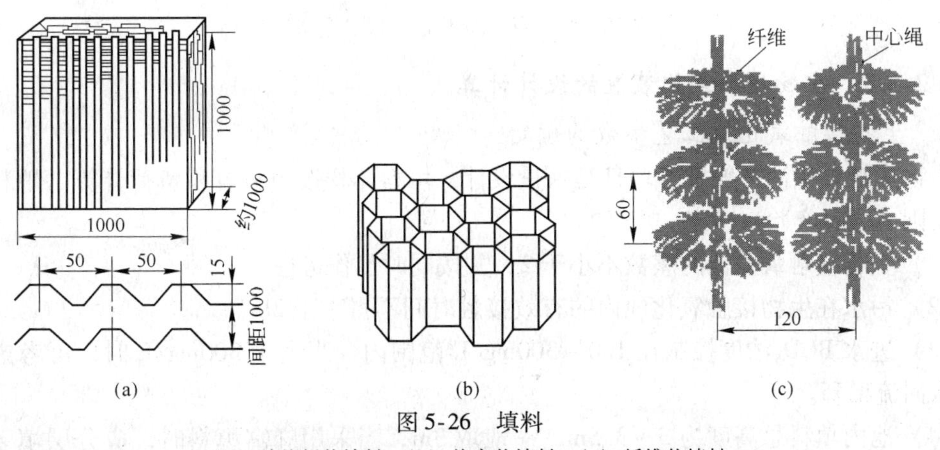

图 5-26　填料

(a) 波纹板状填料；(b) 蜂窝状填料；(c) 纤维状填料

B　工艺流程及特点

生物接触氧化处理装置又称为淹没式生物滤池，它是一种介于活性污泥法与生物滤池之间的生物处理技术。接触池内设有填料，部分微生物以生物膜的形式固着生长于填料表面，污水与附着在填料上的生物膜接触，在微生物的作用下，使污水得以净化。生物接触氧化法处理技术的工艺流程一般分成一段处理流程、二段处理流程和多段处理流程。一段工艺流程如图 5-27 所示，生物接触氧化池前要设初沉池，以去除悬浮物，减轻生物接触氧化池的负荷；生物接触氧化池后设二沉池进行固液分离，以保证系统出水水质。该流程简单、易于维护、投资较低。

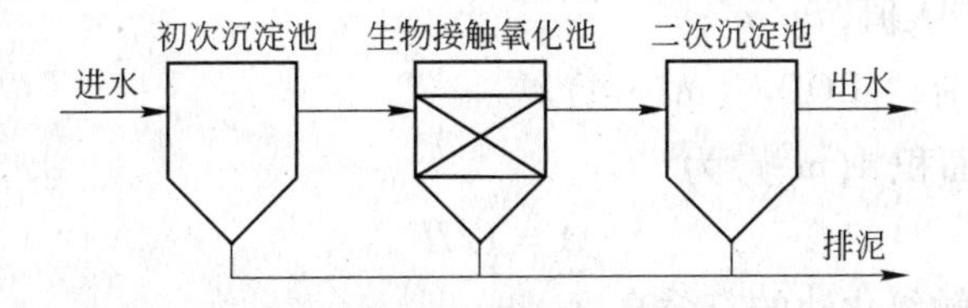

图 5-27　生物接触氧化法一段工艺流程

图5-28所示为二段工艺流程。二段处理流程污水经初沉池后进入第一段接触氧化池氧化，出水经中间沉淀池进行泥、水分离，上清液进入第二段接触氧化池，最后经二沉池再次进行泥、水分离后排放。在该流程中第一段为高负荷段，第二段为低负荷段。这样更能适应污水水质的变化，使处理水水质趋于稳定。多段处理流程将高负荷段、中负荷段和低负荷段明显分开，有利于提高总体处理效率，而且具有硝化、脱氮的功能。

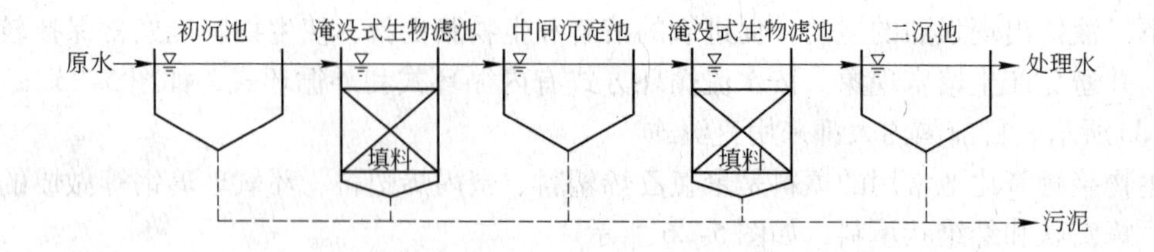

图5-28　生物接触氧化法二段工艺流程

5.2.3.2　生物接触氧化装置的设计计算

A　生物接触氧化池工艺参数的确定

生物接触氧化池一般按平均日污水量设计，填料体积按填料容积负荷计算，填料的容积负荷则应通过实验来确定。

（1）生物接触氧化池的座数不小于2，并按同时工作考虑。

（2）污水在生物接触氧化池内的有效接触时间不得小于2h。

（3）进水BOD_5浓度控制在100～300mg/L范围内，当大于300mg/L时，可考虑采用处理水回流稀释。

（4）池内填料总高度为3～3.5m，一般取3m，当采用蜂窝填料时，应分层填装，每层高1m，蜂窝内切孔不宜小于25mm。

（5）生物接触氧化池中的溶解氧含量一般应维持在2.5～3.5mg/L之间，气、水比约为(15～20)∶1。为了保证水、气均匀，每格生物接触氧化池的面积一般在$25m^2$以内。

B　生物接触氧化池的设计计算

（1）生物接触氧化池有效容积V的计算。生物接触氧化池的容积V（m^3）按下式计算

$$V=\frac{Q(L_a-L_e)}{F_V} \tag{5-51}$$

式中　Q——平均日污水流量，m^3/d；

L_a——进水BOD_5值，g/m^3；

L_e——出水BOD_5值，g/m^3；

F_V——容积负荷，$gBOD_5/(m^3\cdot d)$。

生物接触氧化池面积A(m^2)为

$$A=V/H \tag{5-52}$$

式中　H——生物接触氧化池的有效高度，m。

（2）生物接触氧化池有效高度H的计算。生物接触氧化池的有效高度H（m）按下式

计算

$$H = H_0 + h_1 + h_2 + (i-1)h_3 + h_4 \tag{5-53}$$

式中　H_0——填料层高度，m；

i——填料层层数；

h_1——超高，m，$h_1 = 0.5 \sim 0.6$m；

h_2——填料层上部水深，m，$h_2 = 0.4 \sim 0.5$m；

h_3——填料层间隙高，m，$h_3 = 0.2 \sim 0.3$m；

h_4——配水区高度，m，当不考虑检修时，$h_4 = 0.5$m；当考虑检修时，$h_4 = 1.5$m。

（3）氧化池格数 n 的计算。氧化池的格数 n 按下式计算

$$n = A/A_1 \tag{5-54}$$

式中　n——氧化池格数，通常 $n \geqslant 2$；

A_1——每格氧化池的面积，m^2，一般 $A_1 \leqslant 25m^2$。

（4）污水在氧化池内停留时间 t 的计算。污水在氧化池内的停留时间 t(h) 按下式计算

$$t = V/Q \tag{5-55}$$

如果计算出的停留时间 $t > 2h$，则为合格。否则应重新选择容积负荷值进行设计计算。

（5）供气量 Q_{air} 的计算。供气量 Q_{air} 可按下式计算

$$Q_{air} = KQ \tag{5-56}$$

式中　K——气水比，即降解每单位体积污水所需的空气量，m^3/m^3。

5.3　厌氧法污水处理机械设备的设计

厌氧污水处理是一种低成本的污水处理技术，它能把污水的处理和能源回收利用相结合，例如，处理过的洁净水可用于鱼塘养鱼、灌溉，产生的沼气可作为能源，剩余污泥可用作肥料和用于土壤改良。厌氧法通常用于处理较高浓度的有机污水或好氧法难以降解的有机污水。厌氧法污水处理机械设备有污泥消化池（化粪池）、厌氧生物滤池、升流式厌氧污泥床（UASB）反应器等。

5.3.1　厌氧生物滤池及其设计

5.3.1.1　厌氧生物滤池的构造

厌氧生物滤池是装有填料的厌氧反应器，在滤料表面有以生物膜形态生长的微生物群体，在滤料的空隙中截留了大量悬浮生长的厌氧微生物，污水通过滤料层时，其中的有机物被截留、吸附及分解转化为 CH_4 和 CO_2 等。按污水在厌氧生物滤池内的流向不同，厌氧生物滤池分为升流式、降流式和升流式混合型三种，其结构如图 5-29 所示。升流式厌氧生物滤池的布水系统设于池底，污水由布水系统引入滤池后均匀地向上流动，通过滤料层与其上的生物膜接触，净化后的出水从池的上部引出池外，池的顶部还设有沼气收集管。升流式厌氧生物滤池比降流式厌氧生物滤池的效率高，但底部易堵塞且污泥沿深度分布不均匀。

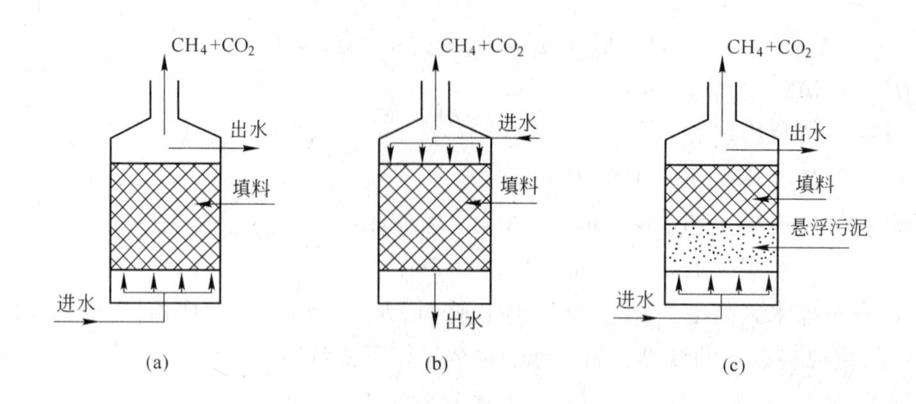

图5-29 厌氧生物滤池结构示意图
（a）升流式；（b）降流式；（c）升流式混合型

降流式厌氧生物滤池的水流方向与升流式正好相反，其布水系统设于滤料层上部，出水排放系统则设于滤池底部，其沼气收集系统与升流式厌氧生物滤池无异。因其布水装置在滤料上部而相对不易堵塞。

升流式混合型厌氧生物滤池的特点是减小了滤料层的厚度，在滤池布水系统与滤层之间留出了一定的空间，以便悬浮状的颗粒污泥能够在其中生长、累积。当进水依次通过悬浮的颗粒污泥层及滤料层时，其中有机物将与颗粒污泥及生物膜上的微生物接触并得到稳定。升流式混合型厌氧生物滤池与升流式厌氧生物滤池相比，减小了滤料层的高度；与升流式厌氧污泥床相比，可不设三相分离器，因此可节省基建费用；可增加反应器中总的生物固体量，并减小滤池被堵塞的可能性。

5.3.1.2 厌氧生物滤池的设计计算

厌氧生物滤池的设计主要包括滤料的选择、滤料体积的计算、布水系统和沼气系统设计等几个方面。

A 滤料的选择

滤料是厌氧生物滤池的主体部分，滤料应具有比表面积大、孔隙率高、表面粗糙、化学及生物学的稳定性较强、机械强度高等特点。常用的滤料有碎石、卵石、焦炭和各种形式的塑料滤料，其中碎石、卵石滤料的比表面积较小（40 ~ 50m^2/m^3）、孔隙率低（50% ~60%），产生的生物膜较少，生物固体的浓度不高，有机负荷较低（3 ~6kgCOD/(m^3 · d)），运行中易发生堵塞现象。塑料滤料比表面积和孔隙率都大，如波纹板滤料的比表面积为 100 ~200m^2/m^3，孔隙率达 80% ~90%，在中温条件下，有机负荷可达 5 ~15kgCOD/(m^3 · d)，不易发生堵塞现象。

B 厌氧生物滤池工艺参数的确定

（1）厌氧生物滤池的池断面形状呈圆形，直径为6 ~26m，高度为3 ~13m。

（2）布水系统用于将进水均匀地分配于全池，设计时应考虑孔口和流速的大小。

（3）升流式混合型厌氧生物滤池中滤料层高度与滤池总高度相比，采用2/3 为宜。

（4）当反应温度为30 ~35℃时，块状滤料容积负荷可采用3 ~6kgCOD/(m^3 · d)，而塑料滤料容积负荷可采用5～8kgCOD/(m^3·d)。

(5) 滤料层高度常采用2～5m；相邻进水孔口之间的距离不大于2m，通常宜为1～2m。

(6) 污泥排放口之间的距离不宜大于3m。

C 厌氧生物滤池滤料体积V的计算

滤料体积V(m^3)的计算常采用容积负荷法，滤料体积可按下式计算

$$V=\frac{Q(S_a-S_e)}{F'_V} \tag{5-57}$$

式中 Q——处理水量，m^3/d；

S_a——进水COD浓度，kg/m^3；

S_e——出水COD浓度，kg/m^3；

F'_V——COD容积负荷，一般取0.5～12kgCOD/(m^3·d)。

5.3.2 升流式厌氧污泥床反应器及其设计

5.3.2.1 UASB反应器的构造

UASB反应器的构造如图5-30所示，它主要由进水配水系统、反应区、三相分离器、出水系统、气室、浮渣收集系统、排泥系统等几部分组成。它是集生物反应器与沉淀池于一体的厌氧反应器，其断面形状一般为圆形或矩形，矩形断面利于三相分离器的设计与施工，主体结构采用钢板制作或钢筋混凝土构筑。

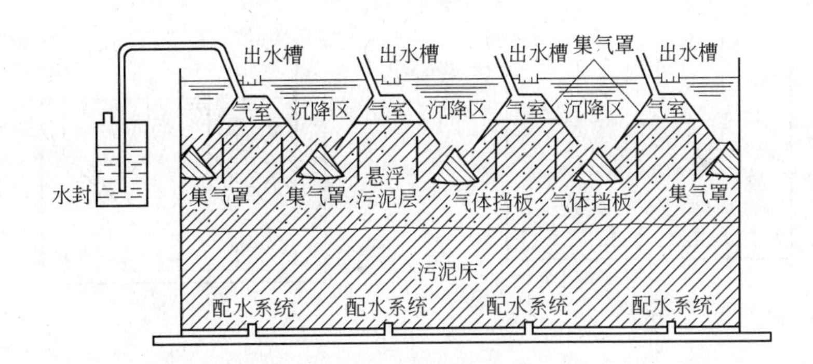

图5-30 UASB反应器的构造示意图

进水配水系统的功能主要是将污水均匀地分配到整个反应器的底部，并进行水力搅拌。反应区包括污泥层区和污泥悬浮层区，是UASB的主要部位，有机物主要在这里被厌氧菌所分解。出水系统的功能是均匀地收集沉淀区处理过的水，并将其排出反应器至贮水池后进入二级处理设备。气室又称集气罩，其功能是收集沼气。浮渣收集系统的功能是用于清除沉淀区液面和气室液面的浮渣。排泥系统的功能是用于均匀地排出反应器内的剩余污泥。三相分离器的基本构造如图5-31所示，它由气封、沉淀区和回流缝组成，其主要功能是进行气（沼气）液（污水）分离、固（污泥）液（污水）分离和污泥回流。

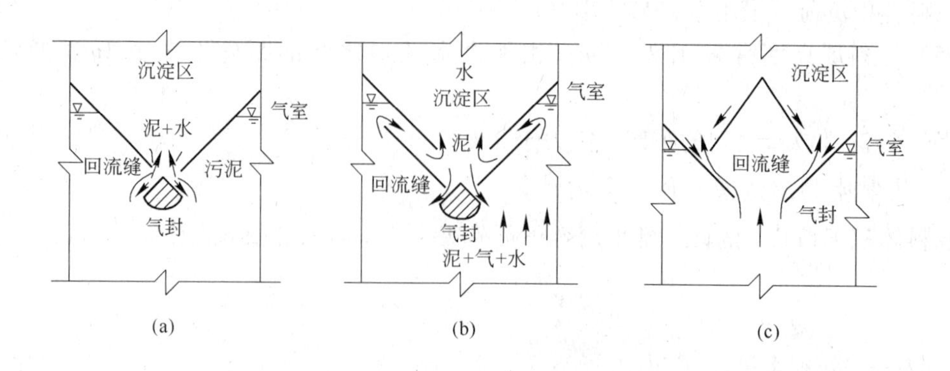

图 5-31 三相分离器基本构造示意图

(a) 气液分离；(b) 固液分离；(c) 污泥回流

UASB 反应器根据不同的处理对象，其结构可分为开敞式和封闭式两种形式，如图 5-32 所示。开敞式 UASB 反应器的顶部不加密封，出水水面开放或仅加一层不太密封的盖板，其结构简单，易于施工和维修，多用于处理中、低浓度的有机污水或城市污水。中、低浓度的污水经 UASB 反应器处理后，出水中的有机物浓度已较低，所以在沉淀区产生的沼气数量很少，一般不再收集。封闭式 UASB 反应器的顶部加盖密封，能在反应器内的液面与池顶之间形成气室，可以同时收集反应区和沉淀区产生的沼气，该形式的反应器多用于处理高浓度的有机污水或含硫酸盐较高的有机污水。

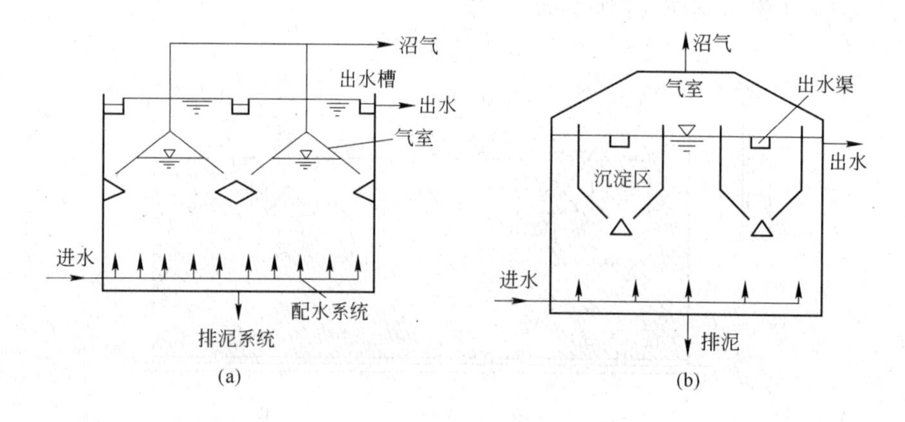

图 5-32 两种形式的 UASB 反应器

(a) 开敞式 UASB 反应器；(b) 封闭式 UASB 反应器

5.3.2.2 UASB 反应器的工作原理和特点

UASB 反应器的工作原理如图 5-33 所示，在反应器的上部设置气、液、固三相分离器，下部是污泥悬浮区和污泥床区。污水从反应器底部流入与颗粒污泥进行充分混合接触后被污泥中的微生物分解转化为 CH_4 和 CO_2，因沼气搅动和气泡对污泥的吸附作用，在污泥床区上方形成了污泥悬浮层，反应器上部的三相分离器完成气、液、固三相分离，被分离的沼气从上部导出，污泥自动滑落到悬浮污泥层，处理出水从澄清区流出反应器。

UASB反应器具有以下特点：

(1) 集生物反应器与沉淀池于一体，是一种结构紧凑、操作运行方便的厌氧反应器。

(2) 设备简单，不需要填料和机械搅拌装置，便于管理，能耗低，占地面积小，一次性投资低，不会发生堵塞问题。

(3) 污泥床内生物量多，折合浓度计算可达20～30g/L。

(4) 反应器内有高浓度的以颗粒状形式存在的高活性污泥，容积负荷率高，在中温发酵条件下一般可达10kgCOD/(m^3·d)，甚至能高达15～40kgCOD/(m^3·d)，污水在反应器内的水力停留时间短，可大大缩小反应器容积。

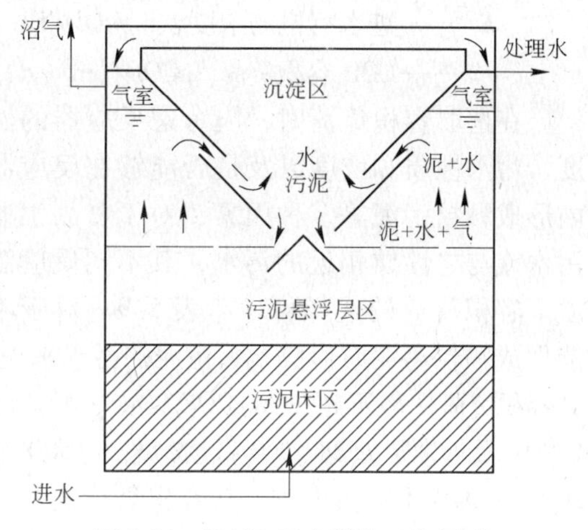

图5-33 UASB反应器的工作原理

(5) 反应器内具有集泥、水和气的分离器，该三相分离器可自动地把泥、水加以分离并起到澄清出水、保证集气室具有正常水面的功能。

(6) 温度在30～35℃范围内，COD去除率达70%～90%，BOD去除率大于85%，适合于处理高、中浓度的工业有机污水和低浓度的城市污水。UASB反应器可用于处理生产不连续、季节性生产的有机污水。长期停运后，可直接再次运行不需要重新接种启动。UASB反应器一般必须采取保温和防腐措施。

(7) 污泥产率低，污泥处理方便。UASB反应器内只有不足10%的有机物转化为厌氧污泥，这种污泥的稳定性和脱水性很好，可作为其他厌氧处理装置的种泥，也可用来喂鱼或用作农肥。

5.3.2.3 UASB反应器的设计计算

UASB反应器的设计计算主要包括选择适宜的池型，确定主要部位尺寸，UASB反应器有效容积的计算，进水配水系统、出水系统、三相分离器等主要设备的设计计算，排泥和排渣系统的设计计算。

(1) 反应区与三相分离器的设计。三相分离器的形式较多，常用的三相分离器设计参数如图5-34所示，图中沉降区内液体的上升流速 $v_s \leqslant 8$m/h，气体在气液界面的上升流速 $v_q \geqslant 1$m/h，在沉降区开口处液体的上升流速 $v_0 \leqslant 12$m/h，反应区内液体的上升流速 v_r 取1.25～3m/h。其他设计参数分别为：沉降斜面与水平方向的夹角应为45°～60°，且应光滑以利于污泥返回反应区；沉降室开口最狭窄处的总面积宜为反应器水平截面的15%～20%；当反应器高为5～7m时，集气室高度应为0.5～2m；导流体或导流板与集气室斜面重叠部分的宽度应为100～200mm。

(2) UASB反应器有效容积 V 的计算。UASB反应器有效容积通常包括沉淀区和反应区的容积，不包括三相分离器的容积，多采用容积负荷法来计算UASB反应器的有效容积 V(m^3)，其计算公式为

$$V = \frac{QS_a}{F'_V} \tag{5-58}$$

式中　Q——污水流量，m^3/d；

S_a——进水有机物浓度，mgCOD/L；

F'_V——COD 容积负荷，$gCOD/(m^3 \cdot d)$。

在选取容积负荷时，应考虑反应器的温度、污水性质和浓度以及是否能够在反应器内形成颗粒污泥等多种因素，对于食品工业污水或与之性质相近的污水，其不同反应温度下容积负荷的选择可参考表 5-9。对于不能形成颗粒污泥而形成絮状污泥的污水来说，其容积负荷一般不超过 $5kgCOD/(m^3 \cdot d)$。当 UASB 反应器处理中、低浓度（1500 ~ 2000mgCOD/L）污水时，其容积负荷通常控制在 $5 \sim 8kgCOD/(m^3 \cdot d)$ 之间，以免水流上升流速过大而使厌氧污泥流失。在处理高浓度（5000 ~ 9000mgCOD/L）污水时，其容积负荷通常控制在 $10 \sim 20kgCOD/(m^3 \cdot d)$ 之间，以免产气负荷过高导致厌氧污泥的流失。

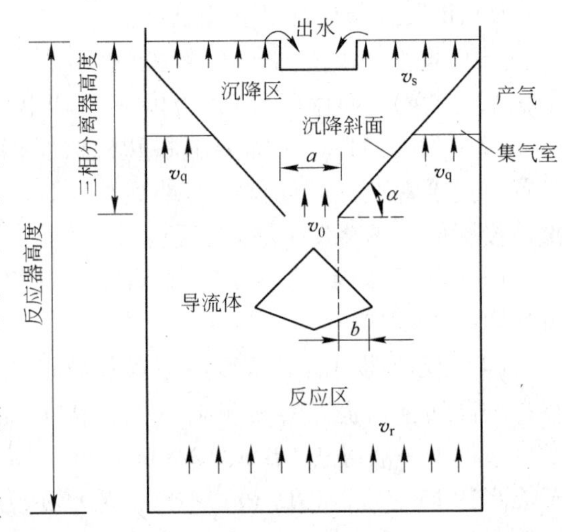

图 5-34　反应区与三相分离器设计参数示意图
a—沉降区开口宽度；b—导流体超出开口边缘的宽度；α—沉降斜面与水平方向的夹角

表 5-9　食品工业等污水不同温度的容积负荷率

温度/℃	高温(50 ~ 55)	中温(30 ~ 35)	常温(20 ~ 25)	低温(10 ~ 15)
容积负荷率/$kgCOD \cdot (m^3 \cdot d)^{-1}$	20 ~ 30	10 ~ 20	5 ~ 10	2 ~ 5

（3）UASB 反应器有效高度的选择。UASB 反应器的有效高度，应根据进水浓度通过试验确定，一般取 4 ~ 6m，浓度低时选小值。

（4）UASB 反应器沉淀区设计参数的确定。沉淀区的总水深不宜小于 1.5m；污水在沉淀区的停留时间应为 1.5 ~ 2.0h；沉淀区表面负荷应小于 $1.0m^3/(m^2 \cdot d)$。

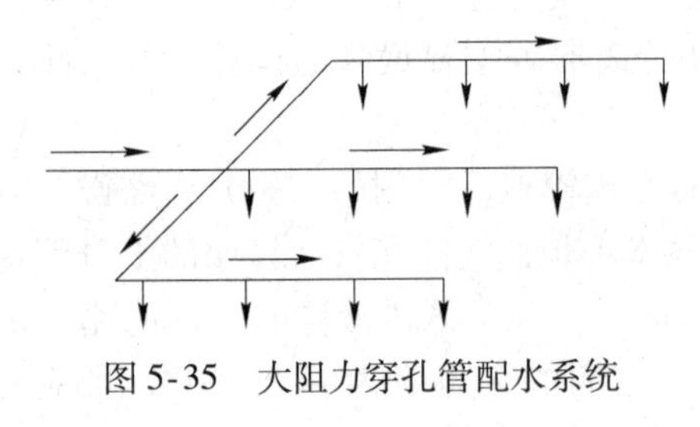

图 5-35　大阻力穿孔管配水系统

（5）配水系统的设计。UASB 反应器多选用大阻力穿孔管配水系统，如图 5-35 所示，配水管的中心距和出水孔距均为 1.0 ~ 2.0m，出水孔孔径为 10 ~ 20mm，常选用 15mm，孔口向下或与垂线呈 45°角方向，单个出水孔服务面积为 $2 \sim 4m^2$，配水管径不宜小于 100mm，配水管中心线距池底为 200 ~ 250mm，孔口流速不宜小于 2m/s。

5.3.3　其他厌氧生物处理设备

5.3.3.1　厌氧接触法

A　厌氧接触法工艺流程

厌氧接触法工艺是对污泥消化池的改进，工艺流程如图 5-36 所示，其最大特点是在厌氧反应器后设沉淀池，使污泥回流，保证厌氧反应器内能够维持较高的污泥浓度，可达 5 ~ 10gMLVSS/L，大大降低了反应器的水力停留时间，并使其具有一定的耐冲击负荷能

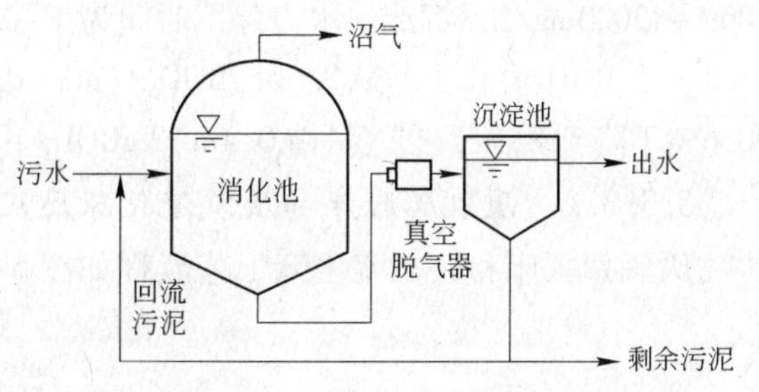

图 5-36 厌氧接触法工艺流程

力。该工艺的主要问题是：厌氧反应器排出混合液中的污泥上附着大量小气泡，使污泥易于上浮被出水带走；二沉池中的污泥仍具活性继续产生沼气，使已沉下的污泥上浮，影响出水水质，降低回流污泥的浓度。因此必须采取有效的改进措施，如图 5-37 所示，在反应器和沉淀池之间增设真空脱气设备，尽可能脱除沼气；在反应器与沉淀池之间设冷却器，抑制厌氧污泥的活性；在沉淀池内投加混凝剂；用超滤代替沉淀池。采取这些措施后，可使该工艺具有下述特点：污泥负荷高，耐冲击能力强；有机容积负荷较高，中温消化时容积负荷为 0.5 ~ 2.5kgBOD_5/(m^3 · d)，去除率为 80% ~ 90%；出水水质好。本工艺适合处理悬浮物、有机物浓度均较高的污水，污水 COD 一般不低于 3000mg/L，悬浮物浓度可达 50000mg/L。

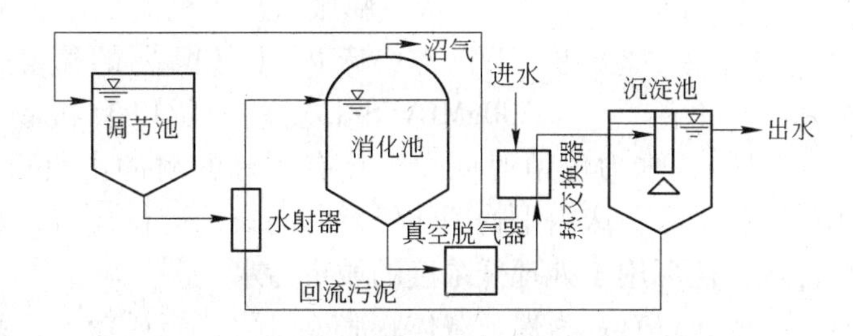

图 5-37 改进后的厌氧接触法工艺流程

B 厌氧接触法工艺设计

厌氧接触法工艺设计，主要是确定厌氧反应器的容积 V (m^3)，容积可根据水力停留时间或容积负荷来计算，其计算公式为

$$V = Qt \tag{5-59}$$

$$V = QS_a / F'_V \tag{5-60}$$

式中 Q ——污水流量，m^3/d；

S_a ——进水有机物浓度，kg/m^3；

F'_V ——容积负荷，kgCOD/(m^3 · d) 或 kgBOD_5/(m^3 · d)。

t ——厌氧反应器水力停留时间，d。

C 厌氧接触法的应用

厌氧接触法主要用于处理高浓度有机污水，不同的污水其工艺参数也不相同，进行工艺设计时应通过试验来确定。如用厌氧接触法处理酒精污水，原污水 COD（化学需氧量）浓度为 50000 ~ 54000mg/L，BOD_5（生化需氧量）浓度为 26000 ~ 34000mg/L，反应温度采用 53 ~ 55℃，反应器内污泥浓度为 20% ~ 30%，COD 容积负荷为 9.11 ~ 11.7kgCOD/(m^3 · d)，水力停留时间为 2.5 ~ 4d，COD 的去除率为 87%。应用该工艺处理屠宰污水，反应器容积负荷取 2.56kgBOD_5/(m^3 · d)，水力停留时间为 12 ~ 13h，反应温度为 27 ~ 31℃，污泥浓度为

7000～12000mg/L，沉淀池水力停留时间为1～2h，表面负荷为14.7m^3/(m^2·h)，回流比为3∶1，当BOD_5容积负荷从2.56kgBOD_5/(m^3·d)上升到3.2kgBOD_5/(m^3·d)时，去除率由90.6%下降到83%，产气量由0.4m^3/kgBOD_5下降到0.29m^3/kgBOD_5。

5.3.3.2 厌氧膨胀床和厌氧流化床反应器

厌氧膨胀床和厌氧流化床工艺流程如图5-38所示，床内填充细小的固体颗粒作为载体，常用的载体有石英砂、活性炭、无烟煤和陶粒等，粒径通常为0.2～1mm，污水从床底部流入，向上流动，为使填料层膨胀或流化，常用循环泵将部分出水回流，以提高床内水流的上升速度。一般膨胀率为10%～20%，床内载体略有松动，载体间空隙增加但仍保持互相接触的反应器称为膨胀床；当上升流速增大到使载体可在床内自由运动而互不接触的反应器称为流化床。

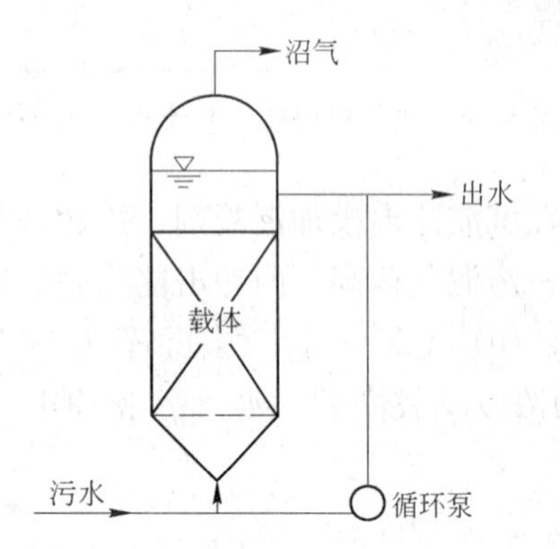

图5-38 厌氧膨胀床和流化床工艺流程

厌氧膨胀床和厌氧流化床这两个反应器具有以下特点：床内具有很高的微生物浓度，一般为30gMLVSS/L左右，所以有机物容积负荷率较大(10～40kgCOD/(m^3·d))，水力停留时间短，具有较好的耐冲击负荷能力，运行稳定；膨胀或流化的载体可避免堵塞；床内生物固体停留时间长，运行稳定，剩余污泥少；可用于处理高浓度有机污水，还可用于处理低浓度的城市污水。

这两个反应器的主要缺点有：为保证载体膨胀或流化，能耗较大；系统的设计运行要求高。

5.3.3.3 厌氧生物转盘

图5-39所示的厌氧生物转盘，其构造与好氧生物转盘的构造相似，也是由盘片、反应槽、转轴和驱动装置等组成，所不同的是厌氧生物转盘上部加盖密封，其目的是收集沼气和防止液面上的空间有氧气存在。盘片分固定盘片和转动盘片，相间排列，以防止盘片间生物膜粘连堵塞。转动盘片串联，中心穿以转轴，轴安装在反应器两端的支架上。对污水的净化靠盘片表面生物膜和悬浮在反应槽中的厌氧菌完成。由于盘片转动，作用在生物膜上的剪力可将老化的生物膜剥落，剥落下的生物膜在水中呈悬浮状随水流出槽外，沼气从反应槽顶部排出。

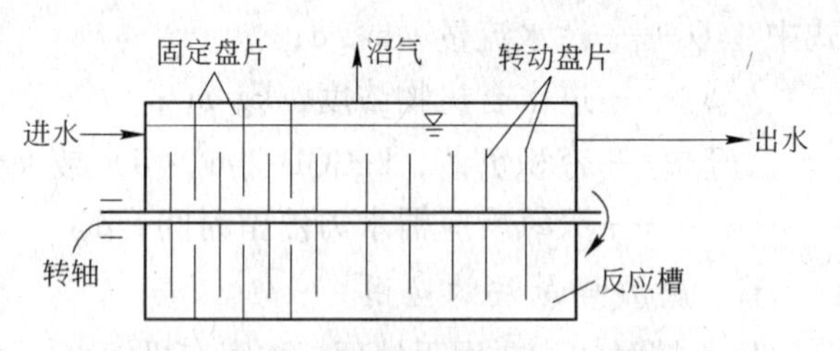

图5-39 厌氧生物转盘结构示意图

厌氧生物转盘的主要特点是：微生物浓度高，在中温条件下有机负荷率可高达0.04kgCOD/(m^2盘片·d)，相应的去除率可达90%左右；污水在池内沿水平方向流动，反应槽高度小，进水提升高度低，不需要回流，所以可节省能源；转盘的转动作用，不断使老化的生物膜脱落，以保持生物膜的活性，并使污水与生物膜充分接触，提高了耐冲击能力和处理的稳定性；可采用多级串联，使各级微生物处于最佳的生态环境中，处理效果好，去除率可达90%左右。其缺点是盘片及整套装置造价较高。

5.4 污泥处理工艺与设备

5.4.1 概述

污泥是污水处理过程中产生的沉淀物，是一种由有机残叶、细菌菌体、无机颗粒、胶体等组成的极为复杂的非均匀质体，按其主要成分的不同分为污泥和沉渣。污泥以有机物为主要成分，其特点是有机物含量高易腐化发臭、颗粒密度小（接近水的密度），含水率高且不易脱水，便于管道输送。沉渣以无机物为主要成分，其特点是颗粒较粗、密度较大、流动性差、不易管道输送，含水率低易于脱水，化学稳定性好。

根据污泥的来源可分为：初沉池污泥、剩余污泥（来自生物膜和活性污泥法的二次沉淀池）、熟污泥（经消化处理后的初沉淀池污泥和剩余污泥）和化学污泥（化学法产生的污泥）。

污泥量通常占污水处理量（体积分数）的0.3%～0.5%或约为污水处理量的1%～2%（质量分数）。若属于深度处理，污泥量会增加0.5～1倍。污水处理效率的提高，会导致污泥数量的增加，因此，在污水处理厂的设计中，污泥处理设备的选型是保证处理效果与降低运行成本的关键，对污水处理厂的管理水平和环境卫生也有直接的影响。所以，污泥设备的选型设计，不仅要明确处理目标要求、污泥性质特点和准确计算污泥的产量，还应深入了解和掌握污泥处理设备的分类、性能特点、适用条件、技术指标、材质选用、工作原理、运转要求等。

污泥的含水率一般都很高，其中颗粒间的孔隙水约占70%；毛细管水约占20%；颗粒表面的吸附水与微生物内部水两者约占10%。城市污泥的含水率见表5-10。

表5-10　城市污泥的含水率　　%

污泥种类	初沉池	高负荷生物滤池	高负荷滤池和初沉池	活性污泥	活性污泥和初沉池	化学凝聚污泥
原污泥	95～97.5	90～95	94～97	99～99.5	95～96	90～95
浓缩污泥	90～92	—	91～93	97～97.5	90～95	—
消化污泥	85～90	90～93	90	97～98	92～94	90～93

当污泥的含水率大于99%时，污泥的流动状态与水类似；当污泥的含水率较低时，污泥在管道内的水力特性与流动状态，在层流状态时流动阻力比水流层流时的阻力大；在紊流时流动阻力反比层流小，因此在设计污泥输送管道时应采用较大的流速使之处于紊流状态，以减小阻力。污水输泥管道的最小直径不应小于200mm；当采用重力输泥管道时，通常采用0.01～0.02的坡度，采用压力管，设计最小流速见表5-11。

表5-11　压力输泥管道最小设计流速　　m/s

污泥含水率/%	90	91	92	93	94	95	96	97	98
管径150～250mm	1.5	1.4	1.3	1.2	1.1	1.0	0.9	0.8	0.7
管径300～400mm	1.6	1.5	1.4	1.3	1.2	1.1	1.0	0.9	0.8

为了利于对污泥压力管的冲洗和放空，污泥压力管的坡度宜采用0.001～0.002，且坡向污泥泵站的方向。

污泥的指标包括：污泥的含水率、沉渣湿度、污泥或沉渣的挥发性物质及灰分物质、污泥密度、污泥的可消化程度等。污泥的含水率即为单位质量污泥中所含水分质量的百分数；沉渣湿度即为单位体积沉渣中所含水的体积百分比；污泥或沉渣的挥发性物质能够近似表示污泥中的有机物含量，污泥或沉渣的灰分能够近似表示无机物含量；污泥密度等于污泥的质量与同体积水的质量的比值；污泥的可消化程度指的是污泥中的有机物被消化降解的数量。

（1）污泥的可消化程度。污泥的可消化程度按下式计算

$$R_d = \left(1 - \frac{p_{v2}p_{s1}}{p_{s2}p_{v1}}\right) \times 100\% \tag{5-61}$$

式中 R_d——可消化程度，%；

p_{s1}，p_{s2}——分别表示生污泥及消化污泥的无机物含量，%；

p_{v1}，p_{v2}——分别表示生污泥及消化污泥的有机物含量，%。

（2）初沉池的污泥量。初沉池的污泥量可根据污水中悬浮物的浓度、污水流量、沉淀效率及含水率计算：

$$V = \frac{100C_0\eta Q}{(100 - p)\rho} \times 10^{-3} \tag{5-62}$$

式中 V——沉淀污泥量，m^3/d；

Q——污水流量，m^3/d；

C_0——进水悬浮物浓度，mg/L；

η——去除率，%；

p——污泥含水率，%；

ρ——污泥密度，$1000kg/m^3$。

5.4.2 污泥处理处置的基本流程

5.4.2.1 污泥处理处置的目的与方法

污泥处理处置的目的是：降低水分，减小体积；环境卫生化，稳定化；改善污泥的成分和某些性质，以利于达到回收能源与资源再利用的目的。

常用的污泥处理方法有浓缩、消化、脱水、干燥、固化及最终处置；污泥最终处置的方法有地面弃置、填埋、排海、地下深埋、固化后再进行地面或海洋处置。

5.4.2.2 污泥处理处置的基本流程

根据污水处理厂的规模以及周围环境综合考虑，污泥处理处置的基本流程有以下几种：

（1）浓缩→机械脱水→处置脱水滤饼；

（2）浓缩→机械脱水→焚烧→处置灰分；

（3）浓缩→消化→机械脱水→处置脱水滤饼；

（4）浓缩→消化→机械脱水→焚烧→处置灰分。

由以上各种过程可以看出，污泥的浓缩、消化、脱水是主要处理单元，在此主要介绍有关设备。

5.4.3 污泥浓缩设备及其设计

无泥浓缩是降低污泥含水率、降低污泥后续处理费用的有效方法，可将污泥从0.5%左右的含固率增加到3%~5%，若污泥含水率的99.5%浓缩至98.5%，体积可减小到原来的1/3；浓缩至95%时，体积仅为原来的1/10，这就为后续处理创造了条件。若后续处理是厌氧消化，则消化池的容积、加热量和搅拌能耗都可大大降低；若后续处理是机械脱水，则污泥调整的混凝剂用量、脱水设备的容量都可大大减少。常用的浓缩方法有重力浓缩、气浮浓缩、离心浓缩带式浓缩机浓缩和转鼓浓缩机浓缩。常用的污泥浓缩设备有：重力浓缩池、气浮浓缩池、离心浓缩池和带式浓缩机等。

5.4.3.1 浓缩机的分类、结构与工作原理

A 浓缩机的分类及选用

浓缩机主要用于污泥的浓缩，其目的是去掉水分，缩小污泥的体积，为污泥的输送、利用和再处理创造条件。按浓缩的方法分，浓缩机可分为重力浓缩机、气浮浓缩机和离心浓缩机；按其传动方式分，浓缩机可分为中心传动和周边传动两种；按工作方式分，浓缩机可分为间歇式和连续式。间歇式浓缩机适用于小型污水处理厂或企业的污水处理厂，连续式浓缩机适用于大、中型污水处理厂；气浮浓缩机适用于浓缩密度接近于水的污泥；离心浓缩机较少用于污泥的浓缩。

B 浓缩机的结构与工作原理

重力浓缩是污泥在重力场作用下自然沉降，是一个物理过程，不需要外加能量，是一种最节能的污泥浓缩方法。重力浓缩分自由沉降、干涉沉降、区域沉降和压缩沉降四种形态。

a 污泥重力浓缩机的结构与工作原理

重力浓缩机的池径一般为5~20m，按运行方式不同，分为连续式和间歇式两种。连续式重力浓缩机用于大、中型污水处理厂，间歇式重力浓缩机用于小型污水处理厂。连续式重力浓缩机多采用辐流式结构，结构类似于辐流式沉淀池，可分为带污泥浓缩机、不带污泥浓缩机以及多层辐射浓缩机（带刮泥机）等形式。图5-40所示为连续流重力浓缩机的基本结构示意图，池底呈锥面，池底坡度一般为1/100~1/12，自池中心的进泥口连续进入的污泥向池四周缓慢流动的过程中，固体颗粒得到沉降分离，分离液则越过溢流堰流出。被浓缩到池底的污泥，经安装在中心旋转轴上的刮板机缓慢地旋转刮动，从排泥口用泥浆泵排出。

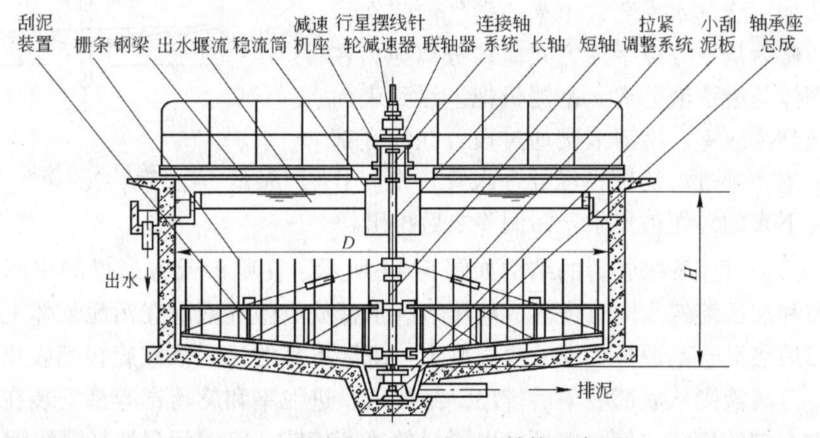

图5-40 连续流重力浓缩机的结构示意图

当浓缩机较小时，可采用连续竖流式浓缩机，如图 5-41 所示。当使用场地受到限制时，可采用图 5-42 所示的多层辐射式浓缩机。

重力浓缩机设计数据如下：固体通量 30 ~60kg/(m^2 · d)，有效深度 4m，浓缩时间不宜小于12h，刮泥机外缘线速度为1 ~2m/s，池底坡度不宜小于0.05，竖流式浓缩机沉淀区上升流不大于 0.1mm/s。辐流式浓缩池，当活性污泥浓度为 2000 ~ 3000mg/L 时，表面负荷为 0.5m^3/(m^2 · h)；当活性污泥浓度为5000 ~8000mg/L 时，表面负荷为0.3m^3/(m^2 · h)。

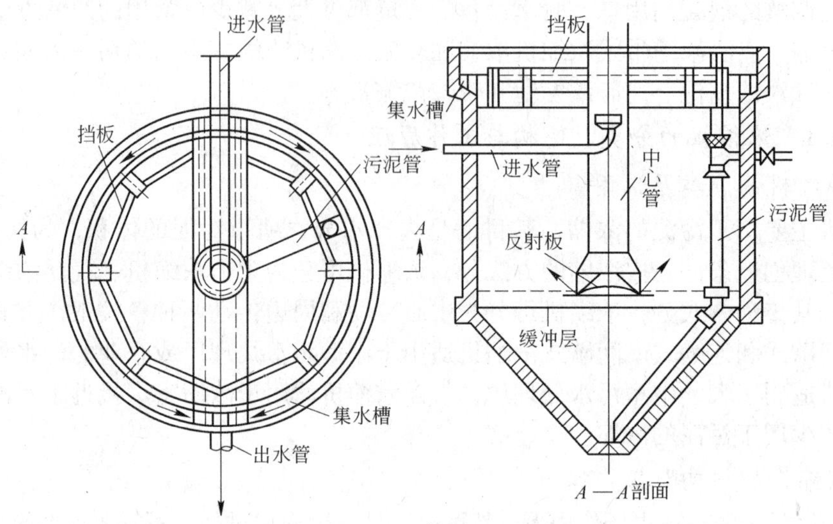

图 5-41 连续竖流式浓缩机

b 污泥气浮浓缩机的结构与工作原理

重力浓缩法比较适合于密度大的污泥，如初次原污泥等，对于密度接近于 1 的轻污泥，若活性污泥效果不佳，此时最好采用气浮浓缩法。

气浮浓缩法原理是依靠大量的微小气泡附在污泥颗粒表面上，通过减小颗粒的密度使污泥上浮。图 5-43 为平流式污泥气浮浓缩装置的结构示意图，在矩形池的一端设置进水室，污泥和加压溶气水在此混合，从加压溶气水中释放出来的微气泡附在污泥絮体上，然后从上方以平流方式流入分离池，在分离池中固体与澄清液分离。刮泥机把上浮到表面的浮渣刮送到浮渣室。澄清液则通过设置在池底部的集水管汇集，越过溢流堰，经处理水管排出。分离池中沉淀下来的污泥被集中于污泥斗之后排出。

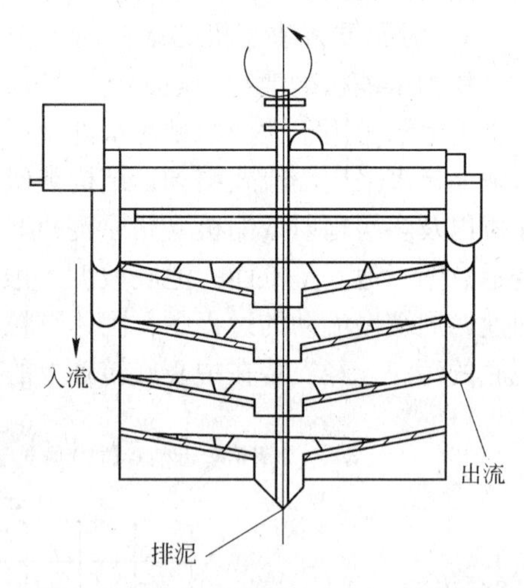

图 5-42 多层辐射式浓缩机（带刮泥机）

竖流式污泥气浮浓缩装置的结构如图 5-44 所示，在圆形或方形槽的中间设有圆形进泥室，污泥和加压溶气水同时进入，加压溶气水释放出微气泡附在污泥絮体上后，污泥絮体上浮，然后借助于刮泥板将浮渣收集排出。沉淀下来的污泥依靠旋转耙收集起来，从排泥管排出，澄清液则从底部收集后排出。刮泥板、进泥室和旋转耙等都安装在中心旋转轴上，依靠中心轴的旋转，使这些部件以同样的速度旋转，完成污泥的气浮浓缩。

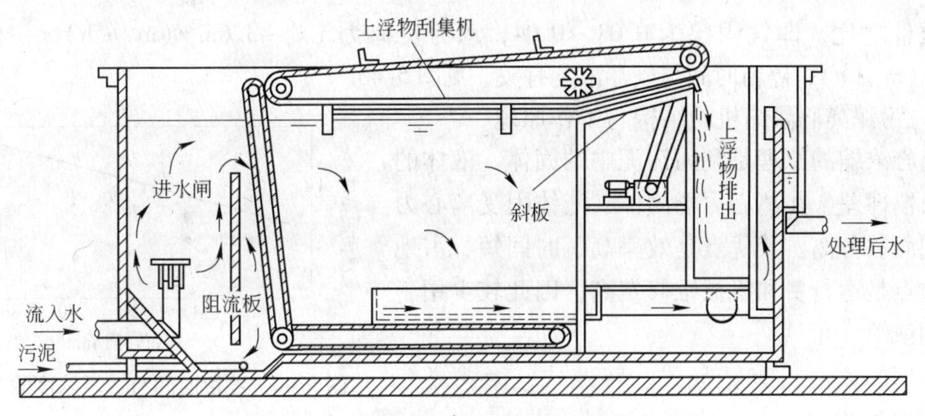

图 5-43 平流式污泥气浮浓缩装置结构示意图

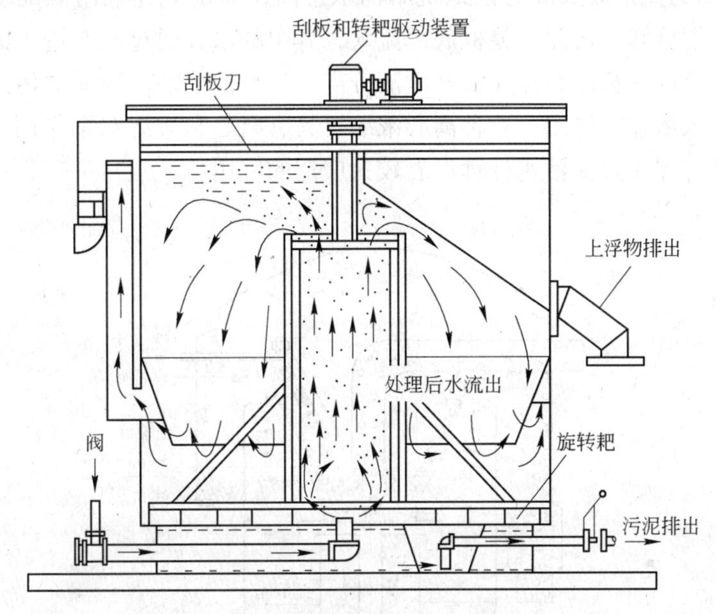

图 5-44 竖流式污泥气浮浓缩装置结构示意图

图 5-45 为气浮浓缩工艺流程图，其原理如下：澄清水从池底引出，一部分用水泵引入压力容气罐加压溶气，另一部分外排。溶气水通过减压阀从底部进入进水室，减压后的溶气水释放出大量微小气泡，并迅速依附在待气浮的污泥颗粒上，从而使污泥颗粒密度下降易于上浮。进入气浮池后，能上浮的污泥颗粒上浮，在池表面形成浓缩污泥层由刮泥机刮出池外。不能上浮的污泥颗粒则沉到池底，由池底排出。该法适用于浓缩密度接近于水的污泥。

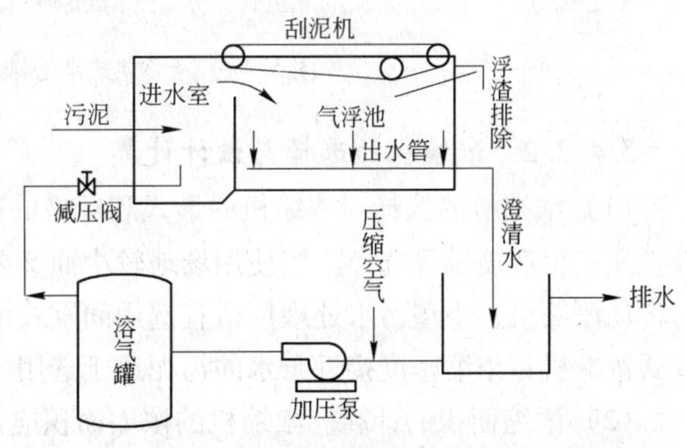

图 5-45 气浮浓缩工艺流程

污泥气浮浓缩池的主要设计参数为：有效空气总质量与入流污泥中固体

物总质量之比，即气固比为0.03～0.04，水力负荷为1.0～3.6m³/(m²·h)，一般选用1.8m³/(m²·h)；停留时间与气浮浓度有关，见图5-46。

c 污泥离心浓缩机的结构与工作原理

离心浓缩的原理是利用污泥中的固体、液体的密度及惯性差，在离心力场固体、液体因受离心力的不同而被分离。其优点是效率高、时间短、占地少，缺点是运行费和机械维修费高，因此较少用于污泥的浓缩。

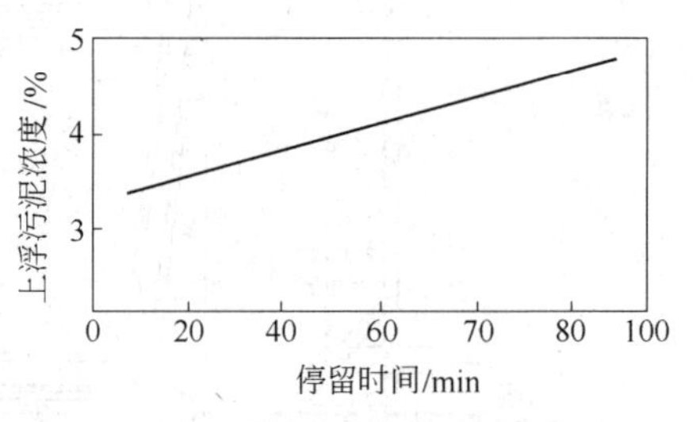

图5-46 停留时间与气浮浓度的关系

常用的离心机有转盘式、转鼓式、筐式（三足式）等形式。

图5-47所示为笼形立式离心浓缩机结构示意图，圆锥形笼框内侧铺上滤布，电动机通过转轴带动笼框旋转。污泥从笼框底部流入，其中的水分通过滤布进入滤液室，然后排出。污泥中的悬浮固体被滤布截流实现固液分离，污泥被浓缩。浓缩的污泥沿笼框壁徐徐向上，从上端进入浓缩室排出。这种离心浓缩机具有离心和过滤双重作用，大大提高了过滤效率，在国外许多小规模污水处理厂有较为广泛的应用。

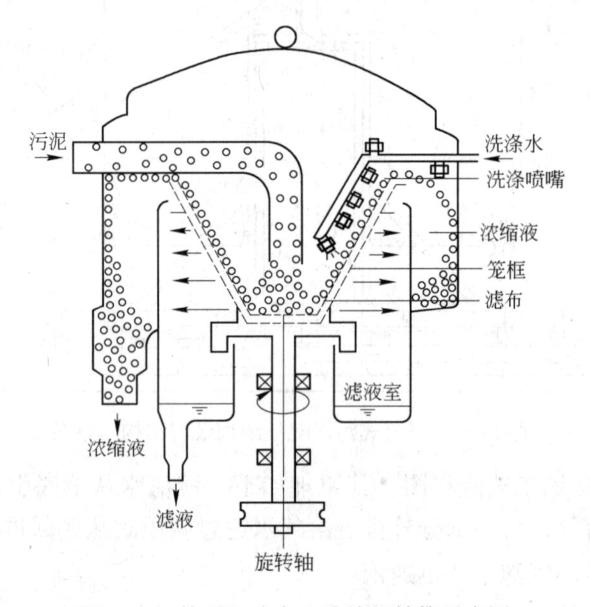

图5-47 笼形立式离心浓缩机结构示意图

5.4.3.2 浓缩机的选择与设计计算

（1）浓缩机的选择。浓缩机的形式和规格的选择，首先是根据用户要求、所处理的物料性质、生产规模等选择。当使用场地较小而又要求有足够的沉降面积时，宜选用多层中心传动浓缩机；小型污水处理厂适宜选用间歇式浓缩机；大、中型污水处理厂适宜选用连续式浓缩机；浓缩密度接近于水的污泥适于选用气浮浓缩机。

（2）浓缩面积的计算。浓缩机的浓缩面积应该是通过沉降试验并参照同类生产厂的实际资料来确定，比较切合实际。在无试验条件和实际资料的情况下，可按下式近似计算浓

缩机的面积 A（m^2）

$$A=\frac{m(R_1-R_2)K}{86.4v_0K_1} \tag{5-63}$$

式中 m——给入浓缩机的固体质量，t/d；

R_1，R_2——浓缩前后料浆的液固比；

K_1——浓缩机有效面积系数，一般取 $K_1=0.85\sim0.95$，浓缩机直径大于 12m 的取大值；

K——料量波动系数，浓缩机直径小于 5m 时取 $K=1.5$，大于 30m 时取 $K=1.2$；

v_0——溢流中最大粒子在水中的自由沉降速度，mm/s，沉降速度可用下式近似计算

$$v_0=545(\rho-1)d^2 \tag{5-64}$$

式中 ρ——固体物料密度，g/cm^3；

d——溢流中固体颗粒最大直径，mm。

对于絮凝沉降，v_0 只能通过试验测定。浓缩机的面积必须保证料浆中沉降最慢的颗粒有足够的停留时间沉降至槽底，因此浓缩机的溢流速度 v 必须小于溢流中最大颗粒的沉降速度 v_0，选定的浓缩面积必须用下式验算，须保持 $v<v_0$，溢流速度 v 也可按下式计算

$$v=\frac{Q_y}{A}\times1000 \tag{5-65}$$

式中 A——浓缩面积，m^2；

Q_y——浓缩机的溢流量，m^3/s。

（3）浓缩机的深度计算。耙式浓缩机的深度决定料浆在压缩层中的停留时间，为了保证底流的排料浓度，料浆在浓缩机中必须有足够的停留时间，所以浓缩机应具有一定的深度 H，即

$$H=h_1+h_2+h_3 \tag{5-66}$$

其中

$$h_2=\frac{D}{2}\tan\alpha \tag{5-66a}$$

$$h_3=\frac{(1+\rho\varepsilon)t}{24\rho S_{max}} \tag{5-66b}$$

式中 h_1——澄清区高度，约为 0.5～0.8m；

h_2——耙臂运动区高度，m；

h_3——压缩区高度，m，可通过试验用式（5-66b）计算；

D——浓缩机直径，m；

α——池底部水平倾角，一般取 $\alpha=12°$；

ρ——物料密度，g/cm^3；

ε——料浆在压缩区中的平均液固比，可按料浆沉降到临界点时的液固比与排料底流液固比（均为实测）的平均值计算；

S_{max}——澄清 1t 干料所需的最大澄清面积，$m^2/(t\cdot d)$；

t——料浆浓缩至规定浓度所需要的时间（实测），h。

在选用国产化系列浓缩机时，其压缩区高度 h_3 应满足下式要求

$$h_3 \leqslant H - (h_1 + h_2) \tag{5-67}$$

若计算的 h_3 不能满足式（5-67）的要求，应增加浓缩面积。

（4）浓缩机直径 D 的计算。浓缩机的直径 D（m）可按下式计算

$$D = \sqrt{4A/\pi} = 1.13\sqrt{A} \tag{5-68}$$

式中符号意义同前。

5.4.4 污泥脱水机械设备的设计及选用

5.4.4.1 污泥脱水机械设备的种类、结构与工作原理

A 污泥脱水机械设备的种类及应用

固体废物脱水处理常用于城市污水与工业污水处理厂产生的污泥，以及类似于污泥含水率的其他固体废物。污泥经浓缩处理后，含水率仍为95%～98%，需应用脱水设备进一步降低含水率。污泥脱水可分为自然脱水和机械脱水两类，污泥干化床、真空干化床、袋装脱水等均属自然脱水，其机理为自然蒸发与渗透。机械脱水设备众多，主要有外滤式真空过滤机、带式过滤机、盘式真空过滤机、板框压滤机、离心脱水机、滚压式脱水机等，如图5-48所示。

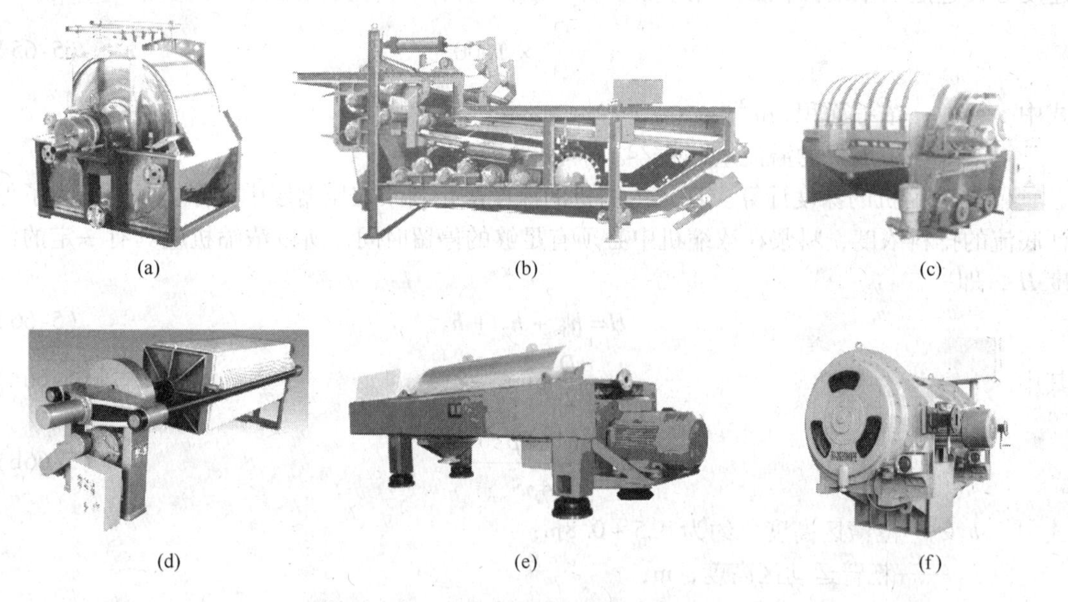

图5-48 各种形式的脱水设备
（a）外滤式真空过滤机；（b）带式过滤机；（c）盘式真空过滤机；
（d）板框压滤机；（e）离心脱水机；（f）滚压式脱水机

B 脱水机械设备的结构与工作原理

脱水机械设备种类繁多，在此仅介绍转筒式真空过滤机的结构与工作过程。转筒式真空过滤机的结构如图5-49所示，该机由转筒、主轴承、污泥储槽、传动装置、搅拌器、分配头、刮刀、真空系统和压缩空气系统等组成。过滤介质（滤布）覆盖在转筒表面，转筒部分浸没在污泥储槽中，浸没面积占整个转筒表面积的30%～40%，转筒转数为

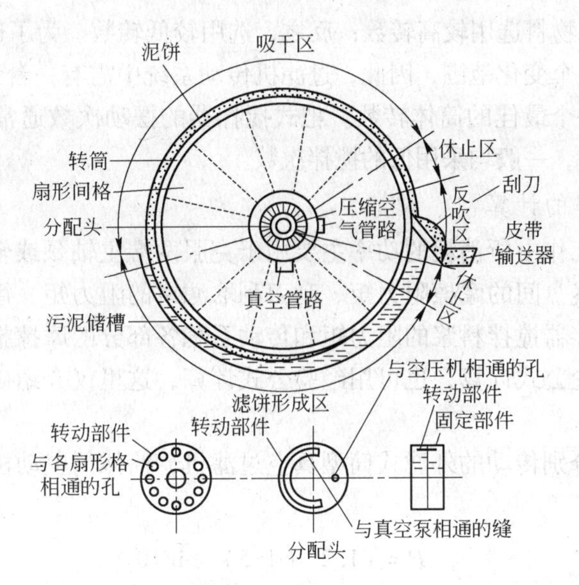

图5-49 转筒式真空过滤机

0.13r/min，转筒被径向隔板分隔成若干个互不相通的扇形间格，每个间格有单独的连通管与分配头相连，分配头由转动部件和固定部件组成，固定部件有缝与真空管路相通，孔与压缩空气管路相通，转动部分随筒体一起旋转，其上有许多孔，并通过联通管与各扇形间格相连。真空转筒每旋转一周依次经过滤饼形成区、吸干区、反吹区及休止区，完成对污泥的过滤及剥落。

转筒式真空过滤机的主要性能参数：真空度0.053~0.08MPa；过滤产率：活性污泥6~12kg/(m^2·h)，消化污泥20~40kg/(m^2·h)。

5.4.4.2 转筒式真空过滤机工作参数的设计计算

过滤机的工作参数包括：生产能力和滤饼水分、筒体转数、电动机功率等。这些参数的确定与被处理的料浆种类和浓度以及过滤机的类型有关。

A 生产能力和滤饼水分

生产能力和滤饼水分是衡量过滤机性能和生产情况的主要指标。生产能力的大小通常用过滤机利用系数来表示，即每平方米过滤面积每小时生产干污泥粉的吨数表示。滤饼水分是指滤饼中含水质量的百分比，如滤饼水分为11%，是指1t滤饼中含有0.11t水。

筒式过滤机的利用系数E（t/(m^2·h)）可用下式计算

$$E = 60nh\rho(1 - W) \tag{5-69}$$

式中 n——筒体转数，r/min；

h——滤饼厚度，m；

ρ——滤饼密度，t/m^3；

W——滤饼水分。

B 筒体转数和耙式搅拌器摆动次数的确定

筒体转数对生产能力和滤饼水分影响很大，筒体转数随被过滤的物料性质和浆液浓度而定。过滤浮选物料时，可取n = 0.15 ~ 0.6r/min；过滤磁选物料时，可取n = 0.5 ~

2.0r/min。易过滤的物料选用较高转数；反之，选用较低转数。为了适应过滤不同物料的要求，筒体转数应有一个变化范围，因此，过滤机传动系统中需有一台无级变速箱，以便根据使用条件具体选用一个最佳的筒体转数。耙式搅拌器的摆动次数通常为20～60次/min。除个别易沉淀的物料外，一般均采用低的搅拌次数。

C 电动机功率的计算

真空过滤机在工作中所消耗的功率主要用于克服两端主轴颈或辊圈的摩擦阻力矩、分配头处分配盘与错气盘间的摩擦阻力矩、刮刀刮取滤饼的阻力矩、筒体上滤饼重力对筒体产生的阻力矩、搅拌器搅拌料浆的阻力矩和传动系统各部分的摩擦损失等。过滤机所需的电动机功率可用理论公式计算，也可用经验公式计算，这里仅介绍确定电动机功率的经验公式。

筒体和搅拌器分别传动的外滤式筒型真空过滤机，筒体的电动机功率 P（kW）用下式计算

$$P = (1.2 \sim 1.5)\sqrt{A/10} \tag{5-70}$$

式中 A——过滤面积，m^2。过滤效率高，传动效率低时，式中系数取大值，反之取小值。

搅拌器的电动机功率 P_1(kW)按下式计算

$$P_1 = (1.0 \sim 1.3)P \tag{5-71}$$

内滤式筒形真空过滤机，电动机功率 P(kW)按下式计算

$$P = (1.7 \sim 2.0)\sqrt{A/10} \tag{5-72}$$

式中 A——过滤面积，m^2。筒体直径大，传动系统效率低，过滤效率高时，式中系数取大值，反之取小值。

5.5 污水处理工程中的新型机械设备

5.5.1 概述

我国环境污染的治理，可以说大部分都是被动治理，若没有环保部门或政府部门的强制命令，很少会有企业部门去主动实施，特别是当前个体经营的比例逐渐增大，使得这种形势更加严峻，因此，开发研制出符合我国国情、投资少、操作便捷、效果良好和能耗低的环保节能型治理设备，是十分重要的，所以积极做好污染减排工作，是当前和今后一个时期企业履行环保社会责任的首要任务。

伴随着经济发展和城市化进程的不断推进，城市环境问题日益突出，给自然环境造成了巨大的压力。由于在相当长的一段时期，人们对环境污染的后果缺乏认识，致使城市环境污染问题日益严重。如位于市内的各酿酒厂和造纸厂，酒糟和白液的处理是一个大问题，处理不当，就会污染大气和周围环境，这不仅给企业职工的身心健康带来极大的危害，而且给工厂周围成千上万的居民也带来极大的危害，特别是在炎热的夏季，存放酒糟的大池发出使人窒息的气味，污染大气，造成公害，严重影响了社会环境和居民的正常生

活，所以对酒糟和白液的妥善处理，是一项非常有意义的工作。利用振动脱水机对某酿酒厂酒糟进行脱水处理，一次性脱水60%以上，其中筛下的水经过处理可再利用，而通过脱水的酒糟则是理想的猪饲料，若对筛上物进一步烘干处理可制成鸡饲料。用该设备处理造纸厂白液，可回收白液中的纸浆，提高造纸厂回收率。若都用振动脱水机对酿酒厂的酒糟和造纸厂的白液进行脱水处理，对废弃物回收再利用和消除污染公害，进行环境保护，都具有十分重要的意义。

5.5.2　新型振动脱水机的类型

研发新型污水处理机械设备和资源化技术，一直是环保业科技人员奋斗的目标。近年来，研发的新型振动脱水机械设备有：多路给料高频振动脱水机（如图5-50所示）、振动离心脱水机（如图5-51所示）、多层式振动脱水机（如图5-52所示）、锥形振动脱水机（如图5-53所示）和多层多路给料振动脱水机（如图5-54所示）。

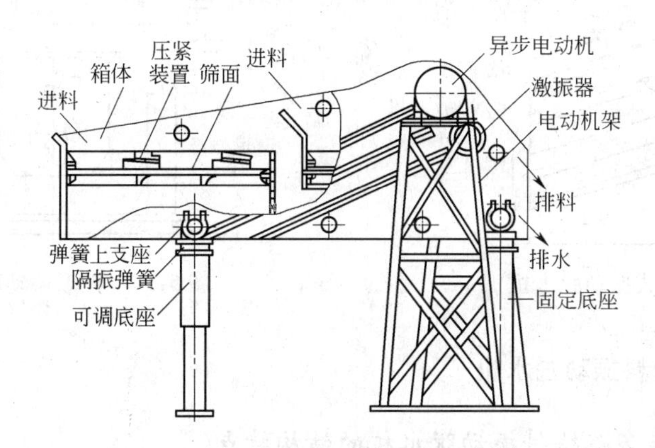

图5-50　多路给料高频振动脱水机

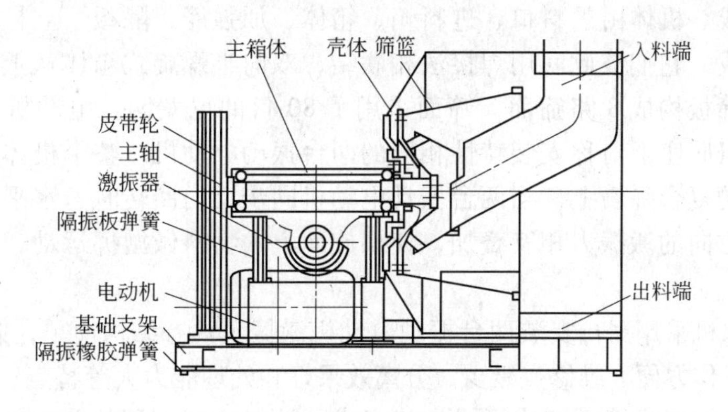

图5-51　振动离心脱水机

图5-50所示的多路给料高频振动脱水机由两台异步电动机分别驱动两激振器来实现直线运动，采用高频小幅，振次为 $n=2940\mathrm{r/min}$，单振幅为1～2mm，工作在远超共振状态，筛面为耐磨性能好不易堵塞的尼龙筛板，适用于对酒糟和造纸厂白液等的脱水处理，脱出的水可进行进一步的净化处理。图5-51所示为振动离心脱水机，含水物料从入料端

进入振动离心脱水机，物料被旋转的分配锥加速而迅速向筛网和转子体间的空间运动，在离心力的作用下，较小颗粒的物料紧贴在筛面上，液体和部分小于 0.4mm 的物料通过物料间隙被甩出筛网，较大物料在重力和离心力作用下沿筛篮进入排料端，贴在筛面上的细小物料在轴向振动力的作用下进入排料端排出离心机，从筛网甩出的液体进入集水槽。振动离心脱水机、多层式振动脱水机和锥形振动脱水机均适于对酒糟和造纸厂白液等的脱水处理。

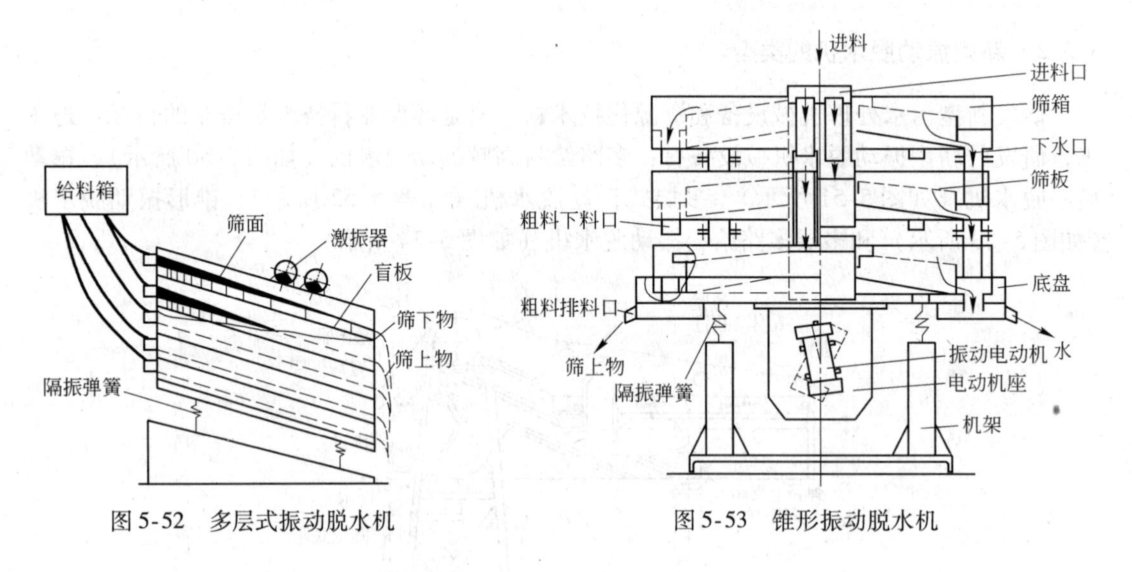

图 5-52 多层式振动脱水机

图 5-53 锥形振动脱水机

5.5.3 多层多路给料振动脱水机

5.5.3.1 多层多路给料振动脱水机的结构特点

多层多路给料振动脱水机的结构如图 5-54 所示，它由机体、隔振弹簧、振动电动机和机座等组成。机体由进料口、进料箱、箱体、加强筋、隔板、立柱、排料口、排水口和底盘等组成。它们彼此间用焊接法相联结，双向半螺旋式箱体从上往下共 4 层，内装有数块扇形筛板构成 8 路筛面，筛面采用了 80 目的尼龙网。电动机座采用螺栓与底盘相连，电动机底座上对称安装特性相同的两台振动电动机。整个机体连同振动电动机坐落在机座上的复合弹簧上。当两台振动电动机同步反向回转时，水平方向的激振力相互抵消，垂直方向的激振力相互叠加，使螺旋面上的物料做抛掷运动，实现对物料的脱水分级。

该振动脱水机采用平行安装两台振动电动机激振，具有结构简单，制造容易，安装、拆卸、调试、操作方便、维修点极少、分离效果好和处理能力大等特点；该振动脱水机采用了多层双向半螺旋式筛面结构形式，与完成同功能和同面积的脱水机相比，占地面积小；由于采用了 80 目的尼龙网，耐磨性能好，与不锈钢丝编制网相比，使用寿命长，与同面积的脱水机相比参振质量小，能耗低。

5.5.3.2 固液分离及筛面上物料运动分析

当两台振动电动机同步反向回转时，水平方向的激振力相互抵消，垂直方向的激振力相互叠加，这就形成了单一沿垂直方向的激振力，驱动筛机沿垂直方向振动。进入料箱的

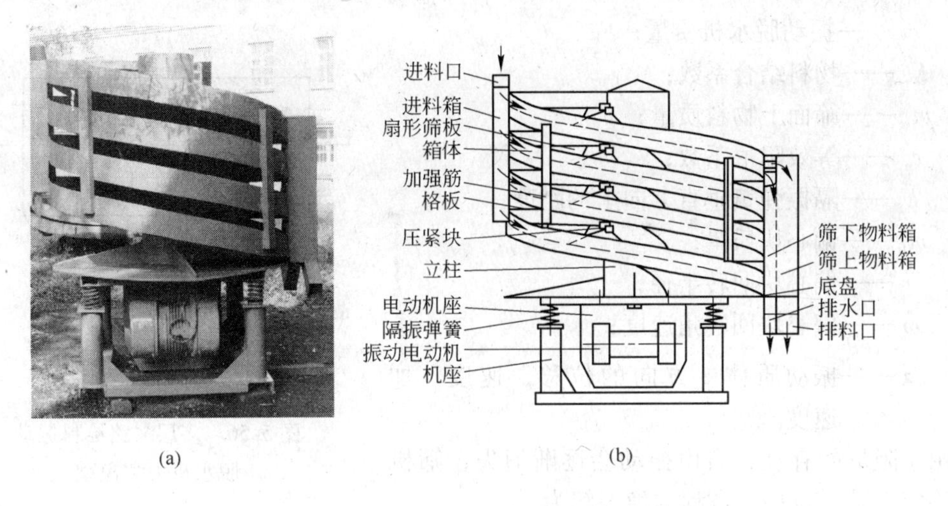

图 5-54　双向半螺旋多层多路给料振动脱水机

（a）外形图；（b）结构示意图

液固混合物料，由进料箱上与每层筛面对应的进料口，把液固混合物料分别送到每层筛面上，其液固混合物料中大量的水透过筛孔沿螺旋底面流向排水口，而筛面上含水量少的固体物料由于筛机不停地振动被抛起，使物料松散并分层，粗物料在上层，细物料在下层，当物料落下与筛面接触时，在重力和离心力作用下含水物料中的水透过筛落到螺旋底板上，沿螺旋面向排水口流动而从排水口排出，流入集水池被收集起来以便再利用。大于筛孔尺寸的物料，在重力和弹性力作用下，沿螺旋面向排料口运动，最终从排料口排出机外，实现对液固混合物料的脱水分级。图 5-55 示出了固体物料在筛面上的运动情况。

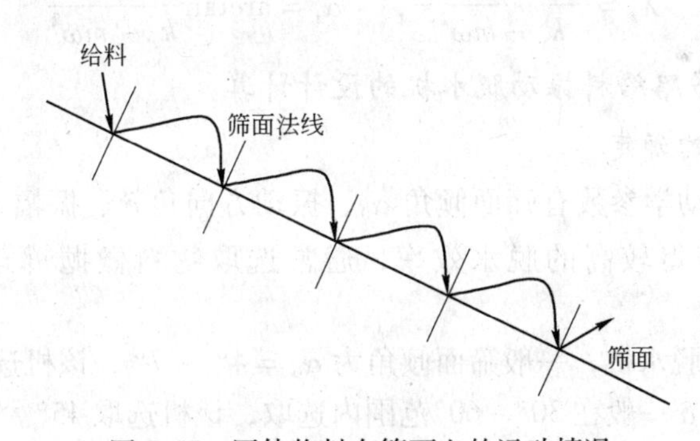

图 5-55　固体物料在筛面上的运动情况

5.5.3.3　多层多路给料振动脱水机动态特性

根据双向半螺旋多层多路给料振动脱水机结构图，将其简化为图 5-56 所示的力学模型。根据双向半螺旋多层多路给料振动脱水机力学模型，建立该振动系统的振动微分方程为

$$m\ddot{z} + c_z\dot{z} + k_z z = 2m_0 r\omega^2 \sin\omega t \tag{5-73}$$

其中
$$m = m_j + K_m m_m$$

式中 m_j——振动脱水机质量；

K_m——物料结合系数；

m_m——筛面上物料质量；

c_z——等效阻尼系数；

k_z——隔振弹簧垂直方向上的刚度；

m_0——偏心块质量；

r——偏心块回转半径；

ω——偏心块回转角速度；

z，$\dot{z}$，$\ddot{z}$——振动质体 z 方向的位移、速度、加速度。

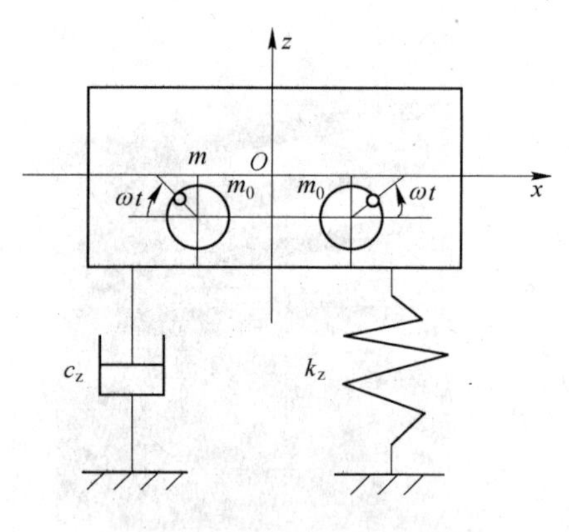

图 5-56 多层多路给料振动脱水机力学模型

由于阻尼的存在，自由振动会逐渐消失，筛机达到稳定振动。设振动方程的稳态解为

$$x = \lambda_z \sin(\omega t - \alpha_z) \tag{5-74}$$

将式（5-74）求导两次代入式（5-73），得

$$\begin{aligned} &- m\lambda_z\omega^2\sin(\omega t - \alpha_z) + c_z\lambda_z\omega\cos(\omega t - \alpha_z) + k_z\lambda_z\sin(\omega t - \alpha_z) \\ &= 2m_0 r\omega^2\sin(\omega t - \alpha_z + \alpha_z) \\ &= 2m_0 r\omega^2\sin(\omega t - \alpha_z)\cos\alpha_z + 2m_0 r\omega^2\cos(\omega t - \alpha_z)\sin\alpha_z \end{aligned} \tag{5-75}$$

由式（5-75），得

$$\begin{aligned} - m\lambda_z\omega^2 + k_z\lambda_z &= 2m_0 r\omega^2\cos\alpha_z \\ c_z\lambda_z\omega &= 2m_0 r\omega^2\sin\alpha_z \end{aligned} \tag{5-76}$$

由式（5-76）可得振动质体的振幅 λ_z 和相位差角 α_z 分别为

$$\lambda_z = \frac{2m_0 r\omega^2\cos\alpha_z}{k_z - m\omega^2}, \quad \alpha_z = \arctan\frac{c_z\omega}{k_z - m\omega^2} \tag{5-77}$$

5.5.3.4 多层多路给料振动脱水机的设计计算

A 运动学参数的确定

振动脱水机的运动学参数有筛面倾角 α_0、振动方向角 δ、振幅 λ_z、振次 n 和物料运动速度 v 等。为了获得较高的脱水效率，通常选取物料做抛掷运动状态，取抛掷指数 $D<3.3$。

（1）筛面下倾的脱水机，一般筛面倾角为 $\alpha_0 = 4° \sim 7°$，该机选取7°。

（2）振动方向角 δ 一般在30°~60°范围内选取，该机选取45°。

（3）根据用途和处理物料性质的不同振幅的大小也不同，可按式（5-77）计算，对于惯性振动机一般为中频中幅，振幅为1~10mm，该机振幅选取3mm。

（4）振动次数 n 的计算。振动次数 n 可按下式计算

$$n = 30\sqrt{\frac{Dg\cos\alpha_0}{\pi^2\lambda_z\sin\delta}} \tag{5-78}$$

式中 g——重力加速度。

该机选用 n =960r/min 的振动电动机。

(5) 物料运动速度 v 的计算。物料运动速度 v 可按下式计算

$$v = \lambda_z \omega \cos\delta \frac{\pi i_D^2}{D}(1 + \tan\alpha_0 \tan\delta) \tag{5-79}$$

式中 i_D ——抛离系数，查文献[30]中的图2-7。

B 工艺参数的计算

(1) 筛面的形式与尺寸。为了增大脱水机的工作面积，筛面分为上下独立的4层，左右各4路，筛面呈半螺旋状，螺旋面的外半径 $R = 800\text{mm}$，螺旋面的内半径 $r = 300\text{mm}$。

(2) 每路处理能力 Q 的计算。处理能力 $Q(\text{kg/h})$ 按流量法计算

$$Q = 3600Bhv\rho \tag{5-80}$$

式中 B ——筛面的宽度，m；

h ——筛面上物料层的厚度，m；

v ——物料运动的平均速度，m/s；

ρ ——物料的松散密度，kg/m^3。

C 动力学参数的计算

(1) 参振质量 m 的计算 参振质量 $m(\text{kg})$ 可按下式计算

$$m = m_j + K_m m_m \tag{5-81}$$

式中 m_j ——振动机体的实际质量，kg；

K_m ——物料结合系数，取0.2～0.4；

m_m ——物料质量，$m_m = 8QL/(3600v)$；

L ——每路筛面的有效长度，m。

(2) 隔振弹簧总刚度 k 的计算。隔振弹簧总刚度 k (N/m) 可按下式计算

$$k = \frac{1}{z^2} m\omega^2 \tag{5-82}$$

式中 z ——频率比，取值为3～10；

ω ——振动频率，$\omega = n\pi/30$。

(3) 所需激振力幅 F 的计算。所需激振力幅 F (N) 可按下式计算

$$F = \frac{1}{\cos\alpha_z}(k - m\omega^2)\lambda_z \tag{5-83}$$

其中

$$\alpha_z = \arctan\frac{0.14m\omega^2}{k - m\omega^2} \tag{5-84}$$

式中符号意义同前。

(4) 电动机的选择。根据式(5-83)计算出的所需激振力幅值选择振动电动机。

本 章 小 结

本章讨论了以下几个问题：

(1) 介绍了活性污泥法的基本流程、活性污泥法的主要工艺及特点、活性污泥法的新工艺、曝气池的结构与设计、曝气池的工艺设计计算、污泥回流系统及所用机械设备的设计计算。

(2) 介绍了生物滤池、生物转盘、生物接触氧化处理装置的结构特点、工作原理与工艺流程，详述了生物滤池（普通、高负荷和塔式生物滤池）、生物转盘和生物接触氧化处理装置的设计与计算。

(3) 介绍了厌氧生物滤池、UASB 反应器、厌氧膨胀床、厌氧流化床反应器和厌氧生物转盘的结构特点与工作原理，详述了厌氧接触法工艺流程、工艺设计、厌氧生物滤池和 UASB 反应器的设计计算。

(4) 介绍了重力浓缩机、气浮浓缩机、离心浓缩机和新型振动脱水机的结构特点与工作原理，详述了浓缩机的选择与设计计算，转筒式真空过滤机和新型振动脱水机工作参数的设计计算。

要求熟悉生化法污水处理技术及所用设备的结构、特点与工作原理，掌握生化法污水处理相应设备的设计计算。

思　考　题

5-1 画出活性污泥法的基本流程。说明活性污泥的组成及评价指标。活性污泥法的新工艺有哪些？

5-2 根据曝气横断面上的水流状态，曝气方式分为哪几种？详述完全混合式曝气池的构造设计。

5-3 生物膜法污水处理设备主要有哪三大类，目前应用较多的生物滤池有哪三种类型？

5-4 说明普通生物滤池、高负荷生物滤池、塔式生物滤池的构造与特点。

5-5 说明生物转盘的构造与工作原理。画出生物转盘污水处理系统的基本工艺流程和生物转盘二级污水处理工艺流程。

5-6 说明生物接触氧化处理装置的构造与工艺流程。鼓风曝气生物接触氧化池按曝气装置位置的不同，可分哪两种，生物接触氧化池常用的填料有哪些形状？

5-7 绘出生物接触氧化法一段工艺流程和生物接触氧化法二段工艺流程。

5-8 厌氧法污水处理机械设备有哪些？详述厌氧生物滤池、升流式厌氧污泥床（UASB）反应器的结构、工作原理和特点。

5-9 绘出厌氧接触法工艺流程和改进后的厌氧接触法工艺流程，并说明厌氧接触法的应用。

5-10 说明厌氧膨胀床、厌氧流化床反应器和厌氧生物转盘的结构特点。

5-11 根据来源污泥可分为哪几种？说明污泥处置的目的与方法。处置污泥的基本流程有哪几种？

5-12 污泥浓缩设备有哪些种类？说明重力浓缩机的结构与工作原理。

5-13 常用的离心浓缩机有哪些形式？

5-14 污泥脱水机械设备有哪些种类？说明真空转筒脱水机的结构与工作过程。

5-15 说明多路给料高频振动脱水机、振动离心脱水机、多层式振动脱水机、锥形振动脱水机和多层多路给料振动脱水机的构造与工作原理。

5-16 某城市最大设计污水流量 $Q_{max} = 0.2m^3/s$，生活污水流量总变化系数 $K_2 = 1.5$，试设计格栅与栅槽。

5-17 某城市污水排放量为 $10000m^3/d$，悬浮物浓度 $c_1 = 250mg/L$，试设计一平流式沉淀池，使处理后污水中悬浮物浓度不超过 50mg/L，污泥含水率为 97%，去除率 80% 时，应去除的最小颗粒的沉速为 1.44m/h，即表面负荷为 $1.44m^3/(m^2 \cdot h)$，沉淀时间为 65min。

参 考 文 献

[1] 周敬宣．环保设备及课程设计［M］．北京：化学工业出版社，2007.
[2] 王继斌，宋来洲，孙颖．环保设备选择、运行与维护［M］．北京：化学工业出版社，2007.
[3] 陈家庆．环保设备原理与设计［M］．北京：中国石化出版社，2005.
[4] 魏振枢，杨永杰．环境保护概论［M］．北京：化学工业出版社，2007.
[5] 金兆丰．环保工程设备［M］．北京：化学工业出版社，2007.
[6] 唐玉斌．水污染控制工程［M］．哈尔滨：哈尔滨工业大学出版社，2006.
[7] 田禹，王树涛．水污染控制工程［M］．北京：化学工业出版社，2010.
[8] 朱蓓丽．环境工程概论［M］．北京：科学出版社，2001.
[9] 王郁．水污染控制工程［M］．北京：化学工业出版社，2007.
[10] 彭党聪．水污染控制工程［M］．北京：冶金工业出版社，2010.
[11] 吴桐．中国城市垃圾、污水处理技术实务［M］．北京：世界知识出版社，2001.
[12] 吴婉娥，葛红光，张克峰．废水生物处理技术［M］．北京：化学工业出版社，2003.
[13] 李明俊，孙鸿燕，等．环保机械与设备［M］．北京：中国环境科学出版社，2005.
[14] 郑铭，刘宏，陈万金．环保设备——原理 · 设计 · 应用［M］．北京：化学工业出版社，2008.
[15] 王爱民，张云新．环保设备及应用［M］．北京：化学工业出版社，2004.
[16] 王洪臣．城市污水处理厂运行控制与维护管理［M］．北京：科学出版社，1997.
[17] 罗辉．环保设备设计及应用［M］．北京：高等教育出版社，1997.
[18] 江晶．多层多路给料振动脱水机的研究［J］．矿山机械，2008，36（17）：102～104.
[19] 王宝贞．水污染治理新技术——新工艺、新概念、新理论［M］．北京：科学出版社，2004.
[20] 高廷耀，等．水污染控制工程［M］．北京：高等教育出版社，1989.
[21] 国家环保局．纺织工业废水治理［M］．北京：中国环境科学出版社，1990.
[22] 许保玖．当代给水与废水处理原理［M］．北京：高等教育出版社，1991.
[23]［美］埃肯菲尔德 W W．工业水污染控制［M］．北京：中国建筑工业出版社，1992.
[24] 张大群．污水处理机械设备设计与应用［M］．北京：化学工业出版社，2003.
[26] 周金全．城市污水处理工艺设备及招投标管理［M］．北京：化学工业出版社，2003.
[27] 尹军，谭学军．污水污泥处理处置与资源化利用［M］．北京：化学工业出版社，2005.
[28] 任建新．膜分离技术［M］．北京：化学工业出版社，2003.
[29] 娄金生，等．水污染治理新工艺与设计［M］．北京：海洋出版社，1999.
[30] 闻邦椿，刘树英，何勍．机械振动的理论与动态设计方法［M］．北京：机械工业出版社，2001.
[31] Zhu T，Xie Y H，Jiang J，Wang Y T，Zhang H J，Nozaki T. Comparative study of polyvinylidene fluoride and PES flat membranes in submerged MBRs to treat domestic wastewater［J］. Water Science and Technology，2009，159（3）：399～405.
[32] Zhu T，Xie Y H，Liu J F，Jiang J，Zhang H J，Nozaki T. Membrane fouling mechanism related to the particle size and zoogloea percentage of active sludge in membrane bioreactor［C］//2nd IWA－ASPIRE Conference and Exhibition，Water and Sanitation in the Asia-Pacific Region，Australia，2007，11：103～110.
[33] Žajdelal B，Hriberšek M，Hribernik A. Experimental investigations of porosity and permeability of flocs in the suspensions of biological water treatment plants［J］. Journal of Mechanical Engineering，2008，54（7-8）：547～556.
[34] Amberg H R. Sludge dewatering and disposal pulp and paper industry in the pulp and paper industry［J］. Water Pollution Control Federation，1984，56（8）：962～969.
[35] Chun W P，Lee K W. Sludge drying characteristics on combined system of contact dryer and fluidized bed

dryer [J]. Proceedings of the 14th International Drying Symposium, São Paulo, Brazil, 22–25 August 2004, B: 1055 ~ 1061.

[36] Muga H E, Mihelcic J R. Sustainability of wastewater treatment technologies [J]. Journal of Environmental Management, 2008, 88: 437 ~ 447.

[37] Arakane M, Imai T, Murakami S, Takeuchi M, Ukita M, Sekine M, Higuchi T. Resource recovery from excess sludge by subcritical water process with magnesium ammonium phosphate process [J]. Journal of Water and Environment Technology, 2006, 3 (1): 119 ~ 124.

冶金工业出版社部分图书推荐

书　　名	作　者	定价(元)
中国冶金百科全书·安全环保	编委会　编	120.00
冶金工业节水减排与废水回用技术指南	王绍文　主编	79.00
环保设备材料手册（第2版）	王绍文　主编	178.00
环境污染控制工程	王守信　等编	49.00
环境保护及其法规（第2版）	任效乾　主编	45.00
水污染控制工程（第3版）（本科教材）	彭党聪　主编	49.00
环保机械设备设计（本科教材）	江　晶　编著	55.00
水处理工程实验技术（本科教材）	张学洪　主编	39.00
环境工程微生物学（本科教材）	林　海　主编	45.00
冶金企业环境保护（本科教材）	马红周　主编	23.00
城市小流域水污染控制	王敦球　著	42.00
钢铁工业废水资源回用技术与应用	王绍文　等	68.00
冶金过程废水处理与利用	钱小青	30.00
工业废水处理工程实例	张学洪	28.00
焦化废水无害化处理与回用技术	王绍文　等	28.00
高浓度有机废水处理技术与工程应用	王绍文　等	69.00
固体废弃物污染控制原理与资源化技术	徐晓军　等	39.00
冶金企业废弃生产设备设施处理与利用	宋立杰　等	36.00
流域水污染防治政策设计：外部性理论创新和应用	金书秦	25.00
冶金企业污染土壤和地下水整治与修复	孙英杰	29.00

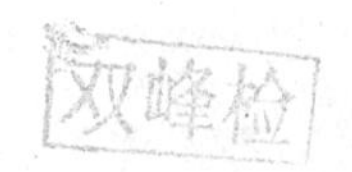